Springer-Lehrbuch

Silke Scheerer · Dirk Proske

Stahlbeton for Beginners

Grundlagen für die Bemessung
und Konstruktion

Zweite Auflage

 Springer

Silke Scheerer
Institut für Massivbau
TU Dresden
George-Bähr-Strasse 1
01069 Dresden
Deutschland
silke.scheerer@tu-dresden.de

Privat:
Kamenzer Strasse 33
01099 Dresden
Deutschland

Dr. Dirk Proske
Institut für Alpine Naturgefahren
Universität für Bodenkultur Wien
Peter-Jordan-Strasse 82
1190 Wien
Österreich
dirk.proske@boku.ac.at

Goetheallee 35
01039 Dresden
Deutschland

Ursprünglich erschienen im Eigenverlag, Dresden, 2005
(ISBN-10: 3-00-015523-6)

ISBN 978-3-540-76976-7   e-ISBN 978-3-540-76977-4

DOI 10.1007/978-3-540-76977-4

Springer-Lehrbuch ISSN 0937-7433

Bibliografische Information der Deutschen Nationalbibliothek
Die Deutsche Nationalbibliothek verzeichnet diese Publikation in der Deutschen Nationalbibliografie;
detaillierte bibliografische Daten sind im Internet über http://dnb.d-nb.de abrufbar.

© 2008 Springer-Verlag Berlin Heidelberg

Einbandgestaltung: WMX Design GmbH, Heidelberg

Gedruckt auf säurefreiem Papier

9 8 7 6 5 4 3 2 1

springer.de

Danksagung

Das Buch „Stahlbeton for Beginners" entstand zunächst als Skript zur Vorlesungsreihe „Grundlagen des Stahlbetonbaus" für die Studenten der Wasserwirtschaft an der Technischen Universität Dresden. Wir danken zunächst allen Studenten, die uns über viele Jahre hinweg wichtige Hinweise für die Verbesserung des Skriptes gegeben haben.

Beim Verfassen konnten wir auf den verschiedenen Lehrbriefen von Herrn Dr.-Ing. Hans Wiese aufbauen. Diese Lehrbriefe, die ein tiefes Verständnis des Baustoffes Stahlbeton spüren lassen, aber auch zahlreiche persönliche Gespräche mit Herrn Dr.-Ing. Hans Wiese trugen zum Erfolg unseres Skriptes bei. Dafür gebührt Herrn Dr.-Ing. Hans Wiese unser Dank.

Weiterhin basieren viele Erläuterungen in unserem Buch auf den sehr gelungenen Standardwerken „Vorlesungen für Massivbau, Teile 1 bis 4" von Fritz Leonhardt und aus „Stahlbetonbau, Teil 1 und 2" von Otto Wommelsdorff. Diese Quellen werden auch als weiterführende Literatur empfohlen.

Aber fachliche Grundlagen sind nicht allein Garant für ein gutes Buch. So, wie das Material Stahlbeton seine Kraft und seinen Erfolg aus dem Zusammenschluss verschiedener Elemente gewinnt, so sollte auch ein jeder Mensch Mitglied eines Verbundes sein und daraus seine Kraft gewinnen können. Damit seien hier die Familien der Autoren gemeint, die nur allzu oft allein ausharren mussten, damit dieses Buch einen schönen Abschluss findet und die uns immer eine Unterstützung waren. Vielen Dank.

Wir danken weiterhin dem Verlag Springer, der sich bereit erklärte, dieses Buch zu verlegen.

Die erste Danksagung galt unseren bisherigen Studenten. Die letzte Danksagung gilt unseren zukünftigen Studenten und all jenen Lesern, die sich, hoffentlich erfolgreich, mit diesem Buch dem Baustoff Stahlbeton nähern.

Vorwort

Bauwerke zählen zu den ältesten menschlichen Erzeugnissen. Man schätzt, dass Menschen seit mindestens 20.000 Jahren Bauwerke errichten. Heute ist das Bauwesen eine wichtige Säule der modernen Industriegesellschaft. Im Jahre 2006 wurden in Europa 1,2 Billionen Euro in Bauwerke investiert. Das Bauwesen besitzt damit einen Anteil von ca. 10 % am Europäischen Bruttoinlandsprodukt.

Ein Großteil dieser Investitionen im Bauwesen fließt in Tragwerke aus Stahlbeton, dem heute bedeutendsten Baustoff. Weltweit werden jährlich 1,5 Milliarden Tonnen Zement und ca. 1,2 Milliarden Tonnen Stahl hergestellt. Während der Stahl in verschiedenen Bereichen eingesetzt wird, ist das Anwendungsgebiet für den Zement nahezu ausschließlich die Betonherstellung. Die Schätzungen für das weltweite Betonvolumen reichen bis zu sieben Milliarden Kubikmetern pro Jahr.

Gerade in Verbindung mit Baustahl weist der Stahlbeton eine Vielzahl verschiedener Vorteile auf: Beton ist frei formbar, dauerhaft, einfach zu errichten und preiswert. Dem stehen natürlich auch Nachteile gegenüber. So ist die Dauerhaftigkeit von Stahlbeton nicht unbegrenzt. Auch die farbliche Gestaltung von Beton wird häufig als unschön empfunden. Und die Herstellung von Zement ist ein wesentlicher CO_2-Produzent.

Doch eine objektive Bewertung der Vor- und Nachteile zeigt, dass der Verbundbaustoff Stahlbeton ein außerordentlich leistungsfähiges Baumaterial ist. Um Konstruktionen aus diesem Material sachgemäß entwerfen und betreiben zu können, ist es wichtig, das Tragverhalten und die Besonderheiten dieses Werkstoffes zu kennen und zu verstehen.

In diesem Buch werden deshalb nicht nur die in der DIN 1045-1 vorgeschriebenen Bemessungsregeln vorgestellt, sondern auch die Grundlagen des Zusammenwirkens von Stahl und Beton in verständlicher Art und Weise erklärt. Darauf wurde beim Entwurf dieses Buches besonders Wert

gelegt, denn die Planung und Berechnung des Verbundwerkstoffes Stahlbeton wird von vielen Studenten häufig als kompliziert und teilweise un-
verständlich angesehen. Nur allzu oft ist man verwundert, wenn nach einer
sehr umfangreichen Berechnung aus konstruktiven Gründen noch einmal
ein erheblicher zusätzlicher Bewehrungsanteil in ein Stahlbetonbauteil
eingelegt werden muss.

Dieses Buch entstand zunächst als Skript zur Vorlesungsreihe „Grundlagen des Stahlbetonbaus" für die Studenten der Wasserwirtschaft an der
Technischen Universität Dresden. Die Studenten dieser Fachrichtung erhalten in nur einem Semester eine umfangreiche Einführung in das Fach
„Stahlbetonbau". Der große Erfolg dieses Skriptes nicht nur bei den Studenten der Wasserwirtschaft, sondern auch bei den Bauingenieurstudenten
ermutigte uns, dieses Skript als Buch zu veröffentlichen.

Das Buch beinhaltet zunächst drei einführende Kapitel, die zum grund-
legenden Verständnis notwendig sind. Diese drei Kapitel sind „Ermittlung
von Schnittgrößen", „Baustoffe" und „Sicherheitskonzept". Während das
erste Kapitel einige Grundlagen der Statik und Festigkeitslehre vermittelt,
werden im zweiten Kapitel wichtige Erläuterungen zum Baustoffverhalten
gegeben, die für die spätere Bemessung unabdingbar sind. Im dritten Kapitel wird auf das aktuelle Sicherheitskonzept eingegangen. Das ist insbesondere für das Verständnis der aktuellen Norm von Bedeutung.

Anschließend folgen die Kapitel „Biegebemessung", „Querkraftbemessung" und „Zugkraftdeckung". Diese drei Kapitel legen die Grundlage für
die Bemessung biegebeanspruchter Stahlbetonbauteile. Auch wenn die
Kapitel nacheinander angeordnet sind, so gibt es doch zahlreiche Quer-
verweise. Beispielsweise baut die „Zugkraftdeckung", die eigentlich eine
über die Längsachse kontinuierliche Biegebemessung ist, auf Ergebnissen
der Querkraftbemessung auf.

Daran anschließend finden sich die Kapitel „Verankerung von Bewch-
rung" und „Gebrauchstauglichkeit". Während das Kapitel „Verankerung
von Bewehrung" im Wesentlichen konstruktive Regeln beinhaltet, werden
beim Kapitel „Gebrauchstauglichkeit" zahlreiche bedeutende Zusammenhänge für die Nutzungsfähigkeit des Stahlbetons vermittelt. Die häufigsten
Probleme bei Stahlbetonbauwerken sind Probleme der „Gebrauchstauglichkeit".

Die bisher genannten Kapitel waren überwiegend an Biegebauteilen
ausgerichtet. Das folgende Kapitel behandelt die „Bemessung von Druckgliedern". Dabei gibt es eine Vielzahl besonderer Aspekte, die bei biegebeanspruchten Bauteilen entweder nicht auftreten oder von untergeordne-
ter Bedeutung sind. Den Abschluss bildet das Kapitel „Fundament".

Am Ende der jeweiligen Kapitel werden Beispiele vorgestellt, denn die
Erfahrung hat gezeigt, dass das Verständnis der vielen Formeln am ehesten

durch Übung entsteht. Der Anhang stellt die notwendigen Hilfsmittel für einfache Bemessungsfälle bereit.

Wir hoffen, dass die Mischung aus theoretischen Erläuterungen und Übungsbeispielen, aber auch die hohe Informationsdichte allen Studierenden und anderen Lernenden einen schnellen Lernerfolg ermöglicht und trotz aller studentischen Vorurteile gegenüber dem Fach „Stahlbeton" Interesse am Material entfacht.

Inhaltsverzeichnis

1 Ermittlung von Schnittgrößen

1.1 Allgemeines

Stahlbeton ist ein vielseitig einsetzbarer Baustoff. Er wird für die Herstellung verschiedenster Bauteile und Bauwerke verwendet. Solche Bauwerke können Brücken, Häuser, Staudämme, Straßen oder Türme sein. Alle diese Bauwerke aus Stahlbeton werden aber i. d. R. nicht als Gesamttragwerk bemessen und konstruiert, sondern sie werden in möglichst einfache ein- und zweidimensionale Teilsysteme zerlegt. Diese Zerlegung in Teilsysteme erlaubt eine einfache Berechnung der Schnittgrößen.

Zusätzlich erfolgt die Bemessung an den Teilsystemen schrittweise. So werden z. B. nacheinander die Biegebemessung und die Querkraftbemessung durchgeführt. Unter Bemessung versteht man im Stahlbetonbau die Ermittlung der erforderlichen Bewehrungsstahlmenge.

Zunächst wird in diesem Abschnitt die Zerlegung von Gesamttragwerken erläutert. Entsprechend ihrer Tragwirkung werden z. B. Scheiben-, Platten- und Stabtragwerke unterschieden. Nach ihrer Geometrie werden die verschiedenen Bauteile wie folgt definiert:

- Balken: $l/h \geq 2$ und $b/h < 4$
- Platte: $l/h \geq 2$ und $b/h \geq 4$
  - einachsig gespannt: $l_{max}/l_{min} \geq 2$
  - zweiachsig gespannt: alle anderen Geometrien
- Scheibe, wandartiger Träger: $l/h < 2$
- Stütze: $b/h \leq 4$

- Wand: $b/h > 4$,

wobei gilt: l, l_{max}, l_{min} Stützweite, größere bzw. kleinere Stützweite

$\qquad\qquad$ h $\qquad$ Bauhöhe bei den Verhältnissen l/h

$\qquad\qquad$ b, h $\qquad$ Querschnittsseiten bei den Verhältnissen l/h,

$\qquad\qquad\qquad$ $b \geq h$.

Für die Bemessung müssen verschiedene Lastfälle kombiniert und jeweils maximale und minimale Schnittgrößen bestimmt werden.

Die Schnittgrößen können gemäß den Grundlagen der Statik mit verschiedenen Verfahren und Tabellenwerken ermittelt werden. Dabei sind aber in vielen Fällen die gegenüber anderen Baustoffen größeren geometrischen Abmessungen von Stäben und Knoten aus Stahlbeton zu berücksichtigen. Eine weitere Besonderheit stellen die meist teilweise oder vollständig biegesteifen Anschlüsse an den Knotenpunkten dar.

Schnittgrößen können grundsätzlich aus

- Lasten, z. B. Eigenlasten, Verkehrslasten, Schnee, Wind und
- Zwang, z. B. behinderte Verformung aus Temperaturunterschieden, Stützensenkung

entstehen, wobei bei statisch bestimmten Tragwerken keine Schnittgrößen infolge Zwang auftreten können. In vielen Fällen wird der Zwang konstruktiv durch eine entsprechende Bewehrung berücksichtigt.

1.2 Tragwerksidealisierungen

Für die Bemessung muss die Geometrie der Ersatz- oder Teilsysteme aus dem Gesamttragwerk abgeleitet werden. Die Grundlagen werden im Folgenden vorgestellt.

Die maßgebende Dimension eines Bauteils ist die effektive Stützweite l_{eff}, Gl. (1.1). Auflagertiefen von Platten, Balken und ähnlichen Bauteilen können nach Abb. 1 bestimmt werden.

$$l_{eff} = l_n + a_1 + a_2 \qquad\qquad (1.1)$$

mit: l_{eff} effektive Stützweite eines Bauteils (Balken, Platte)

$\quad l_n$ lichter Abstand zwischen den Auflagervorderkanten

$\quad a_i$ Abstand zwischen Auflagervorderkante und rechnerischer Auflagerlinie. Empfehlungen für die Bestimmung von a_i sind in Abb. 1 zusammengestellt.

Bei manchen Nachweisen, z. B. bei der Querkraftbemessung, muss zwischen direkter und indirekter Lagerung unterschieden werden. Die Abgrenzung der beiden Fälle wird in der DIN 1045-1 wie folgt geregelt.

(1) Platte oder Balken frei aufliegend (z. B. auf Mauerwerk)

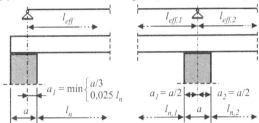

(2) Platte oder Balken bindet in Mauerwerk ein

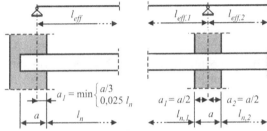

Die elastische Einspannung ist
konstruktiv zu berücksichtigen.

(3) Platte oder Balken werden durch Stahlbetonunterzüge gestützt,
monolithische Verbindung

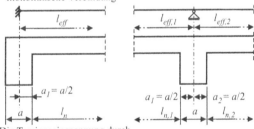

Die Torsionseinspannung durch
den Randunterzug ist konstruktiv
zu berücksichtigen.

(4) Stahlbetonbalken in Stahlbetonscheibe, monolithische Verbindung

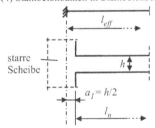

Abb. 1. Annahmen für den rechnerischen Auflagerpunkt

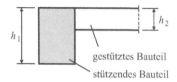

Abb. 2. Abgrenzung von direkter und indirekter Lagerung

direkte Lagerung: $(h_1 - h_2) \geq h_2$ (1.2)

indirekte Lagerung: $(h_1 - h_2) < h_2$ (1.3)

Zur Abgrenzung von direkter und indirekter Lagerung siehe Abb. 2.

An dem nun bekannten statischen Ersatzsystem können die Schnittgrößen ermittelt werden. Zuerst muss bestimmt werden, ob es sich um ein statisch bestimmtes oder ein statisch unbestimmtes System handelt.

1.3 Schnittgrößenermittlung nach DIN 1045-1

Für die Nachweise im Grenzzustand der Tragfähigkeit sind grundsätzlich folgende Berechnungsverfahren zugelassen:

- linear-elastische Berechnung
- linear-elastische Berechnung mit Schnittgrößenumlagerung
- Verfahren nach der Plastizitätstheorie
- nichtlineare Verfahren.

Für Nachweise im Grenzzustand der Gebrauchstauglichkeiten müssen die Schnittgrößen immer nach linear-elastischen Verfahren ermittelt werden.

In diesem Buch, in welchem die Grundlagen der Stahlbetonbemessung vermittelt werden sollen, werden die Grundzüge der linear-elastischen Schnittgrößenermittlung vorgestellt. Im Allgemeinen werden hierbei die Schnittgrößen mit den Steifigkeiten der ungerissenen Querschnitte ermittelt. Die Berechnung ist unabhängig von der Verwendung normal- oder hochduktilen Bewehrungsstahls, die in Kap. 2.3 vorgestellt werden. Ein Nachweis der Verformungsfähigkeit muss nicht geführt werden, denn diese gilt als sichergestellt, wenn die Regeln zur Mindestbewehrung nach DIN 1045-1 eingehalten und hohe Bewehrungsgrade in kritischen Bereichen vermieden werden.

1.4   Statisch bestimmte Tragwerke

Bei statisch bestimmten Tragwerken können alle Schnittgrößen mit den drei möglichen Gleichgewichtsbedingungen bestimmt werden:

Summe der Horizontalkräfte: $\sum H = 0$

Summe der Vertikalkräfte: $\sum V = 0$ (1.4)

Summe der Momente: $\sum M = 0$

Die Schnittgrößen werden entsprechend Abb. 3 positiv definiert.

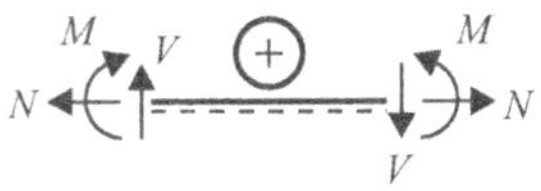

Abb. 3. Schnittgrößendefinition

1.5   Schnittgrößenfunktionen

Die Schnittgrößenfunktionen für Querkraft und Moment können aus der Belastungsfunktion abgeleitet werden. Es gilt:

Funktion für die Belastung: $p(x)$ (1.5)

Funktion für die Querkraft: $V(x) = \int p(x)\,dx + V(x=0)$ (1.6)

Funktion für das Biegemoment: $M(x) = \int V(x)\,dx + M(x=0)$ (1.7)

Für eine konstante Streckenlast ergibt sich beispielsweise:

Belastungsfunktion: $p(x) = -q$

Querkraftfunktion: $V(x) = -q \cdot x + V(x=0)$

Momentenfunktion: $M(x) = -q \cdot \dfrac{x^2}{2} + x \cdot V(x=0) + M(x=0)$

Die Größen $V(x=0)$ und $M(x=0)$ stehen dabei für die Anfangsschnittgrößen am linken Auflagerpunkt des betrachteten Bauteils oder Bauteilabschnittes, da hier i. d. R. der Ursprung für die x-Achse mit $x = 0$ festgelegt wird, Abb. 4. In diesem Bild sind außerdem die Zusammenhänge zwischen

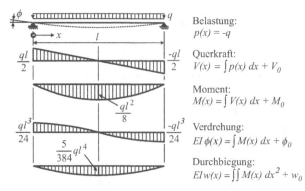

Belastung:
$p(x) = -q$

Querkraft:
$V(x) = \int p(x)\,dx + V_0$

Moment:
$M(x) = \int V(x)\,dx + M_0$

Verdrehung:
$EI\,\phi(x) = \int M(x)\,dx + \phi_0$

Durchbiegung:
$EI\,w(x) = \iint M(x)\,dx^2 + w_0$

Abb. 4. Beispiel für die Ableitung der Schnittkraftfunktionen aus der Belastungsfunktion

Belastung, Stabachsenverdrehung in Stablängsrichtung und vertikaler Durchbiegung (z-Richtung) ergänzt.

Die Nullstellen für die Querkraft- und Momentenfunktion können durch Umstellen der Funktionsgleichungen ermittelt werden. Für eine konstante Streckenlast $-q$ ergibt sich somit z. B.:

Querkraft: $0 = V(x) = -q \cdot x + V(x = 0) \quad \rightarrow \quad x_{V,0} = \dfrac{V(x = 0)}{q}$

Moment: $0 = M(x) = -q \cdot \dfrac{x^2}{2} + x \cdot V(x = 0) + M(x = 0)$

$$\rightarrow \quad x_{M,0} = \frac{V(x = 0)}{q} \pm \sqrt{\left(\frac{V(x = 0)}{q}\right)^2 + \frac{2 \cdot M(x = 0)}{q}}$$

Maxima und Minima einer mathematischen Funktion erhält man, indem man die erste Ableitung der Funktion = 0 setzt. Für die Linienlast ergibt sich somit für die Stelle des maximalen Momentes $x\,(M = \max M)$.

$$0 = M(x)' = -q \cdot x + V(x = 0) \quad \rightarrow \quad x(M = \max M) = \frac{V(x = 0)}{q}$$

1.6 Statisch unbestimmte Tragwerke

Viele Stahlbetonbauteile können nur als statisch unbestimmte Systeme modelliert werden. Der Unterschied zwischen statisch bestimmten und unbestimmten Tragwerken soll am Beispiel eines über mehrere Felder durchlaufenden Balkens veranschaulicht werden. In Abb. 5 ist prinzipiell

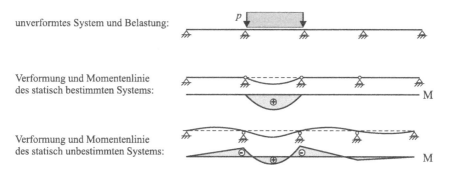

unverformtes System und Belastung:

Verformung und Momentenlinie
des statisch bestimmten Systems:

Verformung und Momentenlinie
des statisch unbestimmten Systems:

Abb. 5. Verformung und Momentenlinie eines statisch bestimmt und eines statisch unbestimmt gelagerten Durchlaufträgers

dargestellt, wie sich der Balken in Abhängigkeit vom statischen System verformt.

Bei statisch bestimmten Systemen sind die Felder nicht gekoppelt, beeinflussen sich also nicht gegenseitig. In der Biegelinie stellen sich Knicke an den idealisierten Auflagern ein, da sich dort Gelenke befinden. Bei einem einzelnen belasteten Feld entstehen keine Schnittgrößen oder Verformungen in den anderen Feldern des Trägers. Im Unterschied dazu sind die Felder bei statisch unbestimmten Balken nicht entkoppelt, die Verformung eines Feldes erzwingt Verformungen und damit Schnittgrößen in den anderen Feldern. Damit reichen die drei Gleichgewichtsbedingungen nach Gl. (1.4) – Ermittlung der Schnittgrößen bei statisch bestimmten Systemen – nicht mehr aus. Es sind nun zusätzlich Kontinuitätsbedingungen zu erfüllen, z. B. dürfen also keine „Knicke" in der Biegelinie entstehen.

Für die einfache Berechnung von Schnittgrößen statisch unbestimmter Systeme steht eine Vielzahl von Tafelwerken zur Verfügung. In diesem Buch sollen die Berechnungs-Hilfsmittel für durchlaufende Platten oder Balken vorgestellt werden. Die üblichen Tabellen gelten für Träger mit zwei bis fünf Feldern. Bei Trägern mit mehr als fünf Feldern nimmt man für die zwei Randfelder die entsprechenden Tafelwerte eines Fünf-Feld-Trägers und für alle anderen Felder die Werte des mittleren Feldes des Fünf-Feld-Trägers oder die Tabellenwerte aus einer Tafel für Träger mit unendlich vielen Feldern, siehe Anhang. Tabelle 1 zeigt den Aufbau derartiger Tabellen.

In der oberen Zeile ist die genau definierte Belastungsfunktion dargestellt. In der linken Spalte sind das statische System und die entsprechende feldweise Belastung zu sehen. In der zweiten Spalte sind die Kraftgrößen aufgeführt, die mit den Tafelwerten in den restlichen Spalten direkt berechnet werden können, Gln. (1.8) und (1.9). Alle anderen Schnittgrößen können dann mit den Gleichgewichtsbedingungen ermittelt werden.

Tabelle 1. Schnittgrößentafel für Durchlaufträger mit zwei Feldern

Lastfall	Kraftgrößen	q ⬛ ...	P	q ...
		l	$0,5 \cdot l$ | $0,5 \cdot l$	$0,3 \cdot l$ | $0,4 \cdot l$ | $0,3 \cdot l$
		Belastung 1	Belastung 4	Belastung 5
A 1 B 2 C	M_1	0,070 ...	0,062	0,156 ...
	M_b	−0,125	−0,106	−0,188
	A	0,375	0,244	0,313
	B	1,250	0,911	1,375
	V_{bl}	−0,625	−0,456	−0,688
A 1 B 2 C	M_1	0,096 ...	0,085	0,203 ...
	M_b	−0,063	−0,053	−0,094
	A	0,438	0,297	0,406
	C	−0,063	−0,053	−0,09

$$\text{Moment} = \text{Tafelwert} \cdot q \cdot l_{eff}^{\,2} \text{ bzw. Moment} = \text{Tafelwert} \cdot P \cdot l_{eff} \qquad (1.8)$$

$$\text{Kraft} = \text{Tafelwert} \cdot q \cdot l_{eff} \text{ bzw. Kraft} = \text{Tafelwert} \cdot P \qquad (1.9)$$

$$\text{Anwendungsgrenze: } \min l_{eff} \geq 0,8 \cdot \max l_{eff} \qquad (1.10)$$

Die angegebenen Feldmomente stehen für die Maximalwerte in den entsprechenden Feldern. Bei unterschiedlichen Stützweiten sind die Schnittgrößen an den Stützen mit den Mittelwerten von l_{eff} der beiden angrenzenden Felder zu berechnen.

Eine ausführliche Tafel für Durchlaufträger ist im Anhang zu finden.
Tafeln zur Ermittlung der Schnittgrößen statisch unbestimmter Systeme
gibt es aber nicht nur für Durchlaufkonstruktionen. In entsprechenden
Tafelwerken oder Tabellenbüchern, z. B. Schneider (2004), werden u. a.
Tabellen für

- einachsig gespannte, statisch bestimmt oder unbestimmt gelagerte Platten unter Punkt-, Linien- und Rechtecklasten
- zweiachsig gespannte Platten
- statisch unbestimmte Einfeldträger oder
- Rahmen

bereitgestellt. Auch werden in zunehmendem Maße Computerprogramme für die Berechnung von statisch unbestimmten Systemen verwendet.

1.7 Bemessungsmomente durchlaufender Platten und Balken

1.7.1 Stützenmomente

Einachsig gespannte, durchlaufende Platten und Balken dürfen bei der Schnittgrößenermittlung als frei drehbar gelagert angesehen werden. Konstruktive Eck- und Randeinfassungsbewehrungen sind nicht als Rahmenbewehrung zu betrachten.

Bei der Ermittlung der Stützenmomente wurde dementsprechend bisher eine gelenkige, schneidenförmige Lagerung angenommen, was allerdings nicht mit der Wirklichkeit übereinstimmt. Im Bereich der flächigen Auflagerung über die Balken- bzw. Stützenbreite a wird die Spitze des Stützenmomentes abgerundet. Dadurch sinkt der Maximalwert M auf M'. Hierbei ist grundsätzlich zu unterscheiden, ob eine monolithische Verbindung mit der Unterstützung besteht oder nicht.

Der Fall einer nicht-monolithischen Verbindung tritt z. B. auf, wenn der Träger durch eine Fuge von der Unterstützung getrennt ist (Abb. 6). Der Größtwert des Bemessungsmomentes bei Schneidenlagerung M_{Ed} wird auf den Scheitelwert M_{Ed}' abgemindert (Abb. 6).

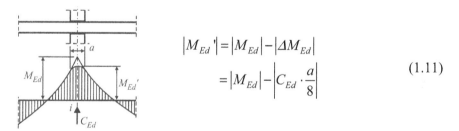

$$\left|M_{Ed}'\right| = \left|M_{Ed}\right| - \left|\Delta M_{Ed}\right|$$

$$= \left|M_{Ed}\right| - \left|C_{Ed} \cdot \frac{a}{8}\right| \qquad (1.11)$$

Abb. 6. Stützenmomente bei nicht monolithischer Verbindung

Ist der Träger monolithisch mit der Unterstützung verbunden, so liegt der zweite Fall vor (Abb. 7). Maßgebend für die Bemessung wird der größere Wert der beiden Momente an den Auflagerrändern. Die Momente am Auflagerrand dürfen festgelegte Mindestwerte nicht unterschreiten.

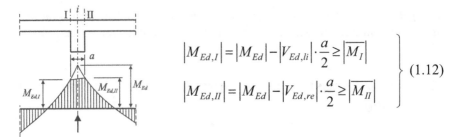

$$\left|M_{Ed,I}\right| = \left|M_{Ed}\right| - \left|V_{Ed,li}\right| \cdot \frac{a}{2} \geq \left|\overline{M_I}\right|$$

$$\left|M_{Ed,II}\right| = \left|M_{Ed}\right| - \left|V_{Ed,re}\right| \cdot \frac{a}{2} \geq \left|\overline{M_{II}}\right|$$

$$(1.12)$$

Abb. 7. Stützenmomente bei monolithischer Verbindung

1.7.2   Mindestrandmomente und Mindestfeldmomente

Neben den vorgestellten Ansätzen zur Berücksichtigung einer Auflagerungsbreite müssen Mindestrandmomente beachtet werden. Das Bemessungsmoment in den Anschnitten vertikaler Auflager von Durchlaufträgern darf 65 % des Momentes bei Annahme voller Einspannung am Auflagerrand nicht unterschreiten. Die Berechnung für Durchlaufträger darf wie in Abb. 8 dargestellt durchgeführt werden.

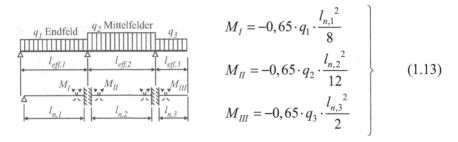

$$M_I = -0,65 \cdot q_1 \cdot \frac{l_{n,1}^2}{8}$$

$$M_{II} = -0,65 \cdot q_2 \cdot \frac{l_{n,2}^2}{12}$$

$$M_{III} = -0,65 \cdot q_3 \cdot \frac{l_{n,3}^2}{2}$$

$$(1.13)$$

Abb. 8. Statisches System und Mindestrandmomente M_I und M_{II} für Durchlaufträger

Wenn kein genauerer Nachweis der teilweisen Einspannung geführt wird, wie sie z. B. durch aufgehende Wände hervorgerufen werden kann, sind bei gleichmäßig verteilter Last folgende Mindestwerte der Feldmomente für die Bemessung einzuhalten (Abb. 9). Nach der aktuellen Norm DIN 1045-1 kann dieser Nachweis entfallen.

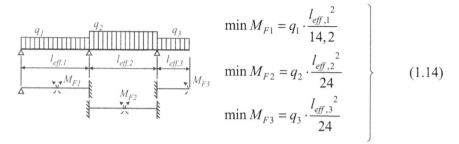

$$\min M_{F1} = q_1 \cdot \frac{l_{eff,1}^2}{14,2}$$

$$\min M_{F2} = q_2 \cdot \frac{l_{eff,2}^2}{24} \qquad (1.14)$$

$$\min M_{F3} = q_3 \cdot \frac{l_{eff,3}^2}{24}$$

Abb. 9. Statisches System und Mindestfeldmomente für Durchlaufträger

1.7.3 Negative Feldmomente

Bei durchlaufenden Platten können negative Feldmomente durch indirekte feldweise Einwirkungen verursacht werden. Diese negativen Feldmomente müssen aber nicht mit der vollen veränderlichen Einwirkung berücksichtigt werden. Vielmehr brauchen negative Feldmomente, wenn trotz biegesteifer Unterstützung freie Verdrehbarkeit im statischen Modell an den Auflagern vorausgesetzt wurde, nur mit der folgenden Belastung berechnet werden:

$$G + 0,5 \cdot P \qquad \text{für Platten und Rippendecken}$$
$$G + 0,7 \cdot P \qquad \text{für Balken} \qquad\qquad (1.15)$$

mit G als Eigenlast
  P als veränderliche Last.

1.8 Beispiele

1.8.1 Tragwerksidealisierung

Im Bild ist ein Ausschnitt aus einem mehrstöckigen Gebäude zu sehen. Bei den gemauerten Giebelwänden handelt es sich um tragende Wände. Die nicht tragenden Längsseiten des Gebäudes sind verglast und belasten die Deckenplatten an deren Rändern. Gesucht sind die statischen Systeme für die Bemessung der Deckenplatte und eines Unterzuges und die bei der Bemessung zu berücksichtigenden Eigenlasten auf diese zwei Bauteile.

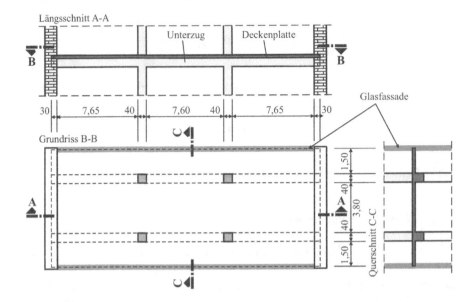

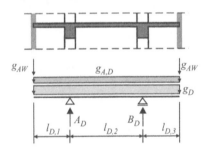

Deckenplatte

statisches System:

$$l_{D,1} = 1,50 \text{ m} + \frac{1}{2} \cdot 0,40 \text{ m} = 1,70 \text{ m} = l_{D,3}$$

$$l_{D,2} = 3,80 \text{ m} + 2 \cdot \frac{1}{2} \cdot 0,40 \text{ m} = 4,20 \text{ m}$$

Belastung durch:

- Eigengewicht g_D der Deckenplatte als Flächenlast in [kN/m²]
- Ausbaulast $g_{A,D}$ wie Fußbodenbelag etc. als Flächenlast in [kN/m²]
- Verglasung g_{AW} als Linienlasten an den Rändern in [kN/m]

Unterzug

statisches System:

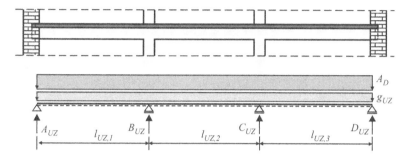

$$l_{UZ,1} = \frac{1}{3} \cdot 0,30 \text{ m} + 7,65 \text{ m} + \frac{1}{2} \cdot 0,40 \text{ m} = 7,95 \text{ m} = l_{UZ,3}$$

$$l_{UZ,2} = 7,60 \text{ m} + 2 \cdot \frac{1}{2} \cdot 0,40 \text{ m} = 8,00 \text{ m}$$

Belastung durch:

- Eigengewicht g_{UZ} des Gurtes des Unterzuges als Linienlast in [kN/m]
- Linienlast A_D, die der Auflagerlast A_D der Deckenplatte auf den Unterzug entspricht, als Linienlast in [kN/m]

1.8.2   Schnittgrößen am statisch bestimmten Stab

Ermitteln Sie die Schnittgrößen für den folgenden statisch bestimmt gelagerten Stab!

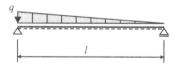

Auflagerkräfte aus den drei Gleichgewichtsbedingungen:

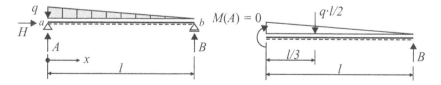

Summe der Horizontalkräfte: $\sum H = \underline{\underline{0 = H}}$

Summe der Momente um den Punkt a:

$$\sum M(A) = 0 = B \cdot l - q \cdot \frac{l}{2} \cdot \frac{l}{3} \quad \rightarrow \quad B = \underline{\underline{\frac{q \cdot l}{6}}}$$

Summe der Vertikalkräfte:

$$\sum V = 0 = A + B - q \cdot \frac{l}{2} \quad \rightarrow \quad A = \underline{\underline{\frac{q \cdot l}{3}}}$$

Probe: Summe der Momente um den Punkt b:

$$\sum M(B) = 0 = A \cdot l - q \cdot \frac{l}{2} \cdot \frac{2}{3} \cdot l = \frac{q \cdot l^2}{3} - q \cdot \frac{l^2}{3} = \underline{\underline{0}}$$

Schnittkraftlinien:
Normalkraft: $H = 0 \quad \rightarrow \quad \underline{\underline{N = 0}}$

Querkraft:

Auflager A: $\sum V = 0 = A - V_A \quad \rightarrow \quad V_A = A = \underline{\underline{\frac{q \cdot l}{3}}}$

Auflager B: $\sum V = 0 = A - \frac{q \cdot l}{2} - V_B = \frac{q \cdot l}{3} - \frac{q \cdot l}{2} - V_B \quad \rightarrow \quad V_B = \underline{\underline{-\frac{q \cdot l}{6}}}$

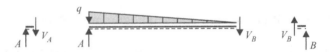

Probe: $\sum V = 0 = V_B + B = -\frac{q \cdot l}{6} + \frac{q \cdot l}{6} \underline{\underline{= 0}}$

Moment:

Belastungsfunktion: $f(x) = -q + x \cdot \frac{q}{l}$

Querkraftfunktion: $V(x) = -q \cdot x + \frac{1}{2} \cdot x^2 \cdot \frac{q}{l} + V_A$

Nullstelle:
$$0 = -q \cdot x + \frac{1}{2} \cdot x^2 \cdot \frac{q}{l} + V_A = x^2 - 2 \cdot l \cdot x + \frac{2 \cdot l}{q} \cdot V_A$$

$$= x^2 - 2 \cdot l \cdot x + \frac{2}{3} \cdot l^2$$

$$x_0 = l \pm \sqrt{l^2 - \frac{2}{3} \cdot l^2} = l \left(1 - \frac{1}{\sqrt{3}}\right)$$

Momentenfunktion: $M(x) = -\frac{1}{2} \cdot q \cdot x^2 + \frac{q \cdot x^3}{6 \cdot l} + V_A \cdot x$

max. Moment: $\max M = M(x = x_0)$

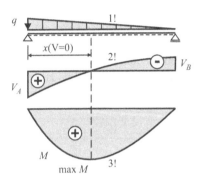

Zahlenbeispiel:

gegeben: $l = 6$ m; $q = 20$ kN/m

Stützkräfte: $B = q \cdot \frac{l}{6} = 20$ kN/m $\cdot \frac{6\ \text{m}}{6} = 20$ kN

$$A = q \cdot \frac{l}{3} = 20\ \text{kN/m} \cdot \frac{6\ \text{m}}{3} = 40\ \text{kN}$$

Probe: $\sum V = 0 = A + B - q \cdot \frac{l}{2}$

$$= 40\ \text{kN} + 20\ \text{kN} - 20\ \text{kN/m} \cdot \frac{6\ \text{m}}{2} = 0$$

An der Nullstelle der Querkraftfunktion tritt das maximale Biegemoment auf:

$$x_0 = 6\ \text{m} \cdot \left(1 - \frac{1}{\sqrt{3}}\right) = 2,54\ \text{m}$$

maximales Biegemoment:

$$\max M = M\left(x = x_0 = 2,54 \text{ m}\right)$$

$$= -\frac{1}{2} \cdot q \cdot x_0^2 + \frac{q \cdot x_0^3}{6 \cdot l} + V_A \cdot x_0$$

$$= -\frac{20 \dfrac{\text{kN}}{\text{m}}}{2} \cdot \left(2,54 \text{ m}\right)^2 + \frac{20 \dfrac{\text{kN}}{\text{m}} \cdot \left(2,54 \text{ m}\right)^3}{6 \cdot 6 \text{ m}} + 40 \text{ kN} \cdot 2,54 \text{ m}$$

$$= 46,19 \text{ kNm}$$

1.8.3   Verformung eines Durchlaufträgers

Ein 4-Feld-Träger wird in jedem seiner Felder durch eine mittige Einzellast beansprucht. Wie unterscheiden sich die Verformungsbilder, wenn der Balken zum einen als statisch bestimmtes, zum anderen als statisch unbestimmtes System ausgeführt wird ist?

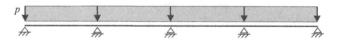

statisch bestimmtes System:

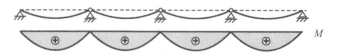

Beim statisch bestimmten System ist der Balken so konstruiert, dass sich an den Auflagerpunkten Gelenke befinden, die die freie Verdrehbarkeit der Balkenenden gewährleisten. Bei der vorgegebenen Belastung entstehen jeweils in Feldmitte positive Feldmoment, d. h. der Balken biegt sich nach unten durch. Die Unterseite des Balkens wird gezogen, die Oberseite gestaucht. An den Stützen sind die Momente null, da über Gelenke keine Biegemomente übertragen werden können und die Gleichgewichtsbedingungen eingehalten werden müssen. (Die Summe der Biegemomente an einem Gelenk muss null sein, da ein Gelenk ein sogenanntes Momentennullfeld ist.) Gleichzeitig entstehen „Knicke" in der Biegelinie, da sich die einzelnen Glieder der Trägerkette unabhängig voneinander verformen können.

statisch unbestimmtes System:

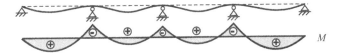

Beim statisch unbestimmten System wirkt sich eine Belastung, Verformung oder Verdrehung in einem Teil des Bauteils auf alle anderen Bereiche aus. Zusätzlich zu den drei Bedingungen des Kräftegleichgewichts müssen Kontinuitätsbedingungen erfüllt werden. In diesem Fall bedeutet dies, dass durch die fehlenden Gelenke an den Unterstützungsstellen dort eine homogene Verformung erzwungen wird. Die Biegelinie weist also weder Sprünge noch Knicke auf. Um diese Verformungslinie zu erzwingen sind zusätzliche Kräfte nötig – es handelt sich hierbei um den statisch unbestimmten Anteil der Schnittgrößen. In unserem speziellen Fall entstehen an den Unterstützungsstellen negative Feldmomente. Der Balken erfährt eine „negative" Durchbiegung, also eine Krümmung nach oben. An der Oberseite des Bauteils entstehen Zugkräfte, die Unterseite wird durch Druckkräfte gestaucht. Gleichzeit werden die positiven Biegemomente in den Feldern quantitativ verringert.

1.8.4   Schnittgrößen am statisch unbestimmten Stab

Für den dargestellten Zweifeldträger sind die Querkraft- und die Momentenlinie gesucht.

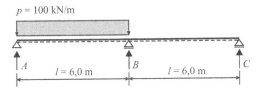

Die Schnittgrößen werden mit einer Tafel für Durchlaufträger berechnet. In der Tafel werden die entsprechende Zeile und Spalte gewählt, die Beiwerte abgelesen und dann mit den allgemeinen Bestimmungsformeln die gesuchten Werte bestimmt. Alle Schnittgrößen, für die keine Beiwerte angegeben werden, können über Gleichgewichtsbedingungen oder Schnittgrößenfunktionen ermittelt werden.

Lastfall	Kraftgrößen	Belastung 1		Belastung 4	Belastung 5	
		M_l	0,096	... 0,085	0,203	...
		M_b	−0,063	−0,053	−0,094	
		A	0,438	0,297	0,406	
		C	−0,063	−0,053	−0,09	

allgemeine Formeln: $\text{Moment} = \text{Tafelwert} \cdot q \cdot l_{e\!f\!f}^{\,2}$

$\text{Kraft} = \text{Tafelwert} \cdot q \cdot l_{e\!f\!f}$

Auflagerkräfte und Querkräfte:
Direkt können die Auflagerkräfte A und C ermittelt werden.

$$A = 0,438 \cdot p \cdot l = 0,438 \cdot 100 \text{ kN/m} \cdot 6,0 \text{ m} = 262,8 \text{ kN} = V_A$$

$$C = -0,063 \cdot p \cdot l = -0,063 \cdot 100 \text{ kN/m} \cdot 6,0 \text{ m} = -37,8 \text{ kN} = -V_C$$

Mit der Gleichgewichtsbedingung für die Vertikalkräfte erhält man B.

$$\sum V = 0 \;\rightarrow\; B = p \cdot l - (A + C)$$

$$= 100 \text{ kN/m} \cdot 6,0 \text{ m} - (262,8 \text{ kN} - 37,8 \text{ kN}) = 375,0 \text{ kN}$$

Mit derselben Gleichgewichtsbedingung können nun alle Querkräfte berechnet werden.

$$V_{Bl} = V_A - p \cdot l = 262,8 \text{ kN} - 100 \text{ kN/m} \cdot 6,0 \text{ m} = -337,2 \text{ kN}$$

$$V_{Br} = V_{Bl} + B = -337,2 \text{ kN} + 375,0 \text{ kN} = 37,8 \text{ kN} = V_C$$

Biegemoment:
Das maximale Moment im linken Feld befindet sich an der Nullstelle der Querkraftlinie. Die Querkraftlinie ist linear, deshalb kann die Nullstelle über eine Verhältnisgleichung bestimmt werden.

$$x(V = 0) \;=\; \frac{V_A}{V_A + |V_B|} \cdot l = \frac{262,8 \text{ kN}}{262,8 \text{ kN} + 337,2 \text{ kN}} \cdot 6,0 \text{ m} = 2,628 \text{ m}$$

Die Biegemomente können wieder direkt mit den Tafelwerten berechnet werden.

$$M_1 = 0,096 \cdot p \cdot l^2 = 0,096 \cdot 100 \text{ kN/m} \cdot 6,0^2 \text{ m}^2 = 345,6 \text{ kNm}$$

$$M_B = -0,063 \cdot p \cdot l^2 = -0,063 \cdot 100 \text{ kN/m} \cdot 6,0^2 \text{ m}^2 = -226,8 \text{ kNm}$$

Nullstelle der Momentenlinie:

$$0 = V_A \cdot x(M=0) - p \cdot \frac{\left[x(M=0)\right]^2}{2} = V_A - p \cdot \frac{x(M=0)}{2}$$

$$\rightarrow x\left(M=0\right) = \frac{2 \cdot V_A}{p} = \frac{2 \cdot 262,8 \text{ kN}}{100 \text{ kN/m}} = 5,26 \text{ m}$$

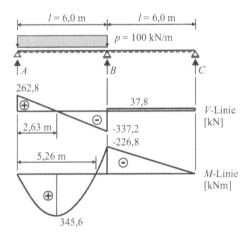

Schnittkraftlinie:

2 Bestandteile des Stahlbetons

2.1 Allgemeines

Stahlbeton ist ein Verbundbaustoff, d. h. die Baustoffe Stahl und Beton wirken als eine Einheit statisch zusammen, wenn das Bauteil inneren Kräften, wie z. B. Zwang, oder äußeren Kräften, wie z. B. Drucklast oder Biegung, ausgesetzt wird. Die Kombination zweier Materialien funktioniert nicht immer so selbstverständlich wie bei Stahlbeton. Die Grundlagen für das gute statische und auch wirtschaftliche Zusammenwirken sind folgende Materialeigenschaften:

- hohe Druckfestigkeit des Betons
- hohe Zugfestigkeit des Stahls
- Beton ist relativ preiswert, die Menge des relativ teuren Stahls wird optimiert.
- gleiche Wärmeausdehnung von Beton und Stahl
- Korrosionsschutz des Stahls durch das alkalische Milieu des umgebenden Betons.

Für die Aufnahme von Zugkräften ist der Beton wegen seiner geringen Zugfestigkeit ungeeignet. Unter Beachtung der erforderlichen Sicherheiten kostet die Aufnahme einer Zugkraft durch Stahl nur etwa ein Achtel dessen, was für ein Betonzugglied aufgewendet werden müsste. Eine Zusammenstellung verschiedener Materialien, ihrer Festigkeiten und Materialkosten ist in Tabelle 2 zu sehen.

Meist treten in Bauteilen sowohl Druck- als auch Zugspannungen auf. Die Idee war also, ein Konstruktionselement zu schaffen, bei dem die Druckkräfte von dem preiswerten Baustoff Beton, die Zugkräfte aber von Stahl oder anderen zugfesten, aber teureren Baustoffen aufgenommen werden. Sind die inneren Schnittgrößen bzw. Spannungen nach Größe,

Tabelle 2. Vergleich der Kosten (Beispiele) verschiedener Baustoffe

Material	Preis [€/kg]	Dichte ρ [kg/m³]	zul. Spannung σ [N/mm²]	Preis [€/m³]	Preis [€/MN]
Beton – Druck	0,04	2300	25	82,3	3,3
Beton – Zug	0,04	2300	2,5	82,3	32,9
Glas (Einzelfilamente)	7,67	2800	2800	21 474,3	7,7
Stahl (in Beton)	0,51	8000	500	4 090,3	8,2
Kohlenstoff	25,56	1800	4000	46 016,3	11,5
Spannstahl (in Beton)	3,07	8000	1400	24 542,0	17,5
Holz	0,41	500	10	204,5	20,5
Brettschichtholz	0,85	600	14	512,3	36,6

Richtung und Lage bekannt, kann man die erforderlichen Stahleinlagen richtig bemessen und anordnen. Dazu sollen in diesem Buch die Grundlagen erarbeitet werden.

Eine Kurzfassung der Entwicklung des Stahlbetonbaus kann im Anhang oder ausführlicher beispielsweise in Straub (1975) oder in Wayss (1964/1965) nachgelesen werden.

2.2 Beton

Beton ist ein künstliches Gestein, das aus Zuschlagstoffen, dies sind Sand, Kies und/oder Splitt, sowie Wasser und Zement besteht. Dabei wirkt der Zement als Bindemittel. Seine Wirkungsweise im Beton kann man sich mit Hilfe von Abb. 10 verdeutlichen.

Wird ein Rohr mit einer Mischung aus Kies und Sand gefüllt und gut verdichtet, so kann dieses Korngerüst große Druckkräfte übertragen. Das ist aber nur möglich, wenn horizontale Kräfte aufgenommen werden kön-

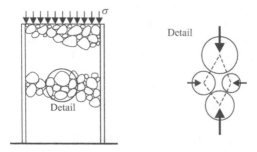

Abb. 10. Druckübertragung durch ein Korngerüst in einem Rohr

nen, die durch die Umlenkung der Druckspannungstrajektorien entstehen (siehe Detail in Abb. 10). Diese Aufgabe übernimmt das umhüllende zugfeste Rohr. Im Beton verklebt das Bindemittel die Zuschlagkörner miteinander und überträgt somit die zwischen den Zuschlagkörnern entstehenden Zugkräfte. Dadurch können horizontale Zugkräfte bis zu einem bestimmten Maß übertragen werden. Dieses Bindemittel wird im Beton aus Zementstein gebildet, dem chemischen Reaktionsprodukt von Zement und Wasser.

Das Grundprinzip der Herstellung eines künstlichen Steins war bereits den Römern bekannt. Der Baustoff wurde als „opus caementitium" bezeichnet, (Lamprecht 1996), und ist bis heute z. B. im Kolosseum in Rom und im Pantheon erhalten. Dieser Baustoff war wie Beton hervorragend zur Übertragung von Druckkräften geeignet. Die Römer setzten ihn dementsprechend meist nur in Konstruktionsteilen ein, die durch Druckkräfte beansprucht wurden.

Auch heute ist der Beton für druckbeanspruchte Bauteile einer der billigsten Baustoffe. Zu Betonbestandteilen, seiner Herstellung und Prüfung sowie zu besonderen Eigenschaften, unterschiedlichen Wichten und Festigkeiten siehe u. a. Reinhardt u. Hilsdorf (2001). Im Folgenden soll auf die Klassifizierung von Beton, die Druckfestigkeit, die genormten Spannungs-Dehnungs-Beziehungen sowie auf Schwinden und Kriechen eingegangen werden.

Beton kann nach verschiedenen Gesichtspunkten klassifiziert werden. Eine Möglichkeit ist die Unterscheidung nach der Dichte, wie Tabelle 3 zeigt. In diesem Buch soll nur der Normalbeton betrachtet werden.

Die wichtigste Form der Klassifizierung ist die Einteilung des Betons in Druckfestigkeitsklassen. Betone nach DIN 1045-1 werden entsprechend Abb. 11 bezeichnet.

Die Druckfestigkeit von Beton ist also gestaltabhängig. Je kleiner und kompakter die Geometrie eines Prüfkörpers ist, desto höher wird die Festigkeit bei einer Druckfestigkeitsprüfung ausfallen. Bei Baustoffprüfungen in Deutschland ist der 15er Würfel am gebräuchlichsten, die Zylinderfestigkeit kommt dagegen der realen einaxialen Festigkeit von Beton am nahesten und ist der Bezugswert für die Bemessung. In der alten Fassung der DIN 1045 wurden die Betone anhand der Festigkeit von 20er Würfeln

Tabelle 3. Einteilung von Beton nach der Rohdichte

	Trockenrohdichte [kg/m³]
Normalbeton	2000–2600
Leichtbeton	800–2000
Schwerbeton	> 2600

$\boxed{\text{C } 35/45}$

$f_{ck,cube}$ = charakteristische Druckfestigkeit von 15er Würfeln nach 28 Tagen

$f_{ck,cyl} = f_{ck}$ = charakteristische Druckfestigkeit von Zylindern mit

$\varnothing$ = 15 cm, h = 30 cm nach 28 Tagen

C = "concrete" bei Normal- und Schwerbeton,
LC = "lightweight concrete" bei Leichtbeton

Abb. 11. Definition der Betonfestigkeitsklassen

Tabelle 4. Betonfestigkeitsklassen und Umrechnung von der alten in die neue Norm, (Hartz 2002)

alte Norm DIN 1045 (07/1988) und Richtlinie für hochfesten Beton												
β_{WN} [N/mm²]	5	10	15	25	35	45	55	65	75	85	95	105	115
neue Norm DIN 1045-1 (07/2001)												
f_{ck} [N/mm²]	8	8	12	20	30	35	45	55	60	70	80	90	100
$f_{ck,cube}$ [N/mm²]	10	10	15	25	37	45	55	67	75	85	95	105	115

klassifiziert. Ein Beton mit einer Nennfestigkeit von β_{WN} = 35 N/mm² wurde z.B. als B 35 bezeichnet. Nach Hartz (2002) können die alten Festigkeitsklassen entsprechend Tabelle 4 in die neuen Festigkeitsklassen umgerechnet werden.

Außer der Geometrie beeinflussen auch die Lagerungsbedingungen während der Aushärtung des Betons dessen mechanische Eigenschaften. In Deutschland werden die Prüfkörper bis zum siebenten Tag unter Wasser und danach in einer Klimakammer in relativer Trockenheit mit definierten Umgebungsbedingungen bis zum 28. Tag aufbewahrt. In anderen europäischen Ländern werden die Prüfkörper bis zum 28. Tag unter Wasser gelagert, was zwangsläufig auch zu anderen Festigkeiten führt. Die verschiedenen Werte können mittels Umrechnungsfaktoren, die auf Grund von umfangreichen Versuchen empirisch gefunden wurden, ineinander umgerechnet werden, siehe z. B. Curbach u. Schlüter (1998) oder Schneider (2004).

Der Bemessungswert der Druckfestigkeit f_{cd} für die Nachweise im Grenzzustand der Tragfähigkeit kann mit Hilfe des Teilsicherheitsbeiwertes für Beton und einem Faktor α berechnet werden, der den Einfluss der Dauerlast, der in jedem Bauwerk zum Tragen kommt, berücksichtigt (näheres zum Sicherheitskonzept s. Kap. 3).

$$f_{cd} = \alpha \cdot \frac{f_{ck}}{\gamma_c} \qquad (2.1)$$

mit: α Abminderungsbeiwert zur Berücksichtigung von Langzeit-wirkungen auf die Druckfestigkeit von Beton, i. A. gilt: $\alpha = 0,85$

γ_c Teilsicherheitsbeiwert für Beton, s. auch Kap. 3.5.2

$\gamma_c = 1,5$ für die ständige oder vorübergehende Bemessungssituation

$\gamma_c = 1,3$ für die außergewöhnliche Bemessungssituation

Ab C 55/67 ist bei der Bestimmung des Bemessungswertes γ_c mit γ_c' zu multiplizieren:

$$f_{cd} = \alpha \cdot \frac{f_{ck}}{\gamma_c \cdot \gamma_c'} \qquad \text{mit:} \quad \gamma_c' = \frac{1}{1,1 - \dfrac{f_{ck}}{500}} \geq 1,0 \qquad (2.2)$$

Für die Bemessung ist die Kenntnis von den Spannungs-Verformungs-Beziehungen der Baustoffe elementar. Die Ansichten über die Spannungs-verteilung im Beton gehen sehr weit auseinander und reichen von der drei-eckförmigen bis zur rechteckigen Gestalt. In Kap. 4.3.3 werden verschie-dene Varianten der Druckspannungsverteilung für Beton vorgestellt. Bei älteren Bemessungsverfahren, z. B. beim *n*-Verfahren, wurde der Zusam-menhang zwischen Festigkeit und Verformung für Beton wie für einen linear-elastischen Baustoff durch das Balkentheorem von Bernoulli – Ebenbleiben der Querschnitte unter Heranziehung des Hook'schen Geset-zes – angenommen zu

$$\sigma_c = E_c \cdot \varepsilon_c \qquad (2.3)$$

Der Elastizitätsmodul E_c sollte als Kennwert für die Verformungseigen-schaften des Betons gelten, ist aber wegen des nichtlinearen Formände-rungsverhaltens des Betons ungeeignet. Das wird nicht zuletzt durch die zahlreichen Bestimmungsverfahren für den Elastizitätsmodul des Betons deutlich, der für Biege-, Druck- und Zugbeanspruchung unterschiedlich ausfällt und als Sehnen- oder Tangentenmodul dargestellt werden kann.

Schon früh beschäftigten sich verschiedene Forscher mit der Erfor-schung des Verformungsverhaltens von Beton. Sie führten zahlreiche Ver-suche durch, von denen die Wichtigsten in der Schriftenreihe des Deut-schen Ausschusses für Stahlbeton DAfStb beschrieben worden sind. Beispielhaft seien hier Arbeiten von Rüsch (1955) und Scholz (1961) ge-nannt. Dabei wurde festgestellt, dass das Verformungsverhalten von zahl-reichen Randbedingungen beeinflusst wird. Die Wichtigsten sind:

- der Belastungsgrad σ_c/f_{ck}
- die Belastungsgeschwindigkeit

- die Art der Beanspruchung – Druck, Biegung oder Zug
- die Dauer der Belastung.

Letztendlich wurde festgestellt, dass es keine allgemein gültige Spannungs-Verformungs-Beziehung für die Betondruckzone gibt. Als Grundlage für ein Bemessungsverfahren muss daher jeweils eine begründete Annahme getroffen werden. Die direkte Anwendung der Forschungsergebnisse wäre für ein praktisches Bemessungsverfahren zu aufwendig. Eine Bemessung kann daher nur um mit einem Näherungsverfahren durchgeführt werden. Das trifft auch für das Traglastverfahren nach DIN 1045-1 zu, das auf Grundlage von Verformungstheorien entwickelt wurde und den in der Richtlinie CEB-FIP (1990) festgelegten internationalen Kenntnis- und Erfahrungsstand berücksichtigt.

In der DIN 1045-1 sind folgende drei σ-ε-Linien für Beton für die Querschnittsbemessung genormt (Abb. 12). Die Grenzwerte für die Verformungen sind jeweils abhängig von der Betonfestigkeitsklasse.

Die allgemein gültigen Kennwerte ε_{ci} sind DIN 1045-1, Tabelle 9 – Normalbeton – bzw. Tabelle 10 – Leichtbeton – zu entnehmen; für Normalbeton siehe Tabelle 5.

In den Zeilen 4 ... 6 in Tabelle 5 sind die mittlere zentrische Zugfestigkeit und zwei Quantilwerte der Zugfestigkeit angegeben. Vergleicht man diese Werte mit der Betondruckfestigkeit, fällt sofort der große Unterschied zwischen dieser und der Zugfestigkeit auf. In Abhängigkeit von der Betonklasse ist die Würfeldruckfestigkeit zwischen 10mal (C 16/20) und 30mal (C 100/115) so groß wie die mittlere zentrische Zugfestigkeit. Deshalb und wegen der erheblichen Streuungen, die bei Zugversuchen auftreten, wird bei der Bemessung die Zugfestigkeit von Beton in der Regel nicht angesetzt. Bei der Verankerung der Bewehrung und bei der Problematik der Rissbildung kann man die Zugfestigkeit aber nicht vernachlässigen.

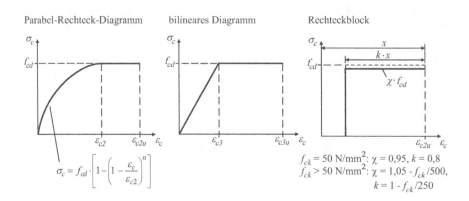

Abb. 12. σ-ε-Linien für Beton nach DIN 1045-1

Tabelle 5. Materialkennwerte von Normalbeton, Auszug aus DIN 1045-1

Zeile	Kenngrößen					Festigkeitsklassen				
1	f_{ck}	...	20	25	30	35	...	50	...	100	[N/mm²]
2	$f_{ck,cube}$	...	25	30	37	45	...	60	...	115	[N/mm²]
3	f_{cm}	...	28	33	38	43	...	58	...	108	[N/mm²]
4	f_{ctm}	...	2,2	2,6	2,9	3,2	...	4,1	...	5,2	[N/mm²]
5	$f_{ctk;0,05}$	...	1,5	1,8	2	2,2	...	2,9	...	3,7	[N/mm²]
6	$f_{ctk;0,95}$	...	2,9	3,3	3,8	4,2	...	5,3	...	6,8	[N/mm²]
7	E_{cm}	...	28,8	30,5	31,9	33,3	...	36,8	...	45,2	[kN/mm²]
	...	...	...	...	...	...	...	...	...	...	
	n				2				...	1,55	[–]
	ε_{c2}				−2				...	−2,2	[‰]
	ε_{c2u}				−3,5				...	−2,2	[‰]
	ε_{c3}				−1,35				...	−1,7	[‰]
	ε_{c3u}				−3,5				...	−2,2	[‰]

Die zentrische Zugfestigkeit f_{ct} stellt annähernd den Wert der tatsächlichen Zugfestigkeit des Betons dar. Die zuverlässige Bestimmung dieses Kennwertes in Versuchen ist aber schwierig, da schon eine geringe Exzentrizität bei der Lasteinleitung zu stark voneinander abweichenden Ergebnissen führt. Die Zugfestigkeit ist u. a. abhängig von der Art der Zuschläge und der Betonzusammensetzung, vom Betonalter, von den Erhärtungsbedingungen (Problematik Schwindrisse, siehe unten und Abschn. 8.3.1), von der Prüfkörpergröße und -geometrie und den Umgebungsbedingungen wie Temperatur und Feuchte bei der Baustoffprüfung oder später im Bauteil.

Außer der zentrischen Zugfestigkeit sind noch die Spaltzugfestigkeit und die Biegezugfestigkeit von Bedeutung. Die Spaltzugfestigkeit $f_{ct,sp}$ ist eine Größe, die nicht direkt bei der Bemessung benötigt wird. Sie kann aber versuchstechnisch relativ einfach ermittelt werden. Mit Hilfe entsprechender Umrechnungsfaktoren wird aus ihr die zentrische Zugfestigkeit berechnet. Die Spaltzugfestigkeit ist nur geringfügig größer als die zentrische Zugfestigkeit.

Die Biegezugfestigkeit $f_{ct,fl}$ ist die maximal aufnehmbare Zugspannung am äußeren gezogenen Rand eines Biegebalkens. Sie ist größer als die Spaltzugfestigkeit und die zentrische Zugfestigkeit. Besonderen Einfluss auf das Versuchsergebnis hat die Höhe des Biegebalkens h. Je höher der Balken ist, desto geringer ist die Biegezugfestigkeit. Bei der Ermittlung der Biegezugfestigkeit unterscheidet man zwischen Dreipunkt- und Vierpunktversuch. Bei der zuerst genannten Versuchsanordnung ergeben sich um 10 ... 30 % höhere Werte, siehe auch Leonhardt et al. (1977–1986) und Reinhardt u. Hilsdorf (2001).

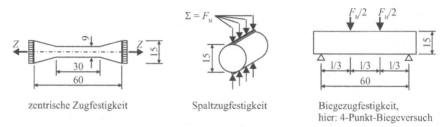

| zentrische Zugfestigkeit | Spaltzugfestigkeit | Biegezugfestigkeit,
hier: 4-Punkt-Biegeversuch |

Abb. 13. Versuchsanordnungen zur Ermittlung von Zugfestigkeiten

In Abb. 13 sind mögliche Versuchsanordnungen zur Ermittlung der verschiedenen Zugfestigkeiten zu sehen.

Die bekannten mathematischen Beziehungen zwischen den verschiedenen Zugfestigkeiten wurden i. d. R. auf empirischem Wege gefunden und können sehr unterschiedlich sein. Exemplarisch werden die Ergebnisse von Reinhardt u. Hilsdorf (2001) vorgestellt und zur Verwendung empfohlen.

f_{ctm} aus $f_{ct,sp}$ berechnet: $f_{ctm} = 0,9 \cdot f_{ct,sp}$ $\hspace{2cm}$ (2.4)

f_{ctm} aus $f_{ct,fl}$ berechnet: $f_{ctm} = f_{ct,fl} \cdot \dfrac{1,5 \cdot \left(\dfrac{h^{[\text{mm}]}}{100 \text{ mm}} \right)^{0,7}}{1 + 1,5 \cdot \left(\dfrac{h^{[\text{mm}]}}{100 \text{ mm}} \right)^{0,7}}$ $\hspace{1cm}$ (2.5)

Eine Besonderheit des Betons sind die zeitabhängigen Verformungen wie Schwinden und Kriechen. Unter Schwinden versteht man die zeitabhängige und lastunabhängige Verkürzung von Beton. Es findet zum größten Teil in den ersten drei bis vier Jahren nach der Herstellung statt. Schwinden beruht auf Änderungen im Feuchtigkeitshaushalt des Zementgels, da mit der Zeit das chemisch nicht gebundene Wasser verdunstet und damit der Zementstein schrumpft. Schwinden ist teilweise reversibel und wird besonders beeinflusst von:

- dem Wasser- und Zementgehalt des Betons
- der Feuchte und der Temperatur der umgebenden Luft
- den Bauteilabmessungen.

Das Gegenteil von Schwinden ist Quellen. Quellen kann bei hoher Umgebungsfeuchte oder Wasserlagerung auftreten.

Unter Kriechen versteht man die zeit- und lastabhängige Zunahme von Verformungen. Der Beton entzieht sich quasi einer aufgezwungenen Dauerbelastung. Beim Kriechen wird chemisch nicht gebundenes Wasser aus den Mikroporen des Zementgels in die Kapillarporen gepresst, wo es verdunsten kann. Das Kriechen wird mit zunehmendem Betonalter schwächer. Nach Leonhardt et al. (1977–1986) kommt es aber erst nach sehr langer Zeit, zum Beispiel nach bis zu zwanzig Jahren bei Bauten im Freien, zum Stillstand. Kriechen ist vor allem von folgenden Faktoren abhängig:

- Umgebungsfeuchte
- Betonzusammensetzung
- Bauteilabmessungen
- Erhärtungsgrad des Betons zu Beginn der Belastung
- Dauer und Größe der Last.

Auch Kriechverformungen sind teilweise reversibel. Kriechen kann bei jeder Beanspruchungsart auftreten. Am häufigsten ist es bei Druckbelastung zu beobachten, z. B. bei vorgespannten Bauteilen und Stützen. Es ist bei der Bemessung zu berücksichtigen. Nimmt eine aufgebrachte Spannung bei gleichbleibender Länge des Bauteils ab, spricht man von Relaxation.

2.3 Stahl

Da der Beton keine zuverlässig nutzbare Zugfestigkeit besitzt, müssen Zugkräfte von einem anderen Material aufgenommen werden. Stahl hat sich in Kombination mit Beton besonders bewährt. Bei den Betonstählen handelt es sich um Produkte, die gezielt für die Verwendung im Beton hergestellt werden. Sie wurden hinsichtlich der notwendigen Gebrauchseigenschaften

- Festigkeit
- Oberflächengestaltung (zur Optimierung des Verbundes)
- Verformbarkeit (große Bruchdehnung, Duktilität)
- Schweißeignung

optimiert. Als Betonstahl ist heute grundsätzlich nur noch gerippter Stahl zugelassen, der schweißgeeignet sein muss. Es wird zwischen Betonstahlmatten, Betonstahl als Stabstahl oder Betonstahl vom Ring unterschieden. Gerader Stabstahl wird warm gewalzt. Betonstahl in Ringen, der üblicherweise bis zu einem Durchmesser von 14 mm geliefert wird, wird warm gewalzt und gereckt oder aus Walzdraht kalt gewalzt. Anschließend wird er auf Ringe umgespult. Vor dem Einbau als Bewehrung wird er in einer Richtanlage gerichtet oder z. B. in einem Bügelautomat zu einem Bügel gebogen. Betonstahlmatten werden im Werk vorgefertigt und bestehen aus rechtwinklig zusammengeschweißten Rippenstählen.

Die wichtigsten Kennwerte für Betonstahl sind in Tabelle 6 zusammengestellt. Betonstahlsorten und deren Eigenschaften sind in DIN 488 ge-

Tabelle 6. Kenngrößen für Betonstahl, Auszug aus DIN 1045-1

Bezeichnung	BSt 500 S(A)	BSt 500 M(A)	BSt 500 S(B)	BSt 500 M(B)
Erzeugnisform	Betonstahl	Betonstahl-matten	Betonstahl	Betonstahl-matten
Streckgrenze f_{yk}		500 N/mm²		
E-Modul E_s		200.000 N/mm²		
Duktilität		normal		hoch
f_{tk}/f_{yk}		≥ 1,05		≥ 1,08
ε_{uk}		25 ‰		50 ‰

normt. Will man Stahl mit Betonen ab der Festigkeitsklasse C 70/85 kombinieren, ist derzeit noch eine spezielle Zulassung erforderlich.

Der Grenzwert für die maximal zugelassene Stahldehnung bei der Bemessung ergibt sich aus der Forderung, die Rissbreiten und die Durchbiegung des Bauteils zu beschränken. In der DIN 1045-1 wurde der Maximalwert mit $\varepsilon_{uk} = 25$ ‰ für die Querschnittsbemessung festgelegt und damit der europäischen Normung angepasst. Die σ-ε-Linie für die Querschnittsbemessung zeigt Abb. 14.

Werden die Schnittgrößen mit nichtlinearen Methoden ermittelt, soll eine wirklichkeitsnahe Spannungs-Dehnungs-Linie angesetzt werden, siehe DIN1045-1, 9.2.3.

Abbildung 15 zeigt beispielhaft die σ-ε-Linien zweier verschiedener Stahlsorten, die in Versuchen ermittelt wurden. Es wird deutlich, dass die realen Werte von Bruchlast und Bruchverformung von Stahl viel größer sind, als sie laut DIN 1045-1 zugelassen werden. Allerdings sieht man auch, dass die Verfestigung nach Überschreiten der Streckgrenze mit sehr großen Verformungen einhergeht, was die Gebrauchstauglichkeit eines Stahlbetonbauteils erheblich herabsetzen würde.

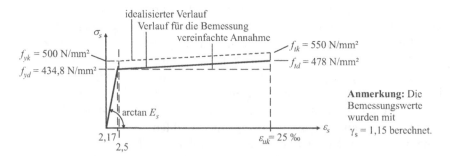

Abb. 14. σ-ε-Linien für Betonstahl, Querschnittsbemessung

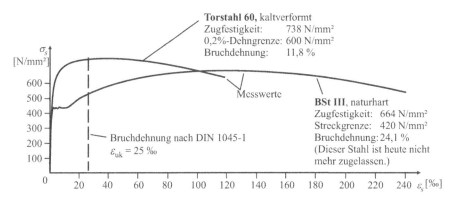

Abb. 15. σ-ε-Linien für Betonstahl, für Betonstahl, Messwerte zweier verschiedener Stahlsorten

2.4 Zusammenwirken von Stahl und Beton

2.4.1 Verbund zwischen Beton und Stahl

Die Voraussetzung für das Zusammenwirken von Stahl und Beton ist, dass beide Baustoffe unter Belastung möglichst gleiche Verformungen erfahren. Dies tritt nur ein, wenn zwischen beiden Baustoffen Kräfte übertragen werden können. Diese Kräfte müssen an der Oberfläche des Stahls wirken, die in direkter Verbindung mit dem Beton steht. Zur Erläuterung dient Abb. 16.

Unter Abb. 16 (a) ist ein nicht knickgefährdeter, druckbeanspruchter Stahlbetonstab dargestellt. Entsprechend Gl. (2.6):

$$\sigma = E \cdot \varepsilon \tag{2.6}$$

ist mit der Beanspruchung σ eine Verformung ε verbunden. Eine Druckbelastung führt zu einer Stauchung, also Verkürzung, des Stabes.

Wenn sich Stahl und Beton unabhängig voneinander verformen könnten ergäben sich wegen der unterschiedlichen E-Module von Stahl und Beton die in Abb. 16 (b) dargestellten unterschiedlichen Verformungen $\Delta l_c > \Delta l_s$. Jeder der beiden Baustoffe würde nur den Lastanteil aufnehmen, der direkt auf seine Querschnittsfläche entfällt und sich entsprechend seiner spezifischen Materialeigenschaften verformen. Bei einem Bewehrungsanteil A_s von 1 % von der insgesamt beanspruchten Querschnittsfläche entfiele dann auch nur 1 % der insgesamt aufgebrachten Last auf den Bewehrungsstahl. Dieser würde dann die gleiche Spannung wie der umgebende Beton aufweisen. Daraus resultieren aber nach Gl. (2.6) auch die in Abb. 16 (b) dar-

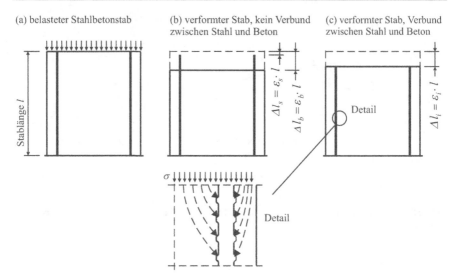

Abb. 16. Beispiel zur Erläuterung der Verbundwirkung zwischen Stahl und Beton

gestellten unterschiedlichen Verformungen im Kurzzeitversuch. Bei einem Beton der Festigkeitsklasse C 30/37 würden sich die Verformungen zwischen Beton und Stahlstab um den Faktor 6,3 unterscheiden, Gl. (2.7). Schwinden und Kriechen des Betons würden die Verformungsdifferenzen noch vergrößern.

$$\varepsilon_c = \varepsilon_s \cdot \frac{E_s}{E_c} = \varepsilon_s \cdot \frac{200\,000}{31\,900} \approx 6,3 \cdot \varepsilon_s \qquad (2.7)$$

Der Verbund zwischen Stahl und Beton verhindert nun solche Verformungsdifferenzen und erzwingt die gleiche Verformung beider Baustoffe in Querschnittsfasern, die den gleichen Abstand von der Dehnungsnulllinie haben, Abb. 16 (c) und Detail. Die Verbundwirkung wird zuerst durch den Haftverbund in der Berührungsfläche zwischen Beton und Stahl erreicht. Nach dessen Versagen wirkt der Reibungswiderstand, bei profilierten Stählen (Rippenstählen) auch der Scherwiderstand der Betonkonsolen zwischen den Rippen der Bewehrungsstähle. Die sich dabei einstellende Verformung ε_i erhält man nach folgender Beziehung:

$$\varepsilon_i = \frac{\varepsilon_c}{1 + n \cdot \rho_l} \qquad (2.8)$$

mit: n Verhältnis der E-Module beider Baustoffe, $n = \dfrac{E_s}{E_c}$ $\qquad (2.9)$

ρ_l geometrischer Bewehrungsgrad, $\rho_l = \dfrac{A_s}{A_c}$ (2.10)

In Zugstäben und in der Zugzone von Biegeträgern kommt es bei Überschreitung der Betonzugfestigkeit zur Rissbildung. Im Riss selber muss der Bewehrungsstahl die ganze Zugkraft allein übertragen. Zwischen den Rissen wird durch den Verbund der Beton zur Mitwirkung gezwungen, bis wieder seine Zugfestigkeit erreicht wird und er erneut reißt. Näheres zur Rissbildung kann in Schießl (1989) und in Abschn. 8.3 nachgelesen werden.

2.4.2 Dehnungsverteilungen für die Bemessung

In Abb. 17 sind alle nach DIN 1045-1 für die Bemessung im Grenzzustand der Tragfähigkeit zulässigen Dehnungsverteilungen abgebildet. Dargestellt sind links der Linie $0 - 0$ die Dehnungen des Betonstahls A_{s1} (untere Bewehrungslage) und A_{s2} (oben liegend) und rechts der Linie $0 - 0$ die Betonstauchungen am oberen und unteren Rand des Querschnitts.

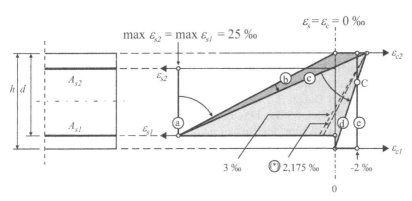

Abb. 17. Mögliche Dehnungsverteilungen im Grenzzustand der Tragfähigkeit für Stahlbetonbauteile nach DIN 1045-1

Die einzelnen Dehnungsbereiche können infolge verschiedener Belastungskombinationen eintreten, siehe auch Leonhardt et al. (1977–1986).

- Bereich zwischen a und b:

Im Querschnitt treten nur Zugdehnungen mit max $\varepsilon_s = 25\,\%_0$ auf. Es handelt sich also um Zugstäbe unter zentrischer Zugbeanspruchung oder unter Längszug mit geringem außermittigem Lastangriff. Als Bauteilwiderstand wirkt nur der Bewehrungsstahl, dessen Versagen gleichzeitig die Bruchursache sein wird.

- Bereich zwischen b und c:

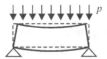

Eine solche Dehnungsverteilung tritt bei reiner Biegung oder bei Biegung mit Längskraft mit großer oder mittlerer Ausmitte auf. Bei der Längskraft kann es sich sowohl um Druck als auch um Zug handeln. Am oberen Querschnittsrand variiert die Betonstauchung zwischen 0 und ε_{c2u}. Der Stahl ist mit einer Dehnung von $\varepsilon_{s1} = \varepsilon_{uk} = 25\ \%o$ maximal ausgelastet. Bruchursache wäre das Versagen des Bewehrungsstahls.

- Bereich zwischen c und d:

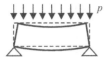

Es handelt sich wie zuvor um reine Biegung oder Biegung mit Längskraft mit großer oder mittlerer Ausmitte. Am oberen Querschnittsrand wird der Beton mit der maximal zulässigen Stauchung ε_{c2u} gedrückt – bei normalfestem Beton 3,5 $\%o$, sonst geringer –, die Stahldehnung ε_{s1} variiert von + 25 $\%o$ ... 3 $\%o$. Das heißt, der Stahl wird nicht voll ausgenutzt. Versagen wird hier der Beton, nachdem der Stahl über die Streckgrenze hinaus gedehnt wurde. Der Bereich mit Stahldehnungen ab 3 $\%o$ und kleiner steht für Biegung mit Längsdruckkraft mit mittlerer und kleiner Ausmitte. Der Bruch wird wieder infolge Betonversagens eintreten, allerdings bevor der Bewehrungsstahl seine Streckgrenze erreichen konnte. Die Linie (*) kennzeichnet die Kombination volle Auslastung des Betons und Auslastung des Stahl lediglich bis zur Streckgrenze $\varepsilon_s = 2,175\ \%o$.

- Bereich zwischen d und e:

Der Querschnitt weist nur Druckspannungen auf. Es handelt sich um die Lastfälle Längsdruckkraft mit kleiner Ausmitte oder zentrische Druckbeanspruchung. Dabei muss mit kleiner werdender Ausmitte, also mit zunehmender Stauchung am weniger belasteten Rand, das ist in der Skizze der untere, die zulässige Verformung ε_{c2} am oberen Rand vermindert werden. Die zulässigen Spannungs-Dehnungs-Linien drehen sich um den Punkt C. Bei zentrischer Druckbeanspruchung beträgt die maximal zulässige Stauchung ε_{c2}, also bei normalfestem Beton 2,0‰. Bruchursache ist das Versagen des Betons.
Anmerkung: Bei geringen Ausmitten bis $e_d/h \le 0,1$ darf bei Normalbeton der Grenzwert von 2,0 auf 2,2‰ angehoben werden. Diese Bedingung ist bei der Bemessung von Druckgliedern zu beachten.

2.5 Andere Bewehrungsmaterialien

Als Bewehrung sind grundsätzlich alle zugfesten Baustoffe geeignet, die mit dem Beton einen Verbund eingehen können, mit diesem chemisch verträglich sind und annähernd die gleiche Wärmeausdehnung wie Beton haben. Besonders aus wirtschaftlichen Gründen ist jedoch Stahl das heute vorwiegend eingesetzte Material für diesen Zweck. In Ländern mit entsprechenden Vorkommen wurde schon Bambus als Bewehrung eingesetzt. Verstärkt wird auch daran gearbeitet, Holz als Bewehrung zu verwenden. Die Anfälligkeit gegen Schädlinge ist aber nur ein Problem bei diesen alternativen Bewehrungsmaterialien.

Bedeutender erscheint da der Einsatz von Glas- und Kohlenstofffasern. Während Kurzfasern schon verhältnismäßig verbreitet sind, auch Kurzfasern aus Stahl, steht der Einsatz textiler Strukturen erst am Anfang der Entwicklung, siehe u. a. Curbach (1997) oder Proske (1997). Mit textilen Strukturen lassen sich gegenüber dem Einsatz von Kurzfasern erhebliche Materialeinsparungen erzielen, da textile Bewehrungen in ihrer Lage der Zugrichtung angepasst werden können, während Kurzfasern meist ungerichtet im Beton liegen. Wenn textile Strukturen preiswert angeboten werden können und die technologischen Probleme, die mit dem Einbau solcher Bewehrungen noch verbunden sind, erfolgreich bewältigt werden, ist mit einem verstärkten Einsatz dieser Bewehrungselemente zu rechnen. Ein vollständiger Ersatz der Stahlbewehrung durch textile Bewehrung ist jedoch nicht zu erwarten. Vielmehr können neue Anwendungsmöglichkeiten für bewehrten Beton erschlossen werden, z. B. bei extrem dünnwandigen Bauteilen, die bisher wegen der Mindestdicken zur Gewährleistung des Korrosionsschutzes nicht denkbar waren.

Weiter Alternativen zu den herkömmlichen Verbundbaustoffen sind die Verwendung von Glasfaserkabeln, die vor allem als Spannglieder eingesetzt werden können.

2.6 Anforderungen an die Dauerhaftigkeit

2.6.1 Grundsätze

In DIN 1045-1, 6.1 (1) heißt es:
„Die Anforderung nach einem angemessen dauerhaften Tragwerk ist erfüllt, wenn dieses während der vorgesehenen Nutzungsdauer seine Funktion hinsichtlich der Tragfähigkeit und der Gebrauchstauglichkeit ohne wesentlichen Verlust der Nutzungseigenschaften bei einem angemessenen Instandhaltungsaufwand erfüllt."

Die Dauerhaftigkeit gilt als sichergestellt, wenn die Vorschriften nach DIN 1045-1 erfüllt werden für:

- die Nachweise in den Grenzzuständen der Tragfähigkeit und Gebrauchtauglichkeit
- die konstruktiven Regeln nach DIN 1045-1, Kap. 12 und 13
- die Zusammensetzung und die Eigenschaften des Betons nach den Normen DIN EN 206-1 und DIN 1045-2
- die Bauausführung nach DIN 1045-3.

Bei der Bemessung eines Tragwerkes werden grundsätzlich Nachweise in den Grenzzuständen der Tragfähigkeit und der Gebrauchsfähigkeit geführt. Gleichzeitig ist aber auch darauf zu achten, dass das Bauteil bzw. das Bauwerk innerhalb des gesamten vorgesehenen Nutzungszeitraumes die Anforderungen an die Tragfähigkeit und die geplante Nutzung erfüllen. Beispiele für dem Entwurf zugrunde liegende Lebensdauern von Tragwerken sind in Tabelle 7 zusammengestellt.

Die Nachweise zur Sicherung der Gebrauchstauglichkeit und der Dauerhaftigkeit können oft nicht voneinander getrennt werden. Zum Beispiel dient die Beschränkung der Rissbreite sowohl der Sicherstellung einer ansprechenden Optik als auch der Gewährleistung eines ausreichenden Korrosionsschutzes. Einschränkungen bzgl. der Nutzungseigenschaften können grundsätzlich nicht völlig vermieden werden, der Aufwand für die Instandhaltung und Instandsetzung eines Bauwerkes sollte sich aber in angemessenen Grenzen bewegen.

Tabelle 7. Entwurfs-Lebensdauern nach DIN EN 1990

Entwurfs-Lebensdauer in [a]	Beispiele
1 ... 10	Tragwerke mit befristeter Standzeit
10 ... 25	austauschbare Teile wie Kranbahnträger und Lager
15 ... 30	landwirtschaftlich genutzte Tragwerke
50	Hochbauten und andere gebräuchliche Tragwerke
100	monumentale Hochbauten, Brücken und andere Ingenieurbauwerke

2.6.2 Expositionsklassen

Die Dauerhaftigkeit eines Bauwerkes oder Bauteiles wird durch seine Umgebungsbedingungen beeinflusst. In der in DIN 1045-1 werden chemische und physikalische Einwirkungen differenziert.

Für den Fall der Bewehrungskorrosion wurden die Expositionsklassen in Abhängigkeit von der Korrosionsart definiert:

- Karbonatisierungsinduzierte Korrosion, z. B. durch ständige hohe Luftfeuchte, Klassen XC1 ... XC4
- Chloridinduzierte Korrosion, z. B. Schwimmbecken, Klassen XD1 ... XD3
- Chloridinduzierte Korrosion aus Meerwasser, z. B. Kaimauern, Klassen XS1 ... XS3

Beim Betonangriff wird unterschieden zwischen:

- Frostangriff mit und ohne Taumittel, z. B. offene Wasserbehälter, Klassen XF1 ... XF4
- Angriff durch aggressive chemische Umgebung, z. B. Behälter von Kläranlagen, Klassen XA1 ... XA3
- Verschleiß, z. B. direkt befahrene Bauteile, Klassen XM1 ... XM3

Jedes Bauteil wird entsprechend der direkt einwirkenden Umgebungsbedingungen in Expositionsklassen eingeordnet. In Abhängigkeit davon wird dann eine Mindestbetonfestigkeitsklasse festgelegt, die nicht unterschritten werden darf. Für ein Bauteil können natürlich auch mehrere Expositionsklassen zutreffen. Maßgebend wird in einem solchen Fall immer die höchste Mindestbetonfestigkeitsklasse. Die Expositionsklassen werden in der Tabelle 8 kurz erläutert.

Tabelle 8. Expositionsklassen nach DIN 1045-1

Klasse	Beschreibung der Umgebung	Beispiele für die Zuordnung von Expositionsklassen	Mindest-beton-festig-keits-klasse
1 Kein Korrosions- oder Angriffsrisiko			
X0	kein Angriffs-risiko	Bauteile ohne Bewehrung in nicht Beton angreifender Umgebung, z. B. Fundamente ohne Bewehrung ohne Frostangriff	C 12/15 LC 12/13
2 Bewehrungskorrosion, ausgelöst durch Karbonatisierung			
XC1	trocken oder ständig nass	Bauteile in Innenräumen mit normaler Luftfeuchte (einschließlich Küche, Bad und Waschküche in Wohngebäuden); Bauteile, die sich ständig unter Wasser befinden	C 16/20 LC 16/18
XC2	nass oder selten trocken	Teile von Wasserbehältern, Gründungs-bauteile	C 16/20 LC 16/18
XC3	mäßige Feuchte	Bauteile, zu denen die Außenluft häufig oder ständig Zugang hat, z. B. offene Hallen; Innenräume mit hoher Luftfeuchte, z. B. in gewerblichen Küchen, Bädern, Wäschereien, in Feuchträumen von Hallen-bädern	C 20/25 LC 20/22
XC4	wechselnd nass und trocken	Außenbauteile mit direkter Beregnung; Bauteile in Wasserwechselzonen	C 25/30 LC 25/28
3 Bewehrungskorrosion, ausgelöst durch Chloride, ausgenommen Meerwasser			
XD1	mäßige Feuchte	Bauteile im Sprühnebelbereich von Ver-kehrsflächen; Einzelgaragen	C 30/37 LC 30/33
XD2	nass oder selten trocken	Schwimmbecken und Solebäder; Beiteile, die chloridhaltigen Industriewässern aus-gesetzt sind	C 35/45 LC 35/38
XD3	wechselnd nass und trocken	Bauteile im Spritzwasserbereich von Tau-mittel behandelten Straßen; direkt befahre-ne Parkdecks	C 35/45 LC 35/38

Tabelle 8. (Fortsetzung)

Klasse	Beschreibung der Umgebung	Beispiele für die Zuordnung von Expositionsklassen	Mindest-beton-festig-keits-klasse
4 Bewehrungskorrosion, ausgelöst durch Chloride aus Meerwasser			
XS1	salzhaltig Luft, kein unmittelbarer Kontakt mit Meerwasser	Außenbauteile in Küstennähe	C 30/37 LC 30/33
XS2	unter Wasser	Bauteile in Hafenanlagen, die ständig unter Wasser liegen	C 35/45 LC 35/38
XS3	Tidebereich, Spritzwasser- und Sprühnebelbereich	Kaimauern in Hafenanlagen	C 35/45 LC 35/38
5 Betonangriff durch Frost mit und ohne Taumittel			
XF1	mäßige Wassersättigung ohne Taumittel	Außenbauteile	C 25/30 LC 25/28
XF2	mäßige Wassersättigung mit Taumittel oder Meerwasser	Bauteile im Sprühnebel- oder Spritzwasserbereich von Taumittel behandelten Verkehrsflächen, soweit nicht XF4; Bauteile im Sprühnebelbereich von Meerwasser	C 25/30 LC 25/28
XF3	hohe Wassersättigung ohne Taumittel	offene Wasserbehälter; Bauteile in der Wasserwechselzone von Süßwasser	C 25/30 LC 25/28
XF4	hohe Wassersättigung mit Taumittel oder Meerwasser	Bauteile, die mit Taumitteln behandelt werden; Bauteile im Spritzwasserbereich von Taumittel behandelten Verkehrsflächen mit überwiegend horizontalen Flächen; direkt befahrene Parkdecks; Bauteile in der Wasserwechselzone, Räumerlaufbahnen in Kläranlagen	C 30/37 LC 30/33

Tabelle 8. (Fortsetzung)

Klasse	Beschreibung der Umgebung	Beispiele für die Zuordnung von Expositionsklassen	Mindest-beton-festig-keits-klasse
6 Betonangriff durch chemischen Angriff der Umgebung			
XA1	chemisch schwach angreifende Umgebung	Behälter von Kläranlagen; Güllebehälter	C 25/30 LC 25/28
XA2	chemisch mäßig angreifende Umgebung und Meeres-bauwerke	Bauteile, die mit Meerwasser in Berührung kommen; Bauteile in Beton angreifenden Böden	C 35/45 LC 35/38
XA3	chemisch stark angreifende Umgebung	Industrieabwasseranlagen mit chemisch angreifenden Abwässern; Gärfuttersilos und Futtertische der Landwirtschaft; Kühl-türme mit Rauchgasableitung	C 35/45 LC 35/38
7 Betonangriff durch Verschleißbeanspruchung			
XM1	mäßige Verschleiß-beanspruchung	Bauteile von Industrieanlagen mit Bean-spruchung durch luftbereifte Fahrzeuge	C 30/37 LC 30/33
XM2	schwere Verschleiß-beanspruchung	Bauteile von Industrieanlagen mit Bean-spruchung durch luft- oder vollgummi-bereifte Gabelstapler	C 30/37 LC 30/33
XM3	extreme Verschleiß-beanspruchung	Bauteile von Industrieanlagen mit Bean-spruchung durch elastomer- oder stahlrol-lenbereifte Gabelstapler; Wasserbauwerke in geschiebebelasteten Gewässern, z. B. Tosbecken; Bauteile, die häufig mit Ketten-fahrzeugen befahren werden	C 35/45 LC 35/38

2.6.3 Betondeckung

Die wichtigsten Aufgaben der Betondeckung sind der Schutz der Bewehrung vor Korrosion, die Sicherstellung eines guten Verbundes zwischen Stahleinlagen und Beton und der Brandschutz. Allgemein gilt für den Mindestwert der Betondeckung c_{min}:

$$c_{\min} \geq \begin{cases} d_s \\ d_{sV} \end{cases} \tag{2.11}$$

mit: d_s Stabdurchmesser
    d_{sV} Vergleichsdurchmesser

Zusätzlich werden in der DIN 1045-1 Mindestwerte c_{min} in Abhängigkeit von der Expositionsklasse vorgeschrieben, die nicht unterschritten werden dürfen, siehe Tabelle 9.

Bei Leichtbeton oder Verschleißangriff sind Zusatzbestimmungen zu beachten. Der Mindestwert c_{min} muss um das Vorhaltemaß Δc vergrößert werden, Gl. (2.12).

$$\Delta c = \begin{cases} 10 \text{ mm} & \text{bei XC1} \\ 15 \text{ mm} & \text{für alle anderen} \end{cases} \tag{2.12}$$

Dadurch sollen unplanmäßige Abweichungen vom Sollwert z. B. durch nicht korrekt verlegte Bewehrung oder Fehler beim Einbau von Abstandhaltern berücksichtigt werden. Das Vorhaltemaß Δc darf um 5 mm verringert werden, wenn eine ständige Qualitätskontrolle von der Planung bis zur Bauausführung dies rechtfertigt. Wird auf unebene Flächen oder direkt auf den Baugrund betoniert, muss Δc um mindestens 20 … 50 mm erhöht werden.

Das Nennmaß der Betondeckung c_{nom} ergibt sich als Summe aus Mindestbetondeckung und Vorhaltemaß.

$$c_{nom} = c_{\min} + \Delta c \tag{2.13}$$

Tabelle 9. Erforderliche Mindestbetondeckung c_{min} und Vorhaltemaß Δc in mm (Auszug aus DIN 1045-1)

	karbonatisierungs-induzierte Korrosion				chloridinduzierte Korrosion			chloridinduzierte Korrosion aus Meerwasser		
Expositions-klasse	XC 1	XC 2	XC 3	XC 4	XD 1	XD 2	XD 3	XS 1	XS 2	XS 3
Anforderungen an die Betondeckung in [mm]										
c_{min}	10	20	20	25	40	40	40	40	40	40
Vorhaltemaß Δc	10	15	15	15	15	15	15	15	15	15

2.7   Bewehren von Stahlbetonbauteilen

2.7.1   Allgemeines

Im üblichen Hochbau kommen vor allem gerade Stäbe mit und ohne Endhaken, aufgebogene Stäbe, Bügel oder Betonstahlmatten zum Einsatz. Ausführliche Regeln zur Konstruktion der Bewehrung und zur Bauausführung sind in DIN 1045-1 bzw. in DIN 1045-3 enthalten.

Stahleinlagen sollen Zugkräfte aufnehmen. Bezüglich ihrer Lage und Ausrichtung sollen sie den realen Zugspannungsverläufen im Bauteil möglichst genau entsprechen. In Leonhardt et al. (1977–1986) wird empfohlen, maximal 20° Richtungsabweichung zwischen Hauptbewehrung und Hauptzugspannungen zuzulassen. Die Bewehrungsmenge sollte proportional zur Größe der Zugspannungen sein und kann bei Bedarf abgestuft werden.

Beim Einbau der Bewehrung muss man sicherstellen, dass sie während des Betoniervorgangs exakt in ihrer vorgesehenen Lage bleibt. Zu diesem Zweck müssen die Stäbe mit Rödeldraht miteinander verbunden werden. Löten und Punktschweißen sind ebenfalls möglich, auf der Baustelle aber sehr unpraktisch. Bei Fertigteilen kommen diese Verfahren aber häufiger zur Anwendung. Geschweißte Bewehrungskörbe können auch komplett vorgefertigt auf die Baustelle geliefert und dort eingebaut werden.

Um die Betondeckung zu gewährleisten, werden Abstandhalter eingebaut. Im Abb. 18 sind einige Varianten zu sehen.

Werden Stäbe gebogen, erhöht sich die Beanspruchung des Stahls und des Betons. Der Stabstahl wird plastisch verformt. Am Rand wird die Streckgrenze erreicht. Nach dem Biegen bleiben Gefügeveränderungen und Eigenspannungen im Stab erhalten (Abb. 19). Ein Rückbiegen ist grundsätzlich möglich, allerdings werden die Gefügeveränderungen dadurch nicht aufgehoben. Niedrige Temperaturen und hohe Biegegeschwindigkeiten mindern die Biegefähigkeit.

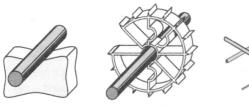

Zementklötze   Kunststoffhalter   Ständer für die obere Bewehrungslage

Abb. 18. Abstandhalter, Beispiele

Abb. 19. Spannungen im Bewehrungsstahl beim Biegen Wommelsdorff (20002/03)

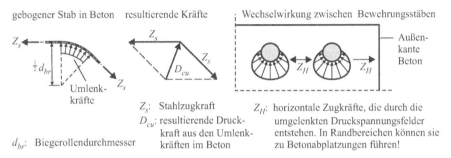

Abb. 20. Beanspruchungen bei gekrümmten Stäben, nach Wommelsdorff (20002/03)

Auch im umgebenden Beton entstehen bei gekrümmten Stäben zusätzliche Spannungen, siehe Abb. 20. Je kleiner der Krümmungsradius ist, desto größer werden diese Spannungen. Sie können leicht die einaxiale Festigkeit des Betons überschreiten.

Wegen dieser Tatsachen sind Mindestwerte für den Biegerollendurchmesser d_{br} vorgeschrieben, um die Eigenspannungen im Stahl und die Belastung des Betons zu begrenzen. Die seitlich entstehenden Spaltzugkräfte erfordern außerdem eine ausreichende Betonüberdeckung oder eine Querbewehrung. Die Bestimmungen sind Tabelle 10 zu entnehmen.

Für eine nach einem Schweißvorgang zu biegende Bewehrung und für Stäbe, die hin- und zurückgebogen werden, sind zusätzliche Bestimmungen einzuhalten.

Tabelle 10. Mindestwerte für den Biegerollendurchmesser d_{br}

Haken, Winkelhaken, Schlaufen		Schrägstäbe oder andere gebogene Stäbe		
Stabdurchmesser		Mindestwerte der Betondeckung rechtwinklig zur Biegebene		
$d_s < 20\,\text{mm}$	$d_s \geq 20\,\text{mm}$	$> 100\,\text{mm}$ und $> 7 \cdot d_s$	$> 50\,\text{mm}$ und $> 3 \cdot d_s$	$> 50\,\text{mm}$ oder $> 3 \cdot d_s$
$4 \cdot d_s$	$7 \cdot d_s$	$10 \cdot d_s$	$15 \cdot d_s$	$20 \cdot d_s$

2.7.2 Bewehren mit Stabstahl

Grundsätzlich gilt, dass für das Tragverhalten dünnere Stäbe mit kleineren Stababständen günstiger sind als wenige Stäbe mit großem Durchmesser. Die theoretischen Hintergründe hierzu werden in den Kapiteln zur Verankerung und zur Gebrauchstauglichkeit erläutert. Beim Verlegen von Bewehrungsstahl auf der Baustelle sind größere Durchmesser von Vorteil, da sich dann die Gesamtanzahl der einzubauenden Stäbe reduziert und damit auch der Arbeitsaufwand. Beim Erstellen des Bewehrungskonzeptes muss also der Ingenieur beide Gesichtspunkte gegeneinander abwägen.

Im üblichen Hochbau werden i. d. R. Stäbe bis zu 28 mm Durchmesser eingebaut. Bei Ingenieurbauwerken wie Brücken oder Staumauern kommen aber auch Stäbe bis 40 mm Durchmesser zum Einsatz. Bei Stäben mit sehr großen Durchmessern sind gegebenenfalls Sonderregeln für Verbundbeiwerte, Verankerungslängen und Stöße oder auch für die Anordnung einer Hautbewehrung zu beachten. Außerdem dürfen Stäbe mit $d_s > 32$ mm nur in Bauteile mit einer Mindestdicke von $15 \cdot d_s$ eingebaut werden.

Stabstahl wird in der Regel in Längen von 12 m hergestellt und geliefert. Sonderlängen bis zu 31 m werden auf Anfrage hergestellt. Für die Breite von vorgefertigten Biegeformen oder Matten ist beim Transport auf der Straße 2,45 m die Grenze, auf der Schiene 2,65 m.

Allgemein sind folgende Mindestabstände beim Verlegen von Stabstahl einzuhalten (Gl. 2.14). Damit soll ein ordnungsgemäßes Einbringen und Verdichten des Betons sowie ein möglichst guter Verbund gewährleistet werden.

$$s_n \geq \begin{cases} 20 \text{ mm} \\ d_s \\ d_g + 5 \text{ mm} \end{cases} \qquad (2.14)$$

mit: s_n lichter Abstand zwischen zwei Stäben
$\phantom{\text{mit: }}d_g$ Größtkorndurchmesser des Betons

Außerdem müssen in gewissen Abständen mindestens 8 cm große Rüttellücken für einen Innenrüttler gelassen werden.

In Abhängigkeit von der Art des Bauteils und dessen Beanspruchung sind maximale Stababstände einzuhalten. Die entsprechenden Bestimmungen sind dem jeweiligen Abschnitt dieses Buches zu entnehmen, für vorwiegend biegebeanspruchte Bauteile z. B. Kap. 4.6, für die Querkraftbewehrung Abschn. 5.5. Siehe zum Bewehren mit Stabstahl auch Rußwurm & Fabritius (2002).

2.7.3 Bewehren mit Betonstahlmatten

Mit vorgefertigten Matten werden flächige Bauteile wie Deckenplatten oder Wände bewehrt. Die rechtwinklig angeordneten Stäbe werden durch Punktschweißen scherfest miteinander verbunden, wodurch garantiert wird, dass sich die Geometrie während des Transports oder des Einbaus nicht verändert.

Man unterscheidet zwischen Lager- und Listenmatten. Lagermatten werden aus häufig verlangten Stahlquerschnitten vorgefertigt und im Lager vorgehalten. Sie haben Standardabmaße von 5,00 × 2,15 m oder auch 6,00 × 2,15 m bei großen Stabdurchmessern. Die Stabdurchmesser liegen bei Lagermatten zwischen 6 und maximal 12 mm. Doppelstäbe können in Längsrichtung angeordnet werden. Bei Listenmatten kann der Auftraggeber die Stabdurchmesser und Abstände weitgehend selbst bestimmen. Hier werden auch Stäbe mit 5 mm Stabdurchmesser eingesetzt. Siehe auch Tabelle 49 im Anhang A.6

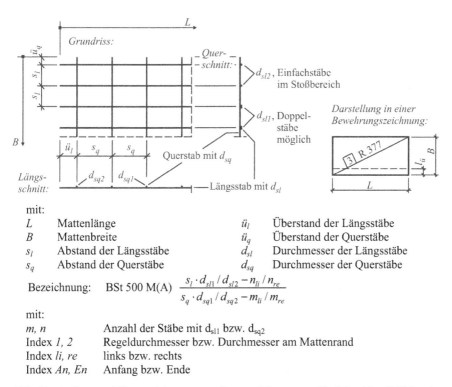

mit:

L	Mattenlänge	$ü_l$	Überstand der Längsstäbe
B	Mattenbreite	$ü_q$	Überstand der Querstäbe
s_l	Abstand der Längsstäbe	d_{sl}	Durchmesser der Längsstäbe
s_q	Abstand der Querstäbe	d_{sq}	Durchmesser der Querstäbe

Bezeichnung: BSt 500 M(A) $\dfrac{s_l \cdot d_{sl1}/d_{sl2} - n_{li}/n_{re}}{s_q \cdot d_{sq1}/d_{sq2} - m_{li}/m_{re}}$

mit:

m, n Anzahl der Stäbe mit d_{sl1} bzw. d_{sq2}
Index $1, 2$ Regeldurchmesser bzw. Durchmesser am Mattenrand
Index li, re links bzw. rechts
Index An, En Anfang bzw. Ende

Abb. 21. Aufbau und Kennzeichnung von Betonstahlmatten, z. B. Schneider (2004) oder Wommelsdorff (2002/03)

Der Aufbau von Matten und ihre Bezeichnung werden in Abb. 21 erläutert. Durchmesser und Stababstände in der Längsrichtung der Matte werden vor (über) dem Bruchstrich angegeben, für die Querrichtung danach (darunter). Der Buchstabe „d" kennzeichnet einen Doppelstab.

Matten werden in der Kurzbezeichnung durch „R" und „Q" unterschieden. Q-Matten werden mit etwa demselben Bewehrungsquerschnitt a_s in beiden Tragrichtungen hergestellt und eignen sich dadurch z. B. zum Bewehren zweiachsig gespannter Decken. R-Matten besitzen in der Nebentragrichtung (Querrichtung) nur mindestens 20 % der Tragfähigkeit der Längsrichtung. Sie werden in einachsig gespannten Konstruktionen eingebaut. Die Zahl in der Kurzbeschreibung gibt den 100-fachen Bewehrungsquerschnitt in [cm²] in Mattenlängsrichtung an. Ein Verzeichnis der lieferbaren Lagermatten ist im Anhang zu finden.

2.7.4   Darstellung von Bewehrung

Das Zeichnen von Bewehrungsplänen erfordert viel Übung. Dieses Kapitel entspricht lediglich einer kurzen Einführung. Als weiterführende Literatur werden Goldau (1981) und Wommelsdorff (2002/03) empfohlen.

Bewehrungspläne sollten im Maßstab M 1: 50 oder größer dargestellt werden. Bei Platten, Balken oder Stützen ist oft sogar M 1: 25 zweckmäßig. Ecken, Knoten oder sonstige Bereiche mit konzentrierter und komplizierter Bewehrungsführung sind als Detail im Maßstab M 1:5 oder 1:10 darzustellen. Dies gilt z. B. für die Durchdringung von Stützen und Unterzügen. Bei flächigen Bauteilen ist die untere und wenn vorhanden die obere Bewehrungslage im Grundriss in je einer Zeichnung darzustellen. Ebenfalls ist die Darstellung eines oder gegebenenfalls mehrerer Schnitte erforderlich. Bei stabförmigen Bauteilen sind Längs- und Querschnitt zu zeichnen. Aus der Zeichnung müssen Stabform und Biegemaße eindeutig hervorgehen. Dazu ist ein Stahlauszug anzufertigen.

In Tabelle 11 sieht man verschiedene Linienarten und deren wichtigste Anwendungen. In Tabelle 12 sind einige der wichtigsten Zeichen, Symbole und Biegeformen für Bewehrungszeichnungen zusammengestellt. Positionsnummern von Stabstahl werden in Kreisen, von Matten in Rechtecken dargestellt. Jede Biege- und jede Mattenform erhält eine eigene Positionsnummer. Verschiedene Stabdurchmesser bei gleichen Biegeformen müssen ebenfalls unterschiedlich bezeichnet werden. Die Stäbe und Matten werden jeweils durchgehend nummeriert.

Tabelle 11. Empfohlene Linienarten und -stärken (Goldau 1981)

Linienart (Beispiele)	Anwendung (Beispiele)
Volllinie	————————
breit	Begrenzung der Flächen geschnittener Bauteile; Bewehrungsstab
mittel	sichtbare Kanten, kleine geschnittene Flächen, Bewehrungsmatte
dünn	Raster-, Maß-, Hinweislinien, Pfeile, Schraffuren
Strichlinie	— — — — — — —
mittel	unsichtbare Kanten von Bauteilen
dünn	Nebenrasterlinien
Strichpunktlinie	— · — · — · — · — · — · —
breit	Kennzeichnung von Schnittebenen
mittel	Stoff-, Symmetrieachsen

Tabelle 12. Elemente einer Bewehrungszeichnung, Beispiele (Goldau 1981)

Darstellung in der Zeichnung	Bedeutung
⌀ 8 – 10,0	
⌀ 8, s = 10	Stabdurchmesser 8 mm, alle 10 cm verlegt
⌀ 8 / 10	
7 ②	Positionsnummer für eine Bewehrungsmatte (eckig) und einen Stabstahl (rund)
	gerader Stab
	Bewehrungsmatte; oben: im Grundriss, unten: im Schnitt
	Bügel; links: offen biegen, z. B. bei Balken, rechts: geschlossen biegen, z. B. bei Stützen
	Bezeichnung von Stäben in der Bewehrungszeichnung

Tabelle 13. Darstellungsformen für den Stahlauszug (Goldau 1981)

Darstellung in der Zeichnung	Bedeutung
10⌐ 230 ⌐10 ⑦ 3Ø10/20 L = 230	Stab mit Winkelhaken. Positionsnummer: 7, Anzahl der Stäbe: 3, Durchmesser: 10 mm, Länge: 2,30 m, Länge der Winkelhaken: 10 cm
10 L_____ 10 ⤬_____	10 cm Winkelhaken, oben: Ansicht, unten: Draufsicht
15 ∠_____	15 cm langer Haken
d_{br} = 35 cm	35 cm Biegerollendurchmesser
45° 40 45° 5 Ø10 20 d_{br} = 35 cm 60 ⊢--------⊣ ⤬	mit 45° aufgebogener Stab mit Winkelhaken, Biegerollendurchmesser der Aufbiegungen: 35 cm, Biegerollendurchmesser Winkelhaken: 5 d_s; oben: Ansicht; unten: Draufsicht im Grundriss
_____1 : 5 _____	Kröpfung im Verhältnis 1: 5 (z. B. Anschlussstäbe bei Stützen)

Tabelle 13 zeigt, wie Stäbe im Stahlauszug gezeichnet werden. Dabei werden folgende Stabmaße unterschieden:

- Schnittlänge A: am geraden Stab gemessen, in [cm] angeben
- Biegelänge B: in der Stabachse gemessen, in [cm] angeben
- Einbaulänge C: Stabaußenmaß im gebogenen Zustand
- Passlänge D: Schalungsmaß minus Betondeckung
- Hakenmaß E: außen bis außen gemessen.

Beispiele für die Anwendung der verschiedenen Maße sind in Abb. 22 dargestellt.

In Bewehrungszeichnungen werden Längen über 1 m in [m], darunter in [cm] angegeben. Von der Schalung werden nur die Hauptmaße übertragen.

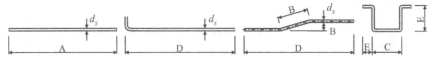

Abb. 22. Stabmaße (Goldau 1981)

Für die Bewehrung sind folgende Maßeinheiten zu verwenden:

- Biegemaße: [cm]
- Schnittlängen: [cm], bei gebogenen Stäben = Summe der Teil-
                     maße = Achsmaße a_i in Abb. 23
- Stabdurchmesser: [mm]
- Biegewinkel: [°]
- Mattengrößen: [cm], Länge/Breite (Mattenlänge = Haupttragrich-
                     tung)

Die Höhen von Bügeln, Aufbiegungen u. ä. sind als Einbaumaße, also auf die Stabaußenkante bezogen, anzugeben, s. Abb. 23. In Abb. 24 wird erläutert, wie die einzelnen Maße berechnet werden können.

Abbildungen 25-28 zeigen einige Beispiele für Bewehrungszeichnungen (bzw. -skizzen).

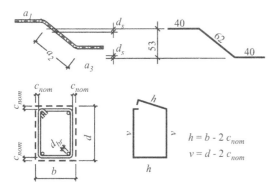

Abb. 23. Maße bei Bügeln und Aufbiegungen (nicht maßstäblich!) (Goldau 1981)

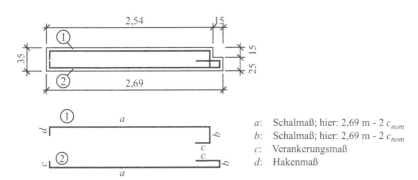

Abb. 24. Maße bei Bügeln und Aufbiegungen (nicht maßstäblich!) in Anlehung an Goldau (1981)

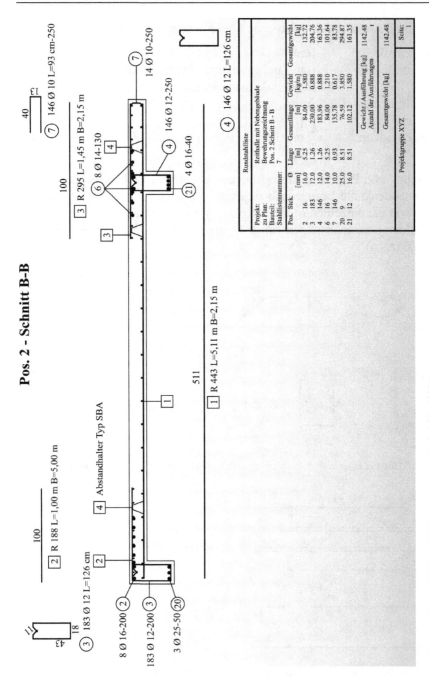

Abb. 25. Schnitt Decke mit Unterzügen, nach Goldau (1981)

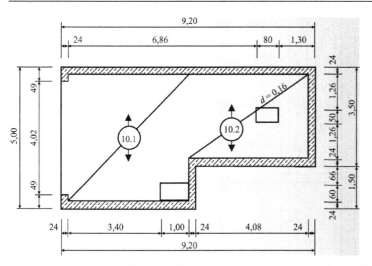

Abb. 26. Schal- und Positionsplan (bzgl. Bauteilen) einer Decke, (Goldau 1981)

POS. 7 - Fundament
Maßstab 1 : 20, Grundriss

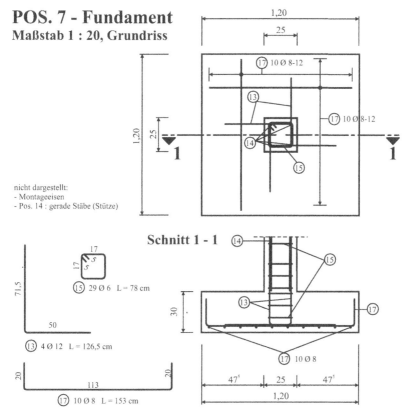

Abb. 27. Beispiel Bewehrungsskizze mit Stahlauszug Fundament

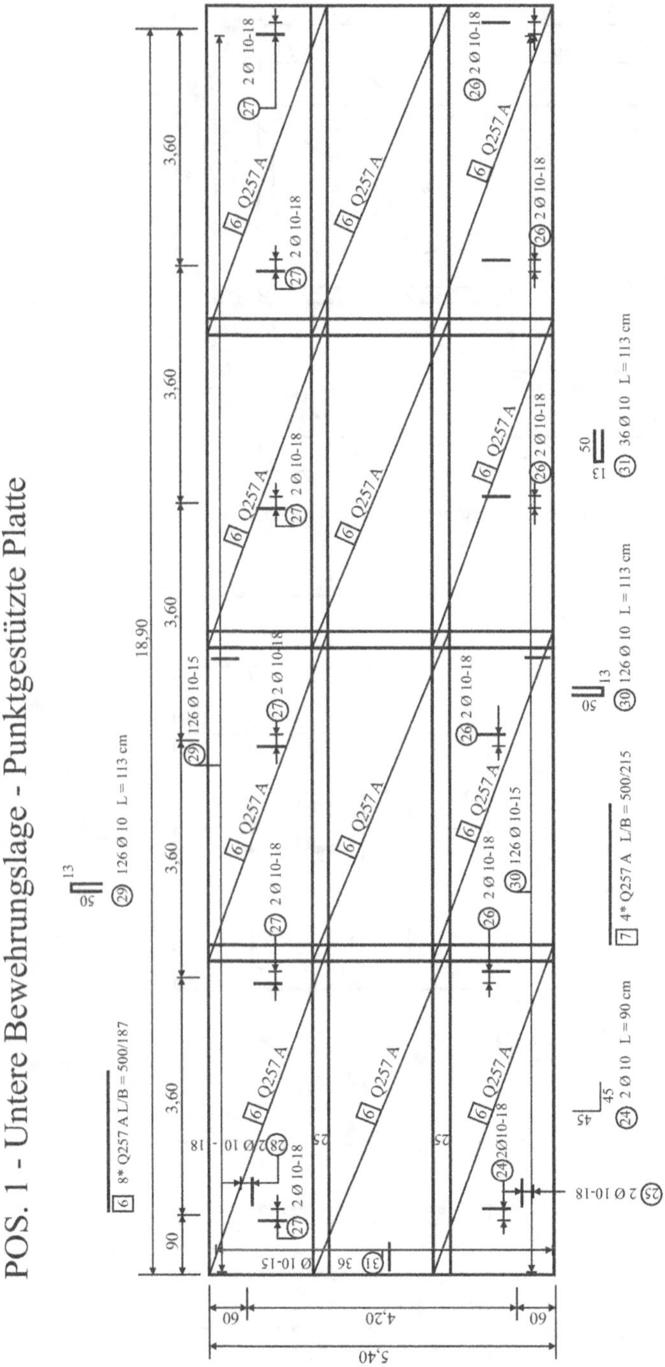

POS. 1 - Untere Bewehrungslage - Punktgestützte Platte

Abb. 28. Beispiel Deckenplatte

2.8 Beispiele

2.8.1 Auswahl von Expositionsklassen

Für die verschiedenen Oberflächenausbildungen direkt befahrener Parkdecks von Parkhäusern sind die Expositionsklassen zu wählen. Die folgende Tabelle zeigt die Lösungen dafür.

Oberflächenausbildungen für direkt befahrene Parkdecks

Parkhaustypische Fälle:

- **Fall ①:** Risse möglich – nicht zulässig für direkt befahrene Parkdecks
- **Fall ① a:** Einbau nichtrostenden Stahls
- **Fall ②:** Besondere Maßnahmen zum Schutz des Bauteiles durch den Nachweis der Rißfreiheit
- **Fall ② a:** Rißüberbrückende Beschichtung
- **Fall ③:** Rißüberbrückende Beschichtung mit regelmäßiger Überwachung und Erneuerung
- **Fall ④:** Abdichtung in Anlehnung an ZTV-ING
- **Fall ⑤:** Ausschluß der maßgebenden dauerhaftigkeitsbeschränkenden Einwirkung

Expositionsklassen	Fall ① / ① a	Fall ② / ② a	Fall ③	Fall ④	Fall ⑤
Karbonatisierungsinduzierte Bewehrungskorrosion		XC 4	XC 3 (von Bauteilunterseite)	XC 3 (von Bauteilunterseite)	XC 3 (von Bauteilunterseite)
Chloridinduzierte Bewehrungskorrosion, ausgenommen Meerwasser		XD 3	XD 1		
Betonangriff durch Frost mit Taumittel	XF 4	XF 4	Kein relevanter Frostangriff wegen fehlender Durchfeuchtung des Betonporenvolumens	Kein relevanter Frostangriff wegen fehlender Durchfeuchtung des Betonporenvolumens	
Betonangriff durch Verschleißbeanspruchung	XF 2	XF 2 / Eventuell XM 1			

2.8.2   Bezeichnung von Betonstahlmatten

Welche Stabdurchmesser und Stababstände werden bei den beiden folgenden Betonstahlmatten verwendet (siehe Tabelle 49, Anhang A.6)?

Matte (1):   BSt 500 M(A) $\dfrac{150 \cdot 8,0}{150 \cdot 8,0}$

- obere Zeile = Längs- oder Haupttragrichtung: $\varnothing$ 8 alle 150 mm: Das entspricht einer Bewehrungsmenge von 3,35 cm²/m.
- untere Zeile = Quer- oder Nebentragrichtung: ebenfalls $\varnothing$ 8 alle 150 mm.

In beiden Tragrichtungen steht derselbe Stahlquerschnitt zur Verfügung. Die Matte eignet sich also zum Beispiel zum Bewehren von zweiachsig gespannten Decken, bei denen die Beanspruchung in beiden Tragrichtungen ähnlich hoch ist.

Bei der Matte handelt es sich um eine Lagermatte mit der Kurzbezeichnung Q 335 A.

Matte (2):   BSt 500 M(A) $\dfrac{150 \cdot 6,0 \; d/6,0 \text{ - } 2/2}{250 \cdot 6,0}$

- obere Zeile = Längsrichtung: links und rechts zwei Einzelstäbe $\varnothing$ 6, sonst Doppelstäbe $\varnothing$ 6, Stababstand 150 mm. Das entspricht einer Bewehrungsmenge von 3,77 cm²/m.
- untere Zeile = Querrichtung: $\varnothing$ 6 alle 250 mm. Das entspricht einer Bewehrungsmenge von 1,13 cm²/m.

In der Haupttragrichtung steht eine größere Bewehrungsmenge zur Verfügung als in der Nebentragrichtung. Die Matte sollte also z. B. bei einachsig gespannten Deckenplatten eingesetzt werden. Die Kurzbezeichnung dieser Lagermatte lautet R 377 A.

2.8.3   Bestimmung der zulässigen Einwirkung

Wegen der Umnutzung eines Gebäudes soll die Tragfähigkeit eines vorhandenen Stahlbetonbalkens neu bestimmt werden. Der Beton entspricht der Festigkeitsklasse C 30/37. Bekannt sind außerdem die Betondeckung von 2 cm und die Biegezugbewehrung von fünf Stäben mit einem Durchmesser von 16 mm. Alle erforderlichen Angaben können der nachfolgenden Skizze entnommen werden. Gesucht ist die zulässige Verkehrslast.

Statisches System und Querschnitt:

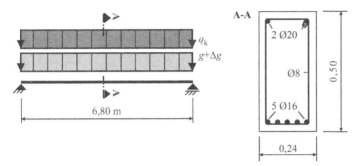

An dieser Stelle soll der erste Teil der Aufgabe gelöst werden. Zunächst ist zu prüfen, ob die Regelungen der DIN 1045-1 für die Expositionsklasse, die Betonfestigkeit und die Betondeckung eingehalten wurden.

Baustoffe:
Das Bauteil befindet sich im Innern eines Gebäudes. Dies entspricht der Expositionsklasse XC 1 für die Bewehrungskorrosion und der Mindestfestigkeitsklasse C 16/20. Die Bedingung ist damit erfüllt.

Betondeckung:
Aus der Expositionsklasse XC 1 folgt:

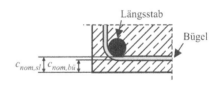

$$c_{min} = 10 \text{ mm}$$

$$\Delta c = 10 \text{ mm}$$

$$c_{nom} = 10 + 10 = 20 \text{ mm}$$

Aus der Geometrie der vorhandenen Bewehrung folgt:

Längsstäbe:	Bügel:
$c_{min} = d_{sl} = 16 \text{ mm}$	$c_{min} = 10 \text{ mm} > d_{s,bü} = 8 \text{ mm}$
$\Delta c = 10 \text{ mm}$	$\Delta c = 10 \text{ mm}$
$c_{nom,sl} = 16 + 10 = 26 \text{ mm}$	$c_{nom,bü} = 10 + 10 = 20 \text{ mm}$

im Bauteil vorhandene Verlegemaße für die Bewehrung:

Längsstäbe:	Bügel:
$c_{v,l} = c_{nom,bü} + d_{s,bü} = 28 \text{ mm} > c_{nom,sl}$	$c_{v,bü} = 20 \text{ mm}$

Die Betondeckung der Bügel ist also maßgebend. Diese Bedingung ist bei der vorhandenen Konstruktion eingehalten.

Der Nachweis der Biegetragfähigkeit wird im Anschluss an das Kapitel zur Biegebemessung (Abs. 4.7.4) vorgerechnet.

3 Sicherheitskonzept

3.1 Allgemeines

Bauwerke haben im Sinne der Bauordnungen sicher zu sein, d. h. die öf-
fentliche Sicherheit und Ordnung, insbesondere Leben und Gesundheit
dürfen nicht gefährdet werden. Sicherheit ist die Fähigkeit eines Tragwerkes, Einwirkungen zu widerstehen. Die Zuverlässigkeit eines Tragwerkes
ist ein Maß für die Sicherstellung dieser Fähigkeit. Die Zuverlässigkeit
wird im gegenwärtig vorliegenden Bauvorschriftenwerk als Wahrscheinlichkeit interpretiert (Abb. 29). Zusätzlich wird bei außergewöhnlichen
Einwirkungen gestattet, ein Restrisiko zu akzeptieren (Proske 2004). Damit wird neben der Wahrscheinlichkeit des Versagens auch die Konse-
quenz des Versagens des Tragwerkes berücksichtigt. Dieses Maß erlaubt

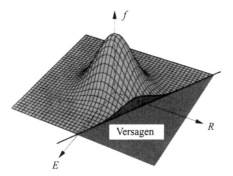

Abb. 29. Darstellung der Zuverlässigkeit als Wahrscheinlichkeit der Übertretung eines
Grenzzustandes, der eine Funktion der Einwirkung E und des Widerstandes R eines Tragwerkes ist. Die Unsicherheiten der beiden Größen folgen statistischen Verteilungsfunktionen.

die Einordnung der Gefährdung durch Bauwerke im Vergleich zu anderen natürlichen und technischen Risiken.

Die Zielwerte für die Versagenswahrscheinlichkeit liegen bei Nachweisen der Tragfähigkeit bei ca. 10^{-6} pro Jahr und beim Nachweis der Gebrauchstauglichkeit bei ca. 10^{-3} pro Jahr. Grundlage für die Wahl einer Wahrscheinlichkeit als Zuverlässigkeitsmaß ist eine statistische Beschreibung der Eingangsgrößen für die Nachweise. Dieser Grundsatz spiegelt sich auch in dem Sicherheitskonzept wider, das der DIN 1045-1 zugrunde liegt. Hier wurden charakteristische Werte für die Eingangsgrößen gewählt. Diese sind als Quantilwerte festgelegt. Ein Quantil ist ein beliebiger Wert einer Zufallsgröße, der mit einer bestimmten Wahrscheinlichkeit erreicht oder überschritten wird.

Damit wird implizit vorausgesetzt, dass zum einen genügend Informationen über die Zufallsgröße vorhanden sind und dass in der Tat die veränderlichen Einwirkungen oder die Eigenschaften von Materialien zufälligen Schwankungen unterliegen. Systematische Fehler können also durch diesen Ansatz nicht berücksichtigt werden. Um systematische Fehler auszuschließen, werden grundlegende Forderungen bei der Bauplanung und bei der Bauausführung erhoben.

Ein sinnvolles Sicherheitskonzept sollte für alle Bauwerke unabhängig von der Art des Baumaterials gelten. Dazu wurde die baustoffunabhängige DIN 1055-100 beschlossen, auf der auch die DIN 1045-1 basiert. Damit gelten für alle in Deutschland errichteten Bauwerke grundsätzlich die gleichen Sicherheitsanforderungen.

Ziel aller rechnerischen Untersuchungen ist es nachzuweisen, dass

• eine ausreichende Tragfähigkeit, auch als Bruchsicherheit bezeichnet,
• eine gute Gebrauchsfähigkeit und
• eine ausreichende Dauerhaftigkeit

für die untersuchten Konstruktionen oder Bauteile gewährleistet werden kann.

Die Nachweise für alle Bemessungssituationen beruhen auf folgendem Vergleich:

| einwirkende Größe = auftretende Beanspruchungen | $\Leftrightarrow$ | Grenze von Beanspruchbarkeit, Aufnahmekapazität, Bauteilwiderstand oder maßgebender Wert einer bestimmten Bauteileigenschaft |

Allgemein ist nachzuweisen:

$$E_d \leq R_d \quad \text{bzw.} \quad E_d \leq C_d \tag{3.1}$$

mit: E_d Bemessungswert einer Beanspruchung

$$E_d = \left(F_{d1}, F_{d2}, ..., a_{d1}, a_{d2}, ..., X_{d1}, X_{d2}, ... \right) \qquad (3.2)$$

F_d Bemessungswert einer Einwirkung

$$F_d = \gamma \cdot G, \; \gamma \cdot P, \; \gamma \cdot \; ... \qquad (3.3)$$

a_d Bemessungswert einer geometrischen Größe

R_d Bemessungswert des Tragwiderstandes

$$R_d = \left(X_{d1}, X_{d2}, ..., a_{d1}, a_{d2}, ..., \right) \qquad (3.4)$$

X_d Bemessungswert einer Baustoffeigenschaft

C_d Bemessungswert des Gebrauchstauglichkeitskriteriums

Dabei werden die Bemessungswerte immer aus charakteristischen Werten gebildet, die mit einen Sicherheitsfaktor beaufschlagt werden.

In den folgenden Abschnitten sollen nun die einzelnen Bestandteile des Nachweises entsprechend Gl. (3.1) erläutert werden.

3.2   Grenzzustände der Beanspruchbarkeit

Der Nachweis der Sicherheit gilt als erbracht, wenn die Eigenschaften des Tragwerkes die Anforderungen aus Tragfähigkeit und Gebrauchstauglichkeit erfüllen.

Man unterscheidet zwei Gruppen von Grenzen bzw. Grenzzuständen.

3.2.1   Grenzzustand der Tragfähigkeit (GZT)

Die Grenzzustände der Tragfähigkeit bezeichnen diejenigen Zustände, bei deren unmittelbarer Überschreitung ein Einsturz oder eine andere Form des Versagens eintritt; gekennzeichnet sind sie durch einen der nachfolgend genannten Fälle:

- Bruch oder Versagen eines Querschnittes/Bauteils
- starke örtliche Verformungen
- Ausbildung einer Gelenkkette
- Umkippen des Tragwerks
- Knicken oder Beulen (Stabilitätsversagen).

3.2.2   Grenzzustand der Gebrauchstauglichkeit (GZG)

Die Nachweise in den Grenzzuständen der Gebrauchstauglichkeit stellen die Nutzungsbedingungen und Gebrauchseigenschaften, z. B. hinsichtlich der Bauteilverformung, sicher. Diese Nachweise dürfen z. T. durch Einhalten von konstruktiven Regeln geführt werden. Die Überschreitung der Grenzzustände der Gebrauchtauglichkeit ist gekennzeichnet durch einen der nachfolgend genannten Fälle (Beispiele):

- übermäßige Formänderung, besonders Durchbiegung, die die Nutzung behindert oder Einbauteile schädigt
- übermäßige Rissbildung oder zu große Rissbreiten
- zu große (spürbare) Schwingungen
- Eindringen von Wasser oder Feuchtigkeit
- Korrosion der Bewehrung.

Eine ausreichende Dauerhaftigkeit des Tragwerkes darf bei Einhaltung bestimmter konstruktiver Regeln und bei einer regelgerechten Nachweisführung in den Grenzzuständen der Tragfähigkeit und der Gebrauchstauglichkeit als sichergestellt angesehen werden.

3.3 Beanspruchungen

Zunächst muss für die Beanspruchungen das Lastniveau definiert werden. Bei der Gebrauchslast handelt es sich um die tatsächliche oder die wahrscheinlich zu erwartende Beanspruchung. Im Gegensatz dazu steht die Traglast oder Bruchlast. Dabei handelt es sich um einen Rechenwert, meist um die mit einem Last- oder Sicherheitsfaktor vergrößerter Gebrauchslast.

Die Beanspruchungen werden in verschiedene Gruppen unterteilt, zum einen die Lasten und zum zweiten Beanspruchungen aus Zwang.

3.3.1 Lasten

Die Lasten wiederum können in zwei Gruppen unterteilt werden.

- Eigenlasten sind verhältnismäßig gut bekannt. Deshalb sind die charakteristischen Werte hier häufig Mittelwerte. Zu den Eigenlasten zählen auch die Ausbaulasten. Für Ausbaulasten wird i. d. R. eine geringere Lebensdauer angesetzt als für die tragende Konstruktion (beispielsweise rechnet man bei Estrich mit 30 ... 40 Jahren Lebensdauer).
- Nutz- oder Verkehrslasten besitzen deutlich größeren Streuungen als die Eigenlasten.

Angaben zu beiden Lastgruppen finden sich in DIN 1055, Teil 1 (Eigenlasten) und Teil 3 (Verkehrslasten) sowie in den DIN-Fachberichten.

3.3.2 Klimatische Einwirkungen

Klimatische Einwirkungen können in ständige und vorübergehende Einwirkungen und in außergewöhnliche Einwirkungen unterteilt werden. Hier sollen nur erstere von Interesse sein, wie z. B.

- Wind
- Schnee
- Temperatur.

Klimatische Einwirkungen werden durch wahrscheinlichkeitstheoretische Untersuchungen aus Messwerten aus 3-, 10- oder 100-Jahres-Zyklen ermittelt. Angaben dazu sind in DIN 1055, Teil 4 (Windlasten) und Teil 5 (Schnee- und Eislast) zu finden.

3.3.3 Zwang

Auch bei der Beanspruchungsgruppe Zwang können weitere Unterteilungen vorgenommen werden.

- Innerer Zwang, z. B. infolge von unterschiedlichen Temperaturbeanspruchungen über die Querschnittsdicke oder bei Behinderung der Formänderung infolge von Temperaturänderungen oder von Schwinden in statisch unbestimmt gelagerten Konstruktionen
- Äußerer Zwang, z. B. infolge unterschiedlicher Fundamentsetzungen

3.4 Charakteristische und andere repräsentative Werte

Sowohl Beanspruchungen als auch Beanspruchbarkeiten unterliegen Streuungen, die häufig durch die Gauß'sche Normalverteilung entsprechend Gl. (3.5) ausreichend angenähert werden können. Die Verteilung der Probenhäufigkeit $\varphi(x)$, ausgehend vom Mittelwert f_{Wm}, folgt der Beziehung:

$$\varphi(x) = \frac{1}{\sigma \cdot \sqrt{2 \cdot \pi}} \cdot e^{-\frac{x^2}{2 \cdot \sigma^2}} \quad \text{mit: } x = f(x) - f_{Wm} \tag{3.5}$$

Abbildung 30 zeigt zwei Verteilungskurven für den gleichen Mittelwert f_{Wm}, die aus Versuchen zur Bestimmung der Betonfestigkeit zweier Betone resultierten. Diese beiden Betone sind aber hinsichtlich der Sicherheit nicht

gleichwertig, da dafür die maßgebenden oder charakteristischen Festig-
keitswerte – die so genannten 5-%-Quantilwerte – übereinstimmen müssten, was in diesem Beispiel aber nicht der Fall ist.

Abbildung 31 hingegen zeigt zwei Verteilungskurven mit unterschiedlichen Mittelwerten f_{Wm}, aber gleichen 5-%-Quantilwerten. Die beiden
Betone sind hinsichtlich ihrer Sicherheit also gleichwertig.

Daraus ist zu erkennen, dass bei größeren Streuungen, das entspricht
einer größeren Standardabweichung σ, auch ein größerer Mittelwert f_{Wm}
erreicht werden muss, um die gleiche Sicherheit zu erzielen wie bei gerin-
gerer Streuung. Für die Wirtschaftlichkeit bei der Fertigung ist es also z. B.
wichtig, die Streuungen der Materialkennwerte möglichst gering zu halten.
Nun wird auch verständlich, dass in der Norm charakteristische Werte und
keine Mittelwerte als Grundlage für die Dimensionierung festgelegt sind.

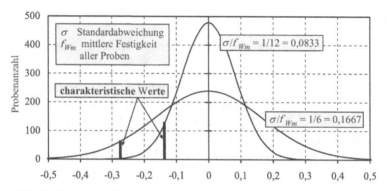

Abb. 30. Normalverteilungen bei gleichem Mittelwert f_{Wm} aber unterschiedlicher Standardabweichung σ nach Wiese (2000/04)

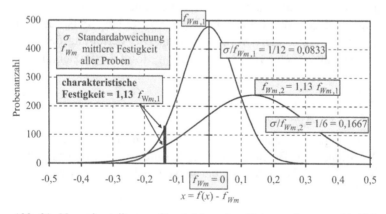

Abb. 31. Normalverteilungen für gleichwertige Betone mit unterschiedlichen Standard-
abweichungen σ nach Wiese (2000/04)

Der charakteristische Wert einer Einwirkung wird entweder als Mittelwert einer statistischen Verteilung, als oberer oder unterer Wert oder als Nennwert beschrieben.

Die Eigenlasten eines Tragwerkes dürfen in den meisten Fällen durch einen einzigen charakteristischen Wert unter Berücksichtigung der Geometrie und der Durchschnittswichte nach DIN 1055-1 angegeben werden.

Bei einer veränderlichen Einwirkung entspricht der charakteristische Wert Q_k entweder

- einem oberen Wert, der während der festgelegten Bezugsdauer mit einer vorgegebenen Wahrscheinlichkeit nicht überschritten werden darf oder
- einem festgelegten Nennwert, wenn eine Wahrscheinlichkeitsverteilung unbekannt ist.

Bei veränderlichen Einwirkungen wird unterschieden, wie häufig mit deren Eintreten zu rechnen ist. Einen Überblick über die Varianten gibt Abb. 32. Repräsentative Werte bestehen aus Kombinationsbeiwert und charakteristischem Wert.

Der charakteristische Wert F_k einer zeitabhängigen veränderlichen Einwirkung soll in der Regel so gewählt werden, dass er während eines Jahres mit einer Wahrscheinlichkeit von 98 % nicht erreicht bzw. nicht häufiger als im Mittel einmal in 50 Jahren überschritten wird.

Für außergewöhnliche Einwirkungen werden üblicherweise keine charakteristischen Lasten sondern sofort Bemessungswerte bereitgestellt.

Bei häufigen Werten $\psi_1 \cdot F_k$ ist davon auszugehen, dass der repräsentative Wert im Mittel 300-mal pro Jahr überschritten wird bzw. die Überschreitungswahrscheinlichkeit im Mittel 5 % beträgt. „ψ_t" ist ein Kombinationsbeiwert, s. Abschn. 3.5.3.

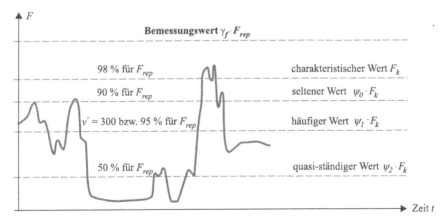

Abb. 32. Repräsentative Werte und Bemessungswerte einer veränderlichen Einwirkung nach Spaethe (1992)

Der quasi-ständige Wert $\psi_2 \cdot F_k$ einer veränderlichen Einwirkung steht für das zeitliche Mittel. Er wird mit einer Wahrscheinlichkeit von 50 % über- bzw. unterschritten.

3.5 Sicherheitsbeiwerte

3.5.1 Allgemeines

Bei allen Sicherheitsbetrachtungen ist zu bedenken, dass es eine absolute Sicherheit nicht gibt, dass immer ein Rest an Unsicherheit (Versagenswahrscheinlichkeit) verbleibt (Proske 2006).

Für die Bemessung werden die charakteristischen Werte von Einwirkungen und Bauteilwiderständen um Sicherheitsfaktoren erhöht. Im Folgenden soll erläutert werden, wovon die Größe eines Sicherheitsfaktors abhängen kann.

In Abb. 33 wird die Streuung einer Belastung, z. B. einer durch ein Moment erzeugten Spannung, der Streuung der Festigkeit in dem beanspruchten Bauteil gegenübergestellt.

Man erkennt, dass es keine absolute Sicherheit gibt, sondern nur eine gewisse Wahrscheinlichkeit, dass kein Versagen einritt. Die grau hinterlegte Zone in der Grafik kennzeichnet den Bereich der Versagenswahrscheinlichkeit. Sie kann verringert werden, indem der Sicherheitsabstand zwischen Beanspruchung und Widerstand, hier der Festigkeit, vergrößert wird. Dem sind aber Grenzen gesetzt:

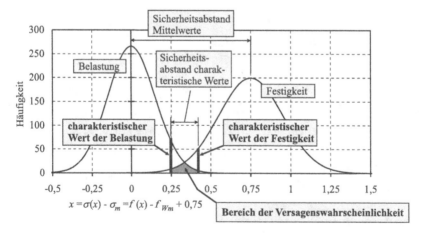

Abb. 33. Gegenüberstellung von Beanspruchung und Festigkeit, Beispiel nach Wiese (2000/04)

- Aus wirtschaftlichen Gründen kann der Sicherheitsabstand nicht beliebig groß gewählt werden.
- Selbst bei sehr großem Sicherheitsabstand verbleiben Überschneidungsbereiche.

Der in größeren Abständen erscheinende Bauschadensbericht der Bundesregierung (Bauschadensbericht 1988) beweist, dass es immer wieder zu Störfällen und zum Versagen von Konstruktionen kommt. Da sich jeder Ingenieur seiner Unzulänglichkeiten und derer anderer Mitwirkender bewusst sein muss, werden in Tabelle 14 einzelne Unsicherheiten beispielhaft vorgestellt. Dabei soll durch die Kennzeichnung „E" für Einwirkung, Schnittgröße, Beanspruchung und Belastung (effect) bzw. „R" (resistance) für Widerstand und Festigkeit deutlich gemacht werden, wo sich die genannten Unsicherheiten besonders auswirken.

Jeder dieser Einflüsse müsste nun hinsichtlich seiner Eintretenswahrscheinlichkeit beurteilt werden und einen eigenen Sicherheitsfaktor zugeteilt bekommen. Diese einzelnen Faktoren müssten dann getrennt betrachtet oder in geeigneter Weise zusammengefasst werden. Fest steht, dass die Verwendung solcher einzelner Faktoren für eine normale Bemessung viel zu aufwändig und kompliziert wäre. Auch ist es unwahrscheinlich, dass alle Einflüsse immer und gleichzeitig auftreten. Es muss also ein ausrei-

Tabelle 14. Zusammenstellung von Unsicherheiten

Belastung E oder Widerstand R	Unsicherheiten
E	Ungenauigkeiten bei den Lastannahmen
E	Mangelhafte Erfassung der tatsächlichen Spannungen, weil unsere Gleichungen ein Modell der Wirklichkeit beschreiben, nicht jedoch die Wirklichkeit selbst.
E, R	Abweichungen vom angenommenen statischen System
R	Abweichungen der Baustoffeigenschaften von den angenommenen Werten
E, R	Vernachlässigung der räumlichen Wirkung der Konstruktionen und Bauwerke
E, R	Rechenungenauigkeiten und kleinere Rechenfehler
E, R	Nichterkennen von Schnitten, die für die Bemessung maßgebend werden
E	vernachlässigte Einwirkung, z. B. Zwang
R	Fehler in der Bauausführung
R	Mängel in der Festigkeit der Baustoffe, z. T. örtlich begrenzt
R	falsche Lage der Bewehrung
R	Korrosionseinflüsse

chend sicheres, gleichzeitig aber auch anwenderfreundliches Verfahren gefunden werden.

3.5.2   Teilsicherheitsbeiwerte

Die Grenzzustände der Tragfähigkeit und der Gebrauchstauglichkeit unterscheiden sich insbesondere durch die für den jeweiligen Nachweis geforderte Sicherheit (Zuverlässigkeit). Die DIN 1055-100 legt für die Nachweise in den Grenzzuständen der Tragfähigkeit das Konzept der Teilsicherheitsbeiwerte zugrunde. Teilsicherheitsbeiwerte γ sind Sicherheitsfaktoren, die einer Belastungs- oder Widerstandsgröße zugeordnet werden.

Die Belastungs- und Widerstandsgrößen sind repräsentative Werte. Der wichtigste repräsentative Wert ist der charakteristische Wert, z. B. G_k, Q_k, f_{ck}. Mit Teilsicherheitsbeiwerten gewichtete repräsentative Größen werden als Bemessungswerte bezeichnet, z. B. G_d, Q_d, f_{cd}. Bemessungswerte einer Größe sind diejenigen Werte, bei denen mit größter Wahrscheinlichkeit ein Überschreiten des Grenzzustandes zu erwarten ist.

Durch die Aufteilung in material- und einwirkungsabhängige Sicherheitsanteile können die unterschiedlichen Streuungen der einzelnen Kenngrößen genauer berücksichtigt werden. Die Bemessungswerte der Widerstandsgrößen – in Gl. (3.6) für Beton und Stahl – werden allgemein wie folgt formuliert:

$$R_d = R \left(\alpha \frac{f_{ck}}{\gamma_c} ; \frac{f_{yk}}{\gamma_s} \right) \tag{3.6}$$

Die Teilsicherheitsbeiwerte für die Bestimmung des Tragwiderstandes sind Tabelle 15 zu entnehmen.

Tabelle 15. Teilsicherheitsbeiwerte für die Bestimmung des Tragwiderstandes

Bemessungssituation	Beton γ_c [a][b]	Betonstahl γ_s
Ständige und vorübergehende Bemessungssituation	1,5	1,15
Außergewöhnliche Bemessungssituation	1,3	1,0

[a] für Beton ab C 55/67 gilt $\dfrac{1,5}{1,1-\dfrac{f_{ck}}{500}}$ $\tag{3.7}$

[b] für unbewehrte Bauteile Erhöhung auf $\gamma_c = 1,8$ für die ständige und vorübergehende Bemessungssituation und auf $\gamma_c = 1,55$ für die außergewöhnliche Bemessungssituation

Tabelle 16. Teilsicherheitsbeiwerte für die Einwirkungen auf Tragwerke im Grenzzustand der Tragfähigkeit

Auswirkung	ständige Einwirkung γ_G	veränderliche Einwirkung γ_Q
günstig	1,0	0
ungünstig	1,35	1,5

Die Teilsicherheitsbeiwerte für die Einwirkungen sind in DIN 1045-1, Tabelle 1, zusammengefasst. Auszüge sind in Tabelle 16 zu sehen. Es ist anzumerken, dass im üblichen Hochbau ständige Lasten nicht günstig angesetzt werden brauchen und der Teilsicherheitsbeiwert auch bei durchlaufenden Bauteilen für alle Felder konstant angenommen werden darf.

Die Nachweise in den Grenzzuständen der Gebrauchstauglichkeit werden in der Regel ohne Verwendung von Teilsicherheitsbeiwerten durchgeführt.

Durch das Konzept der Teilsicherheitsbeiwerte unterscheidet sich die DIN 1045-1 deutlich von der bisherigen Vorgehensweise nach DIN 1045 (07/1988). Dort wurde noch mit einem globalen Sicherheitsfaktor γ gerechnet. Allgemein war nachzuweisen:

$$\gamma \cdot \text{Einwirkung } E \leq \text{Widerstand } R \tag{3.8}$$

Für den globalen Sicherheitsbeiwert galt $1,75 \leq \gamma \leq 2,10$, wobei

- der kleinere Wert für durch intensive Rissbildung vorangekündigtes Versagen (überwiegende Biegebeanspruchung),
- der größere Wert für Versagen ohne Vorankündigung (sprödes Betonversagen, z. B. bei völlig überdrückten Querschnitten) stand.

3.5.3 Kombinationsbeiwerte

Mit Hilfe von Kombinationsfaktoren wird der Tatsache Rechnung getragen, dass es oft nur wenig wahrscheinlich ist, dass mehrere extremale Belastungen bei unabhängigen, zeitlich veränderlichen Lasten gleichzeitig auftreten.

Tabelle 17 zeigt eine Zusammenstellung ausgewählter Kombinationsbeiwerte nach DIN 1055-100.

Tabelle 17. Bemessungswerte unabhängiger Einwirkungen im Grenzzustand der Gebrauchstauglichkeit

Einwirkung		seltener Wert	häufiger Wert	quasi-ständiger Wert
		ψ_0	ψ_1	ψ_2
Nutzlasten [a]				
Kategorie A	Wohn- und Aufenthalts-räume	0,7	0,5	0,3
Kategorie B	Büros	0,7	0,5	0,3
Kategorie C	Versammlungsräume	0,7	0,7	0,6
Kategorie E	Lagerräume	1,0	0,9	0,8
Verkehrslasten				
Kategorie H	Dächer	0	0	0
Schnee- und Eislasten				
Orte bis + 1000 m ü. NN		0,5	0,2	0
Orte ab + 1000 m ü. NN		0,7	0,5	0,2

[a] Abminderungswerte für mehrgeschossige Hochbauten siehe DIN 1055-3

3.5.4   Einwirkungskombinationen im GZT

Die Nachweise für die Bemessung im GZT werden mit den Bemessungswerten der Bauteilwiderstände R_d und den Bemessungswerten der Einwirkungen E_d unter Ansatz zusätzlicher, material- bzw. einwirkungsabhängiger Teilsicherheitsbeiwerte geführt. Für die Kombination der anzusetzenden Einwirkungen sind in den GZT drei unterschiedliche Bemessungssituationen zu unterscheiden:

ständige und vorübergehende Bemessungssituation (nicht für Materialermüdung):

$$E_d = E\left\{\sum_{j\geq 1}\gamma_{G,j}\cdot G_{k,j} \oplus \gamma_P\cdot P_k \oplus \gamma_{Q,1}\cdot Q_{k,1} \oplus \sum_{i>1}\gamma_{Q,i}\cdot\psi_{0,i}\cdot Q_{k,i}\right\} \qquad (3.9)$$

außergewöhnliche Bemessungssituation:

$$E_{dA} = E\left\{\sum_{j\geq 1}\gamma_{GA,j}\cdot G_{k,j} \oplus \gamma_{PA}\cdot P_k \oplus A_d \oplus \psi_{1,1}\cdot Q_{k,1} \oplus \sum_{i>1}\psi_{2,i}\cdot Q_{k,i}\right\} \quad (3.10)$$

Bemessungssituation infolge Erdbeben:

$$E_{dAE} = E\left\{\sum_{j\geq 1} G_{k,j} \oplus P_k \oplus \gamma_I\cdot A_{Ed} \oplus \sum_{i>1}\psi_{2,i}\cdot Q_{k,i}\right\} \qquad (3.11)$$

mit: $\oplus$ „in Kombination mit"

E_d Bemessungswert der Beanspruchung

G_k charakteristischer Wert der ständigen Einwirkung

P_k charakteristischer Wert der Vorspannung

Q_k charakteristischer Wert der veränderlichen Einwirkung

$Q_{k,1}$ Leitwert der veränderlichen Einwirkungen

A_d Bemessungswert der außergewöhnlichen Einwirkungen

A_{Ed} Bemessungswert infolge Erdbebens

$\gamma_G,\ \gamma_Q,\ \gamma_P,\ \gamma_{PA}$ Teilsicherheitsbeiwerte

$\psi_0,\ \psi_1,\ \psi_2$ Kombinationsbeiwerte

η_i Wichtungsfaktor, siehe DIN 1055-100 und DIN 4149

Unter den ständigen und vorübergehenden Bemessungssituationen werden alle während der Nutzungsdauer des Bauwerkes und im Bau- und Reparaturzustand des Bauwerkes planmäßig zu erwartenden Zustände verstanden. Eine außergewöhnliche Bemessungssituation bezeichnet einen Zustand während oder nach einer außergewöhnlichen Einwirkung wie Anprall oder Explosion.

3.5.5 Einwirkungskombinationen im GZG

Die einzelnen Nachweise in den GZG sind in der Regel mit den nachfolgend aufgeführten Einwirkungskombinationen zu führen. Sie unterscheiden sich durch den zu berücksichtigenden Anteil der veränderlichen Einwirkungen. In diesen Einwirkungskombinationen werden die ständigen Einwirkungen und die Vorspannung mit ihren charakteristischen Werten G_k bzw. P_k und die veränderlichen Einwirkungen mit den maßgebenden Kombinationsbeiwerten berücksichtigt.

seltene Einwirkungskombination:

$$E_{d,rare} = E\left\{\sum_{j\geq 1} G_{k,j} \oplus P_k \oplus Q_{k,1} \oplus \sum_{i>1} \psi_{0,i} \cdot Q_{k,i}\right\} \tag{3.12}$$

häufige Einwirkungskombination:

$$E_{d,frequ} = E\left\{\sum_{j\geq 1} G_{k,j} \oplus P_k \oplus \psi_{1,1} \cdot Q_{k,1} \oplus \sum_{i>1} \psi_{2,i} \cdot Q_{k,i}\right\} \tag{3.13}$$

quasi-ständige Einwirkungskombination:

$$E_{d,perm} = E\left\{\sum_{j\geq 1} G_{k,j} \oplus P_k \oplus \sum_{i>1} \psi_{2,i} \cdot Q_{k,i}\right\} \tag{3.14}$$

3.5.6   Vereinfachte Kombinationen für den Hochbau

Um die Arbeit mit dem Konzept der Teilsicherheitsbeiwerte zu erleichtern, wurden vereinfachte Kombinationen für den Hochbau entwickelt. Es hat sich allerdings herausgestellt, dass die Erleichterung in vielen Fällen nur gering ist, da Einwirkungskombinationen gerade für Stahlbetonbauteile mit biegesteifen Verbindungen überwiegend mit dem Computer erstellt werden. Darum wurden die vereinfachten Kombinationen bauaufsichtlich nicht eingeführt, obwohl sie in der DIN 1055-100 zu finden sind. Auf die Vorstellung dieses Verfahrens wird hier verzichtet.

3.6   Beispiele

3.6.1   Ermittlung der charakteristischen Einwirkungen

Gegeben sind der konstruktive Aufbau einer Decke in einem Bürogebäude und der Aufbau eines Daches. Das Gebäude liegt in der Schneelastzone $Z = 2$ in einer alpinen Region. Die Geländehöhe beträgt 500 m über NN. Für beide Fälle sollen die charakteristischen Flächenlasten für die Bemessung der Stahlbetonplatte ermittelt werden.

Anmerkung: zu den Lastannahmen s. auch Tabellen 39–44 im Anhang A.3.1 bis A.3.3.

(a) Decke in einem Bürogebäude

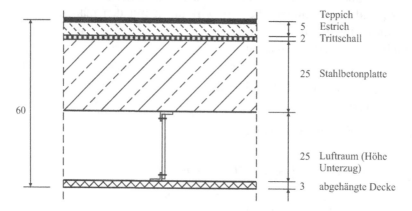

(I) ständige Lasten – Eigengewicht g_I der Stahlbetonplatte

Stahlbetonplatte $0,25 \text{ m} \cdot 25 \text{ kN/m}^3 = 6,25 \text{ kN/m}^2$

$$g_1 = 6,25 \text{ kN/m}^2$$

(II) ständige Lasten – Ausbaulast g₂

Teppich $0,03\,\text{kN/m}^2$

Estrich $0,05\ \text{m} \cdot 22\ \text{kN/m}^3 = 1,10\,\text{kN/m}^2$

Trittschalldämmung $0,02\,\text{kN/m}^2$

abgehängte Decke[a] $0,50\,\text{kN/m}^2$

Summe: $g_2 = 1,65\,\text{kN/m}^2$

[a] Wählt man Gipskartonplatten mit 3 cm Dicke dafür, ergibt sich ein Flächengewicht von 0,11 kN/m²/cm · 3 cm = 0,33 kN/m². Zusätzlich müssen noch Halterungen etc. hinzugerechnet werden. Deshalb wurde pauschal der Wert von 0,50 kN/m² gewählt.

(III) veränderliche Lasten – Verkehrslast q

Verkehrslast[b] $q_1 = 4,00\ \text{kN/m}^2$

Zuschlag für leichte Trennwände $\Delta q = 0,80\ \text{kN/m}^2$

Summe: $q = 4,80\ \text{kN/m}^2$

[b] Die maßgebende Kategorie für den Ansatz einer Verkehrslast richtet sich immer nach den genauen Gegebenheiten. Im Beispiel wurden Flächen mit fester Bestuhlung (Kategorie C 2) mit q_1 = 4,00 kN/m² angesetzt, da heute in modernen Bürogebäuden immer auch Versammlungsräume vorgesehen werden (Anhang – Tabelle 43).

(b) Dach

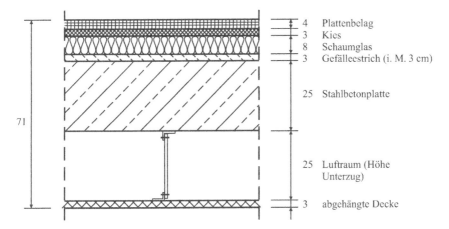

4	Plattenbelag
3	Kies
8	Schaumglas
3	Gefälleestrich (i. M. 3 cm)
25	Stahlbetonplatte
25	Luftraum (Höhe Unterzug)
3	abgehängte Decke

(I) ständige Lasten – Eigengewicht g_1 der Stahlbetonplatte

Stahlbetonplatte $0,25 \text{ m} \cdot 25 \text{ kN/m}^3 = 6,25 \text{ kN/m}^2$

$$g_1 = 6,25 \text{ kN/m}^2$$

(II) ständige Lasten – Ausbaulast g_2

Plattenbelag	$0,04 \text{ m} \cdot 24 \text{ kN/m}^3 = 0,96 \text{ kN/m}^2$
Kies[c]	$0,03 \text{ m} \cdot 20 \text{ kN/m}^3 = 0,60 \text{ kN/m}^2$
Schaumglas	$0,08 \text{ m} \cdot 1 \text{ kN/m}^3 = 0,08 \text{ kN/m}^2$
Gefälleestrich	$0,03 \text{ m} \cdot 22 \text{ kN/m}^3 = 0,66 \text{ kN/m}^2$
Abdichtung[d]	$0,20 \text{ kN/m}^2$
abgehängte Decke	$0,50 \text{ kN/m}^2$
Summe	$g_2 = 3,00 \text{ kN/m}^2$

[c] Nach DIN 1055-3, 4, (2) ist der Kies als veränderliche Last anzusehen. Demzufolge müsste in unserem Beispiel auch der Plattenbelag als veränderliche Last angesetzt werden, denn die Platten müssten fortbewegt werden, wenn der Kies z. B. entfernt werden müsste. Allerdings ist dieser Fall in der Norm nicht geregelt. Deshalb werden hier sowohl der Kies als auch der Plattenbelag vereinfacht als ständige Lasten angesetzt.

[d] Laut DIN 1055-1, Tab. 20, Zeile 7–13 liegen die Werte für Abdichtungen zwischen 0,02 … 0,07 kN/m². Da genauere Angaben zur Konstruktion fehlen, wurde ein pauschaler Wert angenommen.

(III) veränderliche Lasten – Verkehrslast q

$$q = 0,75 \text{ kN/m}^2$$

Dieser Wert gilt für nicht begehbare Dächer mit einer Dachneigung von maximal 20°.

(IV) veränderliche Lasten – Schneelast s[e] (siehe auch Anhang A.3.3)

$$s_k = \left(0,33 + 0,638 \cdot (2 - 0,5)\right) \cdot \left[1 + \left(\frac{500}{723}\right)^2\right] = 1,90 \text{ kN/m}^2$$

$$s = 0,8 \cdot 1,90 \text{ kN/m}^2 = 1,52 \text{ kN/m}^2$$

[e] Bei der Bemessung muss die maßgebende Schneelast nicht mit der Verkehrslast $q = 0,75$ kN/m² überlagert werden, da diese den zeitweiligen Aufenthalt von Personen berücksichtigt und davon ausgegangen wird, dass beide Lastfälle nicht zeitgleich wirken.

3.6.2 Einwirkungskombination

Ein Dachgeschoss wird von Stahlbetoneinfeldträgern überspannt. Ein Träger besitzt eine Spannweite von 8 m. Gesucht ist das Verhältnis zwischen dem maßgebenden Bemessungsmoment in der quasi-ständigen Einwirkungskombination im Grenzzustand der Gebrauchstauglichkeit und Bemessungsmoment in der ständigen und vorübergehenden Einwirkungskombination im Grenzzustand der Tragfähigkeit.

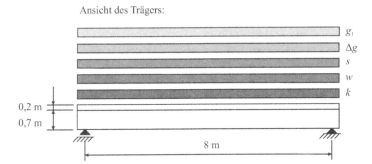

Es müssen verschiedene Einwirkungen berücksichtigt werden:

* Eigenlast und Ausbaulast
* Schneelast
* Windlast
* Nutzlast.

Zur Nutzlast zählt neben einer möglichen Personenlast auch die Last aus Kies, der in diesem Beispiel beim Dachaufbau verwendet wird. Gemäß DIN 1055-3 muss der Kies als veränderliche Last angesetzt werden, da er bei Dachumbauarbeiten nicht in allen Feldern vorhanden sein muss.

Aus den Einwirkungen, ermittelt auf Grundlage der entsprechenden Normen für die Lastannahmen, soll das maßgebende Bemessungsmoment für die ständige und vorübergehende Einwirkungskombination im Grenzzustand der Tragfähigkeit und für die quasi-ständige Einwirkungskombination im Grenzzustand der Gebrauchstauglichkeit bestimmt werden.

Zunächst werden die charakteristischen Biegemomente in Feldmitte für jede Einwirkung berechnet:

Einwirkung	Linienlast	$M_k = \dfrac{p_k \cdot l^2}{8}$	Norm
ständige Lasten:			
Eigenlast	$g_k = 3{,}10\ \dfrac{kN}{m}$	$M_{g_k} = 24{,}80\ kNm$	DIN 1055-1
Ausbaulast	$\Delta g_k = 0{,}80\ \dfrac{kN}{m}$	$M_{\Delta g_k} = 6{,}40\ kNm$	DIN 1055-1
veränderliche Lasten:			
Schneelast	$s_k = 1{,}52\ \dfrac{kN}{m}$	$M_{s_k} = 12{,}16\ kNm$	DIN 1055-5
Windlast	$w_k = -0{,}64\ \dfrac{kN}{m}$	$M_{w_k} = -5{,}12\ kNm$	DIN 1055-4
Kies	$k_k = 1{,}40\ \dfrac{kN}{m}$	$M_{k_k} = 11{,}20\ kNm$	DIN 1055-3
Personenlast	$q_k = 0{,}75\ \dfrac{kN}{m}$	$M_{q_k} = 6{,}00\ kNm$	DIN 1055-3

Um Bemessungsmomente ermitteln zu können, werden die Kombinationsfaktoren und die Teilsicherheitsbeiwerte der Einwirkungen benötigt:

Kombinationsbeiwerte:

	ständige und vorübergehende Bemessungssituation im GZT	quasi-ständige Bemessungssituation im GZG
Verkehrslast auf Dach Kategorie H	$\psi_0 = 0{,}0$	$\psi_2 = 0{,}0$
Schnee	$\psi_0 = 0{,}5$	$\psi_2 = 0{,}0$
Wind	$\psi_0 = 0{,}6$	$\psi_2 = 0{,}0$
Kies (Sonstige)	$\psi_0 = 1{,}0$	$\psi_2 = 1{,}0$

Teilsicherheitsfaktoren:

Eigen- und Ausbaulasten	$\gamma_G = 1{,}35$
veränderliche Einwirkungen	$\gamma_Q = 1{,}5$

Grenzzustand der Tragfähigkeit GZT
Der Ansatz zur Ermittlung des Bemessungsmomentes für die ständige und vorübergehende Einwirkungskombination im GZT lautet hier:

$$M_{Ed} = \sum \gamma_G \cdot G_k + \gamma_Q \cdot Q_k + \sum_{i>1} \gamma_Q \cdot \psi_0 \cdot Q_{k_i}$$

Diese Formulierung lässt offen, welche veränderliche Einwirkung, das sind in diesem Fall Wind, Schnee, Nutzlast und Kies, die Leiteinwirkung ist. Deshalb müssen im Folgenden die Leiteinwirkungen variiert werden.

Leiteinwirkung Personenlast:

$$M_{Ed} = 1,35 \cdot (24,8 \text{ kNm} + 6,4 \text{ kNm}) + 1,5 \cdot 6 \text{ kNm}$$
$$+ 1,5 \cdot (1,0 \cdot 11,2 \text{ kNm} + 0,6 \cdot (-5,12 \text{ kNm}) \cdot 0 + 0,5 \cdot 12,16 \text{ kNm})$$
$$M_{Ed} = 77,04 \text{ kNm}$$

Leiteinwirkung Schneelast:

$$M_{Ed} = 1,35 \cdot (24,8 \text{ kNm} + 6,4 \text{ kNm}) + 1,5 \cdot 12,16 \text{ kNm}$$
$$+ 1,5 \cdot (1,0 \cdot 11,2 \text{ kNm} + 0,6 \cdot (-5,12 \text{ kNm}) \cdot 0 + 0 \cdot 6,0 \text{ kNm})$$
$$M_{Ed} = 77,16 \text{ kNm}$$

Leiteinwirkung Kies:

$$M_{Ed} = 1,35 \cdot (24,8 \text{ kNm} + 6,4 \text{ kNm}) + 1,5 \cdot 11,2 \text{ kNm}$$
$$+ 1,5 \cdot (0,5 \cdot 12,16 \text{ kNm} + 0,6 \cdot (-5,12 \text{ kNm}) \cdot 0 + 0 \cdot 6,0 \text{ kNm})$$
$$M_{Ed} = 68,04 \text{ kNm}$$

Leiteinwirkung Wind:
Diese Lastkombination braucht nicht überprüft werden, da diese Last hier günstig wirkt und somit die Lastkombination nicht maßgebend wird.

Das maßgebende Bemessungsmoment ergibt sich bei der Leiteinwirkung Schnee. Insgesamt liegen aber alle Bemessungsmomente relativ nah beieinander.

Grenzzustand der Gebrauchstauglichkeit GZG
Der Ansatz zur Ermittlung des Bemessungsmomentes für die quasi-ständige Einwirkungskombination lautet:

$$M_{Ed} = \sum G_k + \sum_{i>1} \psi_{2,i} \cdot Q_{k,i}$$

In dieser Formulierung existiert keine Leiteinwirkung mehr. Deshalb reicht eine Formel aus.

$$M_{Ed} = 24,8 \text{ kNm} + 6,4 \text{ kNm}$$
$$+ 1 \cdot 11,2 \text{ kNm} + 0 \cdot (-5,12 \text{ kNm}) \cdot 0 + 0 \cdot 12,16 \text{ kNm} + 0 \cdot 6,0 \text{ kNm}$$
$$M_{Ed} = 42,4 \text{ kNm}$$

Das Verhältnis zwischen dem maßgebenden Bemessungsmoment in der quasi-ständigen Einwirkungskombination im Grenzzustand der Gebrauchstauglichkeit und der ständigen und vorübergehenden Einwirkungskombination im Grenzzustand der Tragfähigkeit beträgt

$$\frac{M_{Ed,GZG}}{M_{Ed,GZT}} = \frac{42,4 \text{ kNm}}{77,16 \text{ kNm}} \cdot 100\% = 55\% .$$

4 Biegebemessung

4.1 Allgemeines

Die Stahlbetonbemessung beruht auf den Erkenntnissen über die Festigkeitseigenschaften der eingesetzten Baustoffe und ist bzgl. der theoretischen Grundlagen weitgehend unabhängig von den aktuellen Vorschriften. Die Grundlagen der Bemessung können u. a. in Grasser (1994) oder Leonhardt et al. (1977–1986) nachgelesen werden. Ziel der Bemessung ist es, einen ausreichenden Sicherheitsabstand zwischen Gebrauchslast und rechnerischer Bruchlast zu gewährleisten.

Bei der Biegebemessung muss nachgewiesen werden, ob einer äußeren Belastung, die ein Moment erzeugt, ein ausreichend großer innerer Widerstand – hier ein inneres Moment – entgegengesetzt werden kann. Der Sachverhalt ist in Abb. 34 dargestellt.

Bei dem dargestellten statisch bestimmten Einfeldträger ist in Trägermitte das Biegemoment am größten. Der Balken biegt sich nach unten durch, an der Oberseite entstehen Druckspannungen, an der Unterseite

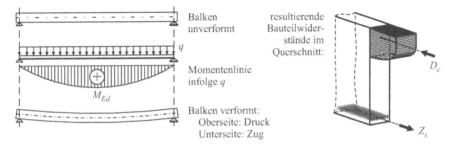

Abb. 34. Grundlagen der Biegebemessung

Zugspannungen. Das Bauteil kann dieser Belastung an der Oberseite die Betondruckfestigkeit entgegensetzen. An der Unterseite müssen Stahleinlagen die Zugspannungen aufnehmen. Das Kräftepaar aus Betondruckkraft D_c und Stahlzugkraft Z_s bildet das innere Moment. Sind die inneren Kräfte nach Lage und Größe bekannt, kann eine Aussage über die zulässige Belastung des Bauteils getroffen werden.

Diese Bauteilwiderstände sind resultierende Kräfte, die ein Spannungsfeld über einem bestimmten Flächenanteil des Gesamtquerschnittes repräsentieren. Größe und Lage der Resultierenden sind von den Materialeigenschaften (druck- und zugfest oder nur druckfest; ideal elastisch, elastisch-plastisch oder nichtlinear elastisch) abhängig. Mögliche Grenzfälle werden in den nächsten Abschnitten für den Rechteckquerschnitt besprochen.

Für die Biegebemessung werden folgende Vereinbarungen getroffen:

- Es wird ein linearer Dehnungsverlauf über die Querschnittshöhe vorausgesetzt (Hypothese von Bernoulli vom Ebenbleiben der Querschnitte).
- Die Zugfestigkeit von Beton wird nicht angerechnet. Es wird von Zustand II – gerissener Betonquerschnitt – ausgegangen.
- Es wird voller Verbund zwischen Stahleinlagen und Beton vorausgesetzt, d. h. in Höhe der Stahleinlagen gilt $\varepsilon_s = \varepsilon_c$.

Die Vorzeichenregeln für Schnittgrößen, Belastungen und Querschnittswerte allgemein lauten:

- Moment M: Absolutwert
- Längskraft N: positiv = Zugkraft, negativ = Druckkraft
- Querschnittswerte: Absolutwerte

Für die Angabe der inneren Kräfte sollen folgende Vorzeichenregeln gelten:

- ε_c und σ_c, ε_s und σ_s: als Absolutwerte
- innere Kräfte wie $D_{Ed,c}$ und $Z_{Ed,s1}$:   als Absolutwerte, Kraftrichtung entsprechend ihrer Wirkung als Druck- oder Zugkraft.

4.2 Spannungsverteilung am Biegebalken

Im Stahlbetonbau wird grundsätzlich zwischen zwei Zuständen unterschieden:

- Zustand I: Der Beton ist auch in der Zugzone ungerissen.
- Zustand II: Der Beton ist gerissen, Zugkräfte können nur noch vom Stahl aufgenommen werden.

Zur Erläuterung soll der Balken aus Abb. 34 dienen. Solange die untere Randspannung unter der Biegezugfestigkeit $f_{ct,fl}$ des Betons bleibt, ist der Querschnitt ungerissen. Das Bauteil befindet sich im Zustand I, s. Abb. 35 links. Die Spannungsnulllinie liegt bei Rechteckquerschnitten in der Schwerelinie des Bauteils.

Im Zustand I gilt für den Beton:

$$|\sigma_c| \leq f_{ct,fl} \tag{4.1}$$

Im Zustand I gilt für den Stahl:

$$\sigma_c^* = E_c \cdot \varepsilon_c^* \;\; = \;\; \sigma_s^* = E_s \cdot \varepsilon_s^*$$
$$\varepsilon_c^* = \varepsilon_s^* \tag{4.2}$$
$$\sigma_s^* = \frac{E_s}{E_c} \cdot \sigma_c^*$$

mit: * Querschnittsfaser, in der die Stahleinlagen in den Beton eingebettet sind

Wird die Last weiter gesteigert, vergrößern sich die Verformungen, bis die Zugfestigkeit des Betons an der Unterseite des Balkens überschritten wird. Der Querschnitt beginnt, an der maximal beanspruchten Stelle oder an Stellen mit lokalen Schwachstellen zu reißen. Das Bauteil geht in den Zustand II über, s. Abb. 35 rechts. Der wirksame Querschnitt besteht nur noch aus der Biegedruckzone und den Stahleinlagen.

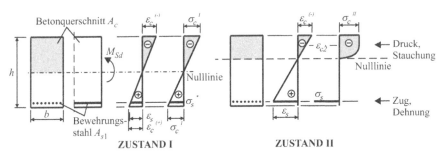

Abb. 35. Gegenüberstellung von Zustand I und Zustand II

4.3 Herleitung der Bemessungsgleichungen

4.3.1 Äußere und innere Kräfte

Bei der Biegebemessung werden Normalkräfte und Momente als äußere Kräfte berücksichtigt. Als Bezugsachse dient die Schwerachse des ungerissenen Betonquerschnitts. Durch die getroffenen Lastannahmen und die Schnittgrößenermittlung sind die äußeren Kräfte gut bekannt.

Die Bemessungsgleichungen sollen an einem einfach bewehrten Rechteckquerschnitt hergeleitet werden. „Einfach bewehrt" bedeutet, dass nur die Biegezugbewehrung A_{s1} eingelegt wird. Der Balken wird entsprechend Abb. 36 durch ein äußeres Moment M_{Ed} und eine äußere Normalkraft N_{Ed} beansprucht.

M_{Ed} und N_{Ed} wirken in der Schwerelinie des Bauteils. Sie können durch eine Normalkraft N ersetzt werden, die mit dem Hebelarm e außermittig angreift und in der Schwerelinie des Bauteils die gleiche Beanspruchung erzeugt wie zuvor M_{Ed} und N_{Ed}. Die mittleren zwei Bilder zeigen, wie zum einen eine Zugnormalkraft und zum anderen eine Drucknormalkraft anzuordnen ist. Im rechten Bild ist dargestellt, wie die äußeren Schnittgrößen auf die Schwerachse des Bewehrungsstahls bezogen werden, was für die Bemessung zweckmäßig ist. Das Moment um den Schwerpunkt der Stahleinlagen M_{Eds} besteht dann aus dem äußeren Moment M_{Ed} und einem Versatzmoment infolge des Verschiebens der Normalkraft in den Schwerpunkt der Stahleinlagen.

Die inneren Kräfte werden durch die Bauteilwiderstände aktiviert. Sie stehen mit den äußeren Kräften im Gleichgewicht. Beim einfach bewehrten Balken setzt sich die Summe der inneren Kräfte aus der Betondruckkraft $D_{Ed,c}$ und der Stahlzugkraft $Z_{Ed,s1}$ zusammen, Abb. 37.

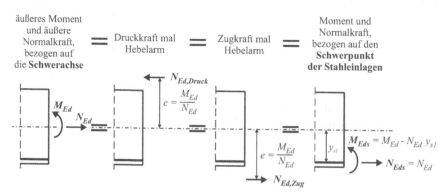

Abb. 36. Äußere Kräfte am einfach bewehrten Stahlbetonquerschnitt

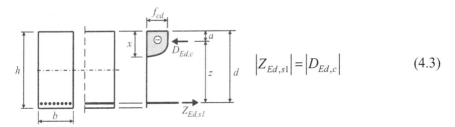

$$|Z_{Ed,sl}| = |D_{Ed,c}| \qquad (4.3)$$

Abb. 37. Innere Kräfte und Bezeichnungen am einfach bewehrten Stahlbetonquerschnitt

Begriffsbestimmungen und Erläuterungen zu Abb. 37:

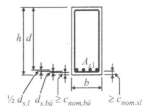

h Gesamthöhe des Querschnittes

b Breite des Querschnittes

d statische Nutzhöhe. Gemeint ist der Abstand vom Schwerpunkt der Stahleinlagen zum am meisten gedrückten Rand. Sie ist kleiner als die Bauteildicke h, da der Bewehrungsstahl von Beton überdeckt ist.

$b \cdot d$ Nutzquerschnitt

x Druckzonenhöhe. Das ist die Höhe der durch Druckspannungen beanspruchten Betonquerschnittsfläche.

z Hebelarm der inneren Kräfte. Das ist der Abstand vom Schwerpunkt der Stahleinlagen zur resultierenden Druckkraft $D_{Ed,c}$.

a Abstand der resultierenden Betondruckkraft vom meistgedrückten Rand.

Die Druckzonenhöhe kann mittels des Beiwertes ξ in Abhängigkeit von d angegeben werden, der Hebelarm der inneren Kräfte mittels des Beiwertes ζ und die Höhe der Druckzone mittels des Höhenbeiwertes k_a.

$$x = \xi \cdot d \qquad (4.4)$$

$$z = \varsigma \cdot d \qquad (4.5)$$

$$a = k_a \cdot x \qquad (4.6)$$

4.3.2   Lage und Größe der Stahlzugkraft

Resultierende Kräfte erhält man grundsätzlich durch Integration der materialspezifischen Spannungsverteilung über die jeweils beanspruchte Querschnittsfläche, beim Stahl also über den Bewehrungsquerschnitt, beim Beton über die gedrückte Betonfläche.

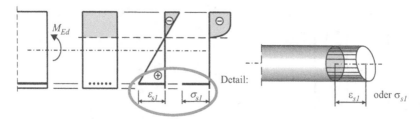

Abb. 38. Spannungs- und Dehnungsverteilung in einem Bewehrungsstab bei Biegung

Beim Bewehrungsstahl ist die resultierende Zugkraft einfach zu ermitteln, da die Spannungsverteilung im Stahl linear ist, Abb. 38. Erinnert sei an dieser Stelle an die Spannungs-Dehnungs-Linie für Bewehrungsstahl, wie sie in der DIN 1045-1 für die Bemessung festgelegt wurde.

Die Stahlzugkraft kann also mit Hilfe der Stahlspannung in der Schwerachse des Stahles bestimmt werden, wenn die Stahldehnung bekannt ist. Die Lage der Stahlzugkraft ist durch die gewählte Betondeckung festgelegt. Die innere Zugkraft kann wie folgt angegeben werden:

$$Z_{Ed,s1} = A_{s1} \cdot \sigma_s = \rho_l \cdot b \cdot d \cdot \sigma_s \qquad (4.7)$$

mit: A_{s1} Querschnittsfläche des Bewehrungsstahls

σ_s Spannung in der Schwerachse des Bewehrungsstahls

ρ_l auf den Nutzquerschnitt $b \cdot d$ bezogener Bewehrungsgehalt, auch geometrischer Längsbewehrungsgrad

$$\rho_l = \frac{A_{s1}}{b \cdot d} \qquad (4.8)$$

4.3.3 Lage und Größe der Betondruckkraft

Die Berechnung der Betondruckkraft ist aufgrund der i. d. R. nichtlinearen Spannungsverteilung in der Betondruckzone schwieriger. Um die genaue Größe dieser Resultierenden zu erhalten, muss über die Betonspannungsverteilung und die gedrückte Fläche integriert werden, Abb. 39 und Gl. (4.9).

$$D_c = b \cdot \int_{z=0}^{z=x} \sigma_c \, dz \qquad (4.9)$$

In der DIN 1045-1 ist der Verlauf des nichtlinearen Anteil der σ-ε-Linie von Beton mit Gl. (4.10) vorgegeben, siehe auch Abb. 12 in Kap. 2.2. Mit

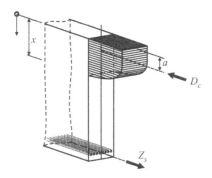

Abb. 39. Resultierende Druckkraft bei konstanter Querschnittsbreite

dieser Formel für die Spannungsverteilung sind Lage und Größe der Betondruckkraft eindeutig bestimmbar.

$$\sigma_c = f_{cd} \cdot \left[1 - \left(1 - \frac{\varepsilon_c}{\varepsilon_{c2}} \right)^n \right] \qquad \text{mit: } n = 2 \quad \text{für normalfesten Beton} \qquad (4.10)$$

Dieser Festlegung gingen aber viele Forschungsarbeiten und Diskussionen voraus, da die Ansichten über die Druckspannungsverteilung im Beton sehr weit auseinander gehen und vom Dreieck bis zum Rechteck reichen. Auf die aus Versuchen gewonnenen Spannungsverteilungen wurde schon im Abschn. 2.2 kurz hingewiesen: Es wurde festgestellt, dass sich daraus keine allgemein für alle Lastfälle und Betone gültige Spannungsverteilung ableiten lässt. Für die praktische Bemessung musste daher eine idealisierte Spannungsverteilung festgelegt werden, die die real vorhandene, unbekannte, beliebige Spannungsverteilung zufrieden stellend widerspiegeln kann. In ersten Traglastverfahren wurde die quadratische Parabel als Spannungsverteilung angenommen, während die Bemessungsverfahren nach ETV Beton (1980) von einer rechteckigen Spannungsverteilung in der Betondruckzone ausgingen. Die nun in DIN 1045-1 vorgestellte Formulierung stimmt mit den Annahmen in der alten DIN 1045 überein, wurde aber für Leichtbetone und hochfeste Betone erweitert.

Die Betondruckkraft kann abweichend von Gl. (4.10) auch wie folgt angegeben werden. Dabei wird die Nichtlinearität der Druckspannungsverteilung durch den Völligkeitsbeiwert α berücksichtigt.

$$D_{Ed,c} = b \cdot x \cdot \alpha \cdot \sigma_{Edc,R} \qquad (4.11)$$

mit: $\sigma_{Edc,R}$ Druckspannung am äußeren Rand des Betonquerschnitts. Die maximal zulässige Betonrandspannung ist der Bemessungswert der Betondruckkraft. Es gilt $\sigma_{Edc,R} \leq f_{cd}$.

α Beiwert zur Beschreibung der Völligkeit der Spannungsverteilung in der Betondruckzone, $0 \le \alpha \le 1$.

Die maximale resultierende Druckkraft $D_{Ed,c}$ in einem Betonquerschnitt
wird durch eine zentrische Druckbelastung erzeugt. In diesem Fall ist
die Spannungsverteilung in der Betondruckzone rechteckförmig, d. h. der
Beton wird in der gesamten Druckzone mit der maximal möglichen Stauchung ausgenutzt. Die Spannungsverteilung weist ihre größtmögliche Völligkeit auf: Es gilt $\alpha = 1,0$. Die daraus resultierende maximale Betondruckkraft greift in diesem Spezialfall im geometrischen Schwerpunkt des
Querschnitts an. Der Beiwert α ist also ein Kennwert für die Auslastung
der Betondruckzone. In Abb. 40 sind verschiedene Spannungsverteilungen
mit den dazugehörigen Völligkeitsbeiwerten zusammengestellt.

Es müssen aber auch solche Bemessungsfälle berücksichtigt werden, bei
denen der Querschnitt nur gering ausgelastet wird. Die maximale Randstauchung erreicht hier den Bemessungswert der Druckfestigkeit f_{cd} nicht.
Um neben der Völligkeit auch diesen Einfluss erfassen zu können, wird α
in α' überführt, Gl. (4.12).

$$\alpha' = \alpha \cdot \frac{\sigma_c}{f_{cd}} \tag{4.12}$$

In Abb. 40 ist ebenfalls der Abstand a der Resultierenden vom meistgedrückten Rand, durch den die genaue Lage von $D_{Ed,c}$ definiert wird, eingezeichnet.

Alle in Abb. 40 dargestellten Spannungsverteilungen lassen sich durch
rechteckförmige Spannungsverteilungen so ersetzen (im Bild grau dargestellt), dass sich weder der Schwerpunkt, noch der Angriffspunkt der resultierenden Betondruckkraft beider Verteilungen unterscheiden. Eine solche
Substitution erzeugt rechteckförmige Spannungsverteilungen, die bei der
Bemessung besonders leicht zu handhaben sind.

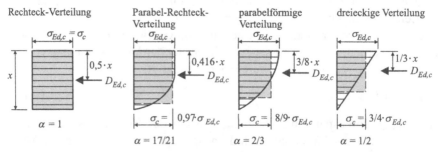

Abb. 40. Beispiele für die Völligkeit der Betondruckzone bei unterschiedlicher Spannungsverteilung

Alle benötigten Größen sind nun definiert. Die Gl. (4.13) lautet somit:

$$D_{Ed,c} = b \cdot x \cdot \alpha \cdot \sigma_{Edc,R} = b \cdot d \cdot \xi \cdot \alpha' \cdot f_{cd} \qquad (4.13)$$

Es soll noch die Beziehung

$$\alpha' \cdot \xi = \omega_1 \qquad (4.14)$$

eingeführt werden. Der Wert ω_1 eignet sich sehr gut als Leitwert für Bemessungstafeln, da er angibt, welcher Bruchteil der Nutzhöhe d zur Übertragung der durch die vorhandene Belastung hervorgerufenen Druckkraft bei Ansatz einer gleichmäßigen Betonspannung f_{cd} erforderlich ist. Es gilt also:

$$D_{Ed,c} = b \cdot d \cdot \xi \cdot \alpha' \cdot f_{cd} = b \cdot d \cdot \omega_1 \cdot f_{cd} \qquad (4.15)$$

4.3.4 Gleichgewichtsbedingungen und Bemessungsgleichungen

Um die Bemessung durchführen zu können, müssen die inneren Kräfte mit den Schnittgrößen infolge äußerer Belastung im Gleichgewicht stehen, Abb. 36. Es gilt:

Momentengleichgewicht um den Bewehrungsschwerpunkt: $(\Sigma M)_s = 0$

$$\begin{aligned} M_{Eds} &= M_{Ed} - N_{Ed} \cdot y_{s1} = D_{Ed,c} \cdot z \\ 0 &= M_{Eds} - D_{Ed,c} \cdot z \end{aligned} \qquad (4.16)$$

Normalkraftgleichgewicht: $\Sigma H = 0$

$$\begin{aligned} N_{Ed} &= Z_{Ed,s} - D_{Ed,c} \\ 0 &= Z_{Ed,s} - D_{Ed,c} - N_{Ed} \end{aligned} \qquad (4.17)$$

Für den Sonderfall reine Biegung vereinfachen sich die Gleichungen wie folgt:

Momentengleichgewicht: $(\Sigma M)_s = 0$

$$M_{Eds} = M_{Ed} = D_{Ed,c} \cdot z = b \cdot d^2 \cdot \omega_1 \cdot \varsigma \cdot f_{cd} \qquad (4.18)$$

Normalkraftgleichgewicht: $\Sigma H = 0$

$$\begin{aligned} Z_{Ed,s} &= D_{Ed,c} \\ b \cdot d \cdot \rho_l \cdot \sigma_s &= b \cdot d \cdot \omega_1 \cdot f_{cd} \\ \rho_l \cdot \sigma_s &= \omega_1 \cdot f_{cd} \end{aligned} \qquad (4.19)$$

Setzt man voraus, dass die äußeren Schnittgrößen, die Baustoffe und die Geometrie des Trägers bekannt sind, verbleiben als einzige Unbekannte Größe und Lage der Betondruckkraft $D_{Ed,c}$. Beides ist im Beiwert ω_1 enthalten. Eine geschlossene Lösung des Problems ist nicht möglich. Mittels einer guten Schätzung oder durch Iteration der Dehnungsverteilung über die Trägerhöhe können alle unbekannten Größen berechnet werden. Mit den Angaben aus Abb. 12 und aus Kap. 2.2 stehen aber die Verformungs- und Spannungswerte bei Nichtausnutzung der Tragfähigkeit der Betondruckzone bzw. der Bewehrung fest. Damit lassen sich alle Verformungen in Abhängigkeit von ω_1 errechnen, so dass mit ω_1 als Leitwert Bemessungstafeln aufgestellt werden können.

Alle bisher gemachten Ausführungen galten für den Rechteckquerschnitt. Für Kreis-, Kreisring- und Dreieckquerschnitte lassen sich die erforderlichen Bemessungsgleichungen in gleicher Weise ableiten, ebenso für Querschnitte mit Druckbewehrung (Kap. 4.4.3).

4.3.5 Kritische Zustände und Grenzen für die Biegebemessung

Wenn der Verformungszustand bekannt ist, können also die Betondruckkraft nach Lage und Größe und damit auch die Bewehrungsmenge bestimmt werden. Mit der Annahme einer ideellen rechteckförmigen Spannungsverteilung in der Betondruckzone kann ein brauchbares Bemessungsverfahren aufgestellt werden. Was muss aber beispielsweise beachtet werden, wenn der Beton in seiner Tragfähigkeit nur gering ausgelastet wird? Was ist zu beachten, wenn die Spannung im Bewehrungsstahl deutlich unter die Streckgrenze sinkt?

Im Zusammenhang mit der Bemessung interessiert in erster Linie der Grenzzustand, der durch Grenzwerte für die Randverformungen ε_s und/oder ε_c im Erschöpfungszustand (Bruchzustand) bestimmt wird. Unter Gebrauchslast können Anforderungen an die Rissbreite, die Durchbiegung oder die Stahlspannung bei Ermüdungsbeanspruchung abweichende Grenzen erfordern.

Bei Biegung wird der Bruchzustand dadurch bestimmt, dass an einem Querschnittsrand die Betonstauchung $\varepsilon_c = -3{,}5\ ‰$ (Normalbeton bis C 50/60, sonst geringer) oder in der Zugbewehrung die maximale Stahldehnung von $\varepsilon_s = 25\ ‰$ erreicht wird. Beide Grenzwerte können auch gleichzeitig auftreten (siehe Abb. 17).

Der Grenzwert für die größte Stahldehnung max $\varepsilon_s = 25\ ‰$ ergibt sich aus der Forderung, die zulässigen Rissbreiten und die Durchbiegung zu beschränken. Er entspricht der bisherigen europäischen Normung und gilt einheitlich für den in der DIN 1045-1 genormten Betonstahl. In der alten

DIN 1045 war diese Grenze mit 5 ‰ festgelegt, was bei der Verwendung von veralteten Bemessungstafeln unbedingt berücksichtigt werden muss.

Die Festlegung einer Grenzstauchung für Beton ist wesentlich schwieriger. Die maximale Betonstauchung kann in Abhängigkeit von Querschnittsform, Belastungsgeschwindigkeit und Belastungsdauer zwischen $-2 \ldots -5$ ‰ für normalfesten Normalbeton schwanken, s. a. Kap. 2.2. Für mittige Druckbeanspruchung kann z. B. auf Grund der Versuchsergebnisse von Rüsch et al. (1968) eine Bruchstauchung von -2 ‰ als feststehend angenommen werden. Dabei versagen sämtliche Fasern des Querschnitts unter Bruchlast gleichzeitig.

Bei Biegung tritt zuerst nur in der Randfaser der Biegedruckzone eine Erschöpfung der Tragfähigkeit ein. Durch Gefügelockerungen in diesem Bereich verlagern sich Kräfte nach innen, wodurch sich gleichzeitig auch die Nulllinie zum gezogenen Rand hin verschiebt. Die Ausnutzbarkeit der Betondruckzone steigt, indem die weiter innen liegenden Bereiche aktiviert werden. Ausgehend von dieser Erkenntnis hat sich für die Biegebeanspruchung allgemein die Annahme von $\varepsilon_{c2u} = -3,5$ ‰ als kritische Randstauchung für Normalbeton bis zu einer Festigkeitsklasse C 50/60 durchgesetzt, wobei die Spannungen entsprechend den Angaben in Abb. 12 den Stauchungen zugeordnet werden. Bei hochfesten Betonen sinkt die zulässige Bruchstauchung.

Wenn die Dehnungsnulllinie den Querschnitt verlässt (Druckkraft mit kleiner Exzentrizität), sinkt die zugelassene Randstauchung am höher beanspruchten Rand von $-3,5$ ‰ auf den für mittige Druckbeanspruchung feststehenden Wert von -2 ‰ ab. Normalbeton darf bei kleiner Exzentrizität ($e_d/h \leq 0,1$) bis zu einer Randstauchung von $-2,2$ ‰ ausgenutzt werden.

Eine untere Grenze bei der Biegebemessung gibt es quasi nicht. Eine gewisse Mindestbewehrungsmenge dient aber der Sicherstellung der Gebrauchstauglichkeit und Dauerhaftigkeit und wird näher in Kap. 8. behandelt wird.

Eine obere Grenze für die Beanspruchung eines Biegebauteils entsteht durch die Forderung, dass eine ausreichende Duktilität sichergestellt werden muss, um einem plötzlichen, spröden Bauteilversagen vorzubeugen. Die Gefahr eines Sprödbruches besteht, wenn die Ausnutzung des Querschnittes extrem hoch ist, d. h. die Betondruckzone sehr groß ist. Die Spannungsnulllinie verschiebt sich zum weniger gedrückten Rand hin, die Auslastung des Bewehrungsstahls wird unwirtschaftlich, da sie unter die Streckgrenze sinkt. Um diesem Fall vorzubeugen, wird z. B. der gesamte Querschnitt vergrößert, eine höhere Betonfestigkeitsklasse gewählt oder die Tragfähigkeit der Druckzone durch Bewehrungsstahl erhöht, man spricht dann von doppelter oder von Druckbewehrung, siehe Kap. 4.4.3.

Wird nach linear-elastischer Ermittlung der Schnittgrößen die Druckzonenhöhe wie folgt begrenzt, können diese Maßnahmen entfallen, eine ausreichende Verformungsfähigkeit gilt als sichergestellt.

$$\xi = \frac{x}{d} = 0,45 \qquad \text{bis C 50/60} \tag{4.20a}$$

$$\xi = \frac{x}{d} = 0,35 \qquad \text{ab C 55/67} \tag{4.20b}$$

Nach DIN 1045-1 gelten diese Grenzen für Durchlaufträger, deren Stützweiten sich maximal um den Faktor 2 voneinander unterscheiden, für vorwiegend auf Biegung beanspruchte Riegel von Rahmen o. ä. Bauteile oder für durchlaufende, in Querrichtung kontinuierlich gestützte Platten, sofern keine geeigneten konstruktiven Maßnahmen zur Sicherstellung ausreichender Duktilität getroffen werden. Zu solchen Maßnahmen zählt z. B. eine Umschnürung der Druckzone durch eine enge Verbügelung. Werden die Konstruktionsregeln zur Querbewehrung nach DIN 1045-1 eingehalten, gelten die Bedingungen für eine ausreichende Verformungsfähigkeit als erfüllt und der Grenzwert erhöht sich auf

$$\xi = \frac{x}{d} = 0,617 \qquad \text{bis C 50/60} \tag{4.20c}$$

Diese Druckzonenhöhe wird erreicht, wenn der Beton mit −3,5 ‰ voll ausgenutzt ist, der Stahl aber lediglich bis zur Streckgrenze ε_{yd}.

4.4   Ausgewählte Bemessungsverfahren

4.4.1   Allgemeines

Am einfachsten sind Bemessungstafeln oder -diagramme zu handhaben. Diese wurden erstellt, indem innerhalb der zulässigen Verformungsgrenzen für verschiedene Dehnungsverteilungen die aufnehmbaren Bruchschnittgrößen ermittelt und tabellarisch oder grafisch zusammengefasst wurden. Um solche Bemessungshilfsmittel weitgehend unabhängig von Querschnittsdimensionen und Materialkennwerten handhaben zu können, werden dimensionslose Größen für Normalkraft und Moment eingeführt.
Die bezogene Normalkraft wird ermittelt gemäß:

$$n = \frac{N_{Ed}}{f_{cd} \cdot b \cdot d} = \alpha \cdot \xi = \rho_l \cdot \frac{f_{yd}}{f_{cd}} \tag{4.21}$$

und das bezogene Moment ergibt sich zu:

$$\mu_{Eds} = \frac{M_{Eds}}{b \cdot d^2 \cdot f_{cd}} = \omega_1 \cdot \varsigma = \xi \cdot \varsigma \cdot \alpha' \qquad (4.22)$$

Mit bezogenen Schnittgrößen erhält man von den Festigkeiten und Querschnittsabmessungen unabhängige Gleichungen. Sie beziehen sich auf einen Einheitsquerschnitt mit den Abmessungen $b = d = 1$ m und der Betonfestigkeit $f_{cd} = 1$ MN/m². Gleichung (4.22) gilt für alle Belastungsfälle von der reinen Biegung ($N_{Ed} = 0$, $M_{Ed} = M_{Eds}$) bis zur mittigen Druckkraft ($M_{Ed} = 0$, $M_{Eds} = -N_{Ed} \cdot y_{s1}$) und ist die allgemeinste, von allen Baustoffeigenschaften unabhängige Darstellung des Momentengleichgewichts.

4.4.2 ω_1-Verfahren für einfach bewehrte Rechteckquerschnitte

Das ω_1-Verfahren ist ein solches dimensionsloses Verfahren. Als Eingangswerte für die Berechnung müssen folgende Größen bekannt sein:

- Bemessungswerte der Schnittgrößen infolge äußerer Belastung N_{Ed} und M_{Ed}
- Geometrie des Betonquerschnittes und statische Nutzhöhe d
- Materialkennwerte für Beton und Stahl f_{cd} und f_{yd}.

Die Bemessungstafeln sind wie in Tabelle 18 zu sehen aufgebaut. Ausführlichere Tabellen enthält der Anhang (Tabelle 45–46).

Tabelle 18. Tafel für die Biegebemessung von Rechteckquerschnitten bei einfacher Bewehrung für Betone bis zu einer Festigkeitsklasse C 50/60, Auszug

μ_{Eds} [−]	ω_1 [−]	$\xi = x/d$ [−]	$\zeta = z/d$ [−]	ε_{c2} [‰]	ε_{s1} [‰]	σ_{s1} [N/mm²]
0,01	0,0101	0,030	0,990	−0,77	25,00	434,8
0,02	0,0203	0,044	0,985	−1,15	25,00	434,8
...	...	...	...	...	...	...
0,36	0,4768	0,589	0,755	−3,50	2,44	434,8
0,371	0,4994	0,617	0,743	−3,50	2,175	434,8

Mit Gln. (4.16), (4.22) und (4.23)

$$M_{Eds} = M_{Ed} - N_{Ed} \cdot y_{s1}$$

$$\mu_{Eds} = \frac{M_{Eds}}{b \cdot d^2 \cdot f_{cd}}$$

$$A_{s1} = \omega_1 \cdot b \cdot d \cdot \frac{f_{cd}}{\sigma_{s1}} + \frac{N_{Ed}}{\sigma_{s1}} \qquad (4.23)$$

Für den Bewehrungsstahl kann sowohl die Spannungs-Dehnungs-Linie ohne Verfestigung als auch mit Verfestigung angesetzt werden. Welche Linie gewählt wurde, ist leicht in der Spalte für die Stahlspannungen ablesbar.

Bei der Verwendung von Tafelwerken ist unbedingt zu beachten, dass ab einer Festigkeitsklasse von C 55/67 für jede Betonklasse extra Diagramme bzw. Tafeln verwendet werden müssen, da sich ab dort die zulässigen Grenzverformungen für Beton je Festigkeitsklasse ändern. Es ergeben sich folgende Arbeitsschritte bei der Bemessung:

- Bestimmen der Betondeckung c_{nom}, Schätzen der Stahldurchmesser für Biegezugbewehrung und, wenn nötig, Bügel oder Querbewehrung. Damit kann die statische Nutzhöhe d ermittelt werden.
- Ermittlung des auf den Bewehrungsschwerpunkt bezogenen Momentes M_{Eds} nach Gl. (4.16). Druckkräfte sind negativ, Zugkräfte positiv einzusetzen.
- Bildung des bezogenen Momentes μ_{Eds} nach Gl. (4.22).
- Ablesen der Beiwerte:
  ω_1 zur Ermittlung der Bewehrung
  ξ zur Überprüfung der Druckzonenhöhe bei Plattenbalken
  ζ zur Berechnung des inneren Hebelarms, z.B. für die Querkraftbemessung
  Zwischenwerte dürfen linear interpoliert werden.
- Ermittlung der Bewehrung nach Gl. (4.23)
- Wahl der Bewehrung unter Beachtung der statischen und konstruktiven Erfordernisse. Es sind z.B. minimale und maximale Stababstände zu beachten, Platz für Rüttellücken vorzusehen und die Einhaltung der Betondeckung sicherzustellen.

Im Folgenden werden einige nützliche Hinweis bezüglich der zu verwendenden Einheiten gegeben. Da die Bemessungsgrundwerte μ_{Eds}, ω_1, ξ, ζ und ρ_l frei von Einheiten sind, muss bei der Bemessung nach Tafeln mit einander entsprechenden Einheiten gearbeitet werden. Da die Festigkeiten f_{cd} und f_{yd} üblicherweise in [N/mm²] angegeben werden, empfiehlt es sich, diese Einheiten soweit wie möglich aufzunehmen:

- Spannungen in [MN/m²] = [N/mm²] = [MPa]
- Momente in [MNm]
- Längen in [m]

Da aber A_{s1} in [cm²] erhalten werden soll, sind in Gl. (4.23) b und d in [cm] einzusetzen bzw. zur Umrechnung von [m²] in [cm²] der Faktor 10^4 einzuführen.

4.4.3 Doppelt bewehrte Rechteckquerschnitte – Druckbewehrung

Bei sehr hoch beanspruchten Bauteilen kann es vorkommen, dass die Tragfähigkeit des Betons nicht ausreicht, um die Biegedruckkraft aufzunehmen. Das bezogene Moment ist sehr groß, die Biegezugbewehrung A_{s1} ist mit Werten unterhalb des Bemessungswertes der Streckgrenze f_{yd} nur gering ausgelastet. Damit wird die Konstruktion unwirtschaftlich. In einem solchen Fall ist es möglich, die Tragfähigkeit der Druckzone durch das Einlegen von Bewehrungsstahl zu erhöhen. Der Querschnitt erhält eine Druckbewehrung A_{s2}, auch doppelte Bewehrung genannt.

Die Anordnung von Druckbewehrung erhöht die Kosten und den Arbeitsaufwand und erschwert das Betonieren. Die Druckbewehrung muss sorgfältig durch Bügel gegen Ausknicken gesichert werden. Grundsätzlich sollte man bei reiner Biegung Druckbewehrung vermeiden. Ausnahmen sind besonders hoch beanspruchte Bereiche, z. B. lokale Querschnittseinengungen durch Öffnungen etc. Bei Biegung mit Längsdruckkraft und kleiner Exzentrizität ist Druckbewehrung jedoch erforderlich.

Die Bemessungsgleichungen können analog zum einfach bewehrten Querschnitt hergeleitet werden. Hier soll aber nur die Vorgehensweise bei der Bemessung erläutert werden. Die genaue Herleitung ist weiterführender Literatur zu entnehmen. Abbildung 41 verdeutlicht die Kräfteverteilung im Querschnitt.

Das bezogene Moment um den Schwerpunkt der Stahleinlagen M_{Eds} und das bezogene Moment μ_{Eds} werden wie beim ω_1-Verfahren für einfach

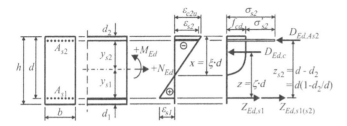

Abb. 41. Kräfte und Bezeichnungen am doppelt bewehrten Stahlbetonquerschnitt

bewehrte Querschnitte berechnet, Gln. (4.16) und (4.22). Die Bewehrungsquerschnitte berechnet man dann wie folgt:

Biegezugbewehrung: $A_{s1} = \omega_1 \cdot b \cdot d \cdot \dfrac{f_{cd}}{\sigma_{s1}} + \dfrac{N_{Eds}}{\sigma_{s1}}$ (4.24)

Druckbewehrung: $A_{s2} = \omega_2 \cdot b \cdot d \cdot \dfrac{f_{cd}}{\sigma_{s2}}$ (4.25)

Der Aufbau einer typischen Bemessungstafel ist in Tabelle 19 zu sehen. Wie schon beim ω_1-Verfahren sind die Tafeln abhängig von der Betonfestigkeitsklasse. Tafeln für Druckbewehrung unterscheiden sich außerdem noch hinsichtlich der Druckzonenhöhe, die jeweils durch ξ_{lim} definiert wird.

Tabelle 19. Tafel für die Biegebemessung von Rechteckquerschnitten mit Druckbewehrung für Betone bis zu einer Festigkeitsklasse C 50/60, Auszug

C 12/15 … C 50/60 und $\xi_{lim} = 0{,}617$

d_2/d	0,05		0,10		0,15		0,20	
σ_{s2d}	$-435{,}8\,\text{N/mm}^2$		$-435{,}5\,\text{N/mm}^2$		$-435{,}2\,\text{N/mm}^2$		$-435{,}0\,\text{N/mm}^2$	
μ_{Eds}	ω_1	ω_2	ω_1	ω_2	ω_1	ω_2	ω_1	ω_2
0,371	0,499	0	0,499	0	0,499	0	0,499	0
0,38	0,509	0,009	0,509	0,010	0,510	0,010	0,510	0,011
0,39	0,519	0,020	0,520	0,021	0,522	0,022	0,523	0,023
…	…	…	…	…	…	…	…	…
0,54	0,677	0,178	0,687	0,188	0,698	0,199	0,710	0,211
0,55	0,688	0,188	0,698	0,199	0,710	0,210	0,723	0,224

mit: $\varepsilon_{s1} = 2{,}175\,‰$ und $\sigma_{s1} = f_{yd}$

Dehnungen in [‰], Spannungen in [N/mm²]

Gln. (4.16), (4.22), (4.24) und (4.25):

$$M_{Eds} = M_{Ed} - N_{Ed} \cdot y_{s1}$$

$$\mu_{Eds} = \frac{M_{Eds}}{b \cdot d^2 \cdot f_{cd}}$$

$$A_{s1} = \omega_1 \cdot b \cdot d \cdot \frac{f_{cd}}{\sigma_{s1}} + \frac{N_{Ed}}{\sigma_{s1}}$$

$$A_{s2} = \omega_2 \cdot b \cdot d \cdot \frac{f_{cd}}{\sigma_{s2}}$$

Arbeitsschritte bei der Bemessung:

- Bestimmen der Betondeckung c_{nom}, Schätzen der Stahldurchmesser für die Biegezugbewehrung, die Druckbewehrung und die Bügel oder Querbewehrung. Damit kann die statische Nutzhöhe d ermittelt werden.
- Ermittlung des auf den Bewehrungsschwerpunkt bezogenen Momentes M_{Eds}. Druckkräfte sind negativ, Zugkräfte positiv einzusetzen.
- Bildung des bezogenen Momentes μ_{Eds} nach Gl. (4.22).
- Wahl der Tafel in Abhängigkeit von der Betonfestigkeit und der angestrebten Druckzonenhöhe. Wahl der Spalte mit Hilfe des Verhältnisses von Schwerpunktabstand der Druckbewehrung zum meistgedrückten Rand d_2 zu statischer Höhe d. Ablesen der Beiwerte:
  ω_1 zur Ermittlung der Biegezugbewehrung
  ω_2 zur Ermittlung der Druckbewehrung
  Zwischenwerte dürfen linear interpoliert werden.
- Ermittlung der Biegezugbewehrung und der Druckbewehrung nach den Gleichungen zu Tabelle 19.
- Wahl der Bewehrungen unter Beachtung der statischen und konstruktiven Erfordernisse. Es sind z. B. minimale und maximale Stababstände zu beachten, Platz für Rüttellücken vorzusehen und die Einhaltung der Betondeckung sicherzustellen.

Anmerkung: Bei der Anordnung von Druckbewehrung ist auf eine ausreichende Verbügelung der Druckzone zu achten!

4.4.4   Näherungsverfahren mit rechteckförmigen Spannungsverteilung

Nach Abb. 40 in Abschn. 4.3.3 lässt sich jede beliebige für die Betondruckzone angenommene Spannungsverteilung in ein gleichwertiges Rechteck mit gleicher Größe und gleicher Lage der Resultierenden umwandeln. Die DIN 1045-1 erlaubt die Anwendung einer konstanten Spannungsverteilung für die Querschnittsbemessung, wenn sowohl die zulässige Betonbruchspannung f_{cd} als auch die Höhe der Druckzone x abgemindert werden, Abb. 42.

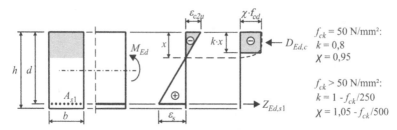

Abb. 42. Kräftegleichgewicht bei Anwendung der rechteckförmigen Spannungs-Dehnungs-Beziehung für Beton

Durch diese Vereinfachung ist mit den folgenden Formeln eine geschlossene Lösung des Biegeproblems ohne Bemessungstafeln möglich. Der Index „R" soll für „rechteckige Spannungsverteilung" stehen. Die Betondruckkraft und die Stahlzugkraft lauten:
zulässige Betondruckkraft:

$$D_{Ed,c} = b \cdot \chi \cdot f_{cd} \cdot k \cdot x = b \cdot f_{cd,R} \cdot x_R \qquad (4.26)$$

zulässige Stahlzugkraft:

$$Z_{Ed,s1} = A_{s1} \cdot f_{yd} \qquad (4.27)$$

Die Gleichgewichtsbedingungen ergeben:
Momentengleichgewicht:

$$M_{Eds} = D_{Ed,c} \cdot z = b \cdot f_{cd,R} \cdot x_R \cdot \left(d - \frac{x_R}{2} \right) \qquad (4.28)$$

Normalkraftgleichgewicht:

$$D_{Ed,c} = Z_{Ed,s1} = b \cdot f_{cd,R} \cdot x_R = A_{s1} \cdot f_{yd} \qquad (4.29)$$

Durch Umstellen des Momentengleichgewichtes kann man die Höhe der Druckzone bestimmen:

$$\frac{M_{Eds}}{b \cdot f_{cd,R}} = d \cdot x_R - \frac{x_R^2}{2} \quad \rightarrow \quad 0 = x_R^2 - d \cdot x_R + 2 \cdot \frac{M_{Eds}}{b \cdot f_{cd,R}}$$

$$x_{R,1/2} = d \pm \sqrt{d^2 - 2 \frac{M_{Eds}}{b \cdot f_{cd,R}}} \qquad (4.30)$$

Führt man die Größe μ_{EdsR} ein, Gl. (4.31),

$$\mu_{Eds,R} = \frac{M_{Eds}}{b \cdot d^2 \cdot f_{cd,R}} \tag{4.31}$$

ergibt sich:

$$\omega_{1R} = \frac{x_R}{d} = 1 - \sqrt{1 - 2 \cdot \mu_{Eds,R}} \leq 1,0 \tag{4.32}$$

Mit Hilfe des Normalkraftgleichgewichts kann nun die erforderliche Bewehrungsmenge bestimmt werden.

$$A_{s1} \cdot f_{yd} = b \cdot f_{cd,R} \cdot x_R = b \cdot f_{cd,R} \cdot d \cdot \omega_{1R}$$

$$A_{s1} = \omega_{1R} \cdot d \cdot b \cdot \frac{f_{cd,R}}{f_{yd}} \tag{4.33}$$

Durch Umstellen erhält man außerdem die Bestimmungsgleichung für die Druckzonenhöhe und den Hebelarm der inneren Kräfte.

$$x_R = \omega_{1R} \cdot d \tag{4.34}$$

$$z_R = \zeta_R \cdot d \tag{4.35}$$

Auch bei diesem Verfahren ist auf die Einhaltung der Grenzwerte für das Verhältnis x/d zu achten.

4.5 Plattenbalken

4.5.1 Tragverhalten

Ein Plattenbalken ist ein Balken, der monolithisch mit einer Platte verbunden ist. Man unterscheidet zwischen ein- und beidseitigen Plattenbalken (Abb. 43).

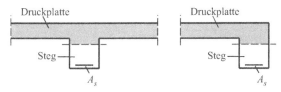

Abb. 43. Plattenbalken, links: beidseitig; rechts: einseitig

Ein auf Biegung beanspruchter Plattenbalken stellt ein hinsichtlich des Baustoffes Stahlbeton optimiertes Bauteil dar, wenn sich die Platte in der Druckzone befindet. Der „verbreiterte" Balken kann sehr hohe Druckkräfte übertragen, in dem schmaleren Steg können die Bewehrung zur Abtragung der Querkräfte und die Biegezugbewehrung untergebracht werden. Da Beton (fast) keine Zugkräfte aufnehmen kann, kann er in der Biegezugzone eingespart werden. Dadurch wird das Eigengewicht verringert.

Wie sich die gesamte Querschnittsbreite des Plattenbalkens an der Spannungsübertragung beteiligt, zeigt Abb. 44. Allerdings nimmt diese Beteiligung ab, wenn die Entfernung vom Steg zunimmt. Die Betonrandspannung ist also variabel über die Querschnittsbreite. Aus diesem veränderlichen Spannungskörper wird unter Beachtung der Biegesteifigkeit der Platte ein idealler Spannungskörper mit konstanter Randspannung und der ideellen Breite b_{eff} ermittelt. Diese ideelle Breite wird mitwirkende Plattenbreite genannt.

Die mitwirkende Plattenbreite ist eine Ersatzgröße für die Berechnung. Die resultierende Betondruckkraft aus der realen Spannungsverteilung über die gesamte Querschnittsbreite entspricht der resultierenden Druckkraft aus dem ideellen Spannungskörper mit der Breite b_{eff}. Dabei bleibt die Lage der Nulllinie im Steg unverändert, wie in Abb. 44 dargestellt. Die Lage der resultierenden Druckkraft verschiebt sich bei der ideellen Spannungsverteilung etwas vom meistgedrückten Rand weg, d. h. der Hebelarm wird kleiner und damit die berechnete Stahlmenge geringfügig größer.

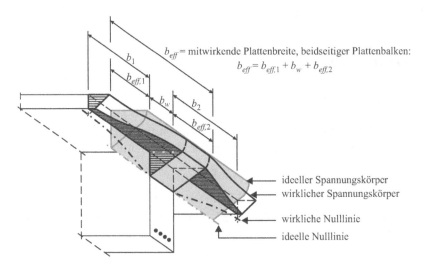

Abb. 44. Spannungskörper in der Druckzone eines T-Querschnitts

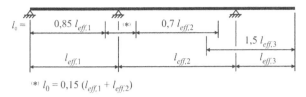

$(*)$ $l_0 = 0,15 \, (l_{eff,1} + l_{eff,2})$

Abb. 45. Wirksame Stützweite nach DIN 1045-1

Die Größe der mitwirkenden Plattenbreite ist z. B. abhängig von der Art der Belastung, den Auflagerbedingungen des Balkens, der Anzahl der Felder eines Trägers, der Stützweite und dem Steifigkeitsverhältnis zwischen Steg und Platte. Die mitwirkende Plattenbreite kann für biegebeanspruchte Plattenbalken unter gleichmäßiger Belastung nach DIN 1045-1 näherungsweise wie folgt ermittelt werden:

$$b_{eff} = \sum b_{eff,i} + b_w \qquad (4.36)$$

mit: $b_{eff,i} = 0,2 \cdot b_i + 0,1 \cdot l_0 \begin{cases} \leq 0,2 \cdot l_0 \\ \leq b_i \end{cases}$

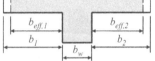

b_i tatsächlich vorhandene Gurtbreite

l_0 wirksame Stützweite

b_w Stegbreite

Die wirksame Stützweite l_0 entspricht dem Abstand der Momentennullpunkte. Bei gleichmäßig verteilten Einwirkungen und ungefähr gleichen Steifigkeitsverhältnissen des Trägers in den verschiedenen Feldern darf l_0 nach Abb. 45 ermittelt werden.

Damit kann ein Plattenbalken wie ein Rechteckquerschnitt mit der Breite b_{eff} (Platte in der Druckzone) bemessen werden, solange die Nulllinie in der Platte bleibt, d. h. der Querschnitt über die gesamte mitwirkende Breite gedrückt ist. Befindet sich die Platte in der Zugzone, ist die Stegdicke b_w für die Breite der Druckzone anzusetzen.

4.5.2   Berücksichtigung von Stegspannungen

Liegt die Nulllinie im Steg, muss der Steganteil besonders berücksichtigt werden, da bei den bisher angegebenen Gleichungen für die Biegebemessung immer von einem konstanten Rechteckquerschnitt ausgegangen wurde. Näherungsweise kann dieser Fall durch folgende Beziehung abgegrenzt werden

$$\omega_1 \text{ bzw. } \omega_{1R} \leq \varphi = \frac{h}{d}, \qquad (4.37)$$

weil im Bereich $\xi > \varphi$, aber $\omega_1 \leq \varphi$ die gleichen Bewehrungsflächen A_{s1} ermittelt werden wie mit einer exakten Berechnung unter Berücksichtigung der Stegspannungen. Ist die Bedingung nach Gl. (4.37) nicht mehr eingehalten, müssen die Stegspannungen berücksichtigt werden.

Das Näherungsverfahren mit Ansatz einer rechteckförmigen Spannungsverteilung soll hier vorgestellt werden. Zuerst wird der Plattenbalkenquerschnitt in den Platten- und den Steganteil aufgeteilt. Mit der Breite der Platte b_{Pl} kann berechnet werden, welches Moment der voll gedrückte Plattenanteil allein aufnehmen kann. Die Differenz zum Gesamtmoment muss dann der Steg übernehmen.

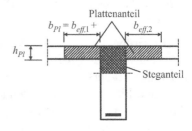

Plattenbreite:
$$b_{Pl} = b_{eff} - b_w = b_{eff,1} + b_{eff,2} \tag{4.38}$$

Plattenanteil:
$$M_{Eds,Pl} = D_{Ed,Pl} \cdot z_{Pl} = b_{Pl} \cdot h_{Pl} \cdot f_{cd,R} \cdot \left(d - \frac{h_{Pl}}{2} \right) \tag{4.39}$$

Steganteil:
$$M_{Eds,St} = M_{Eds} - M_{Eds,Pl} \tag{4.40}$$

Die Bewehrung kann für beide Anteile getrennt ermittelt werden. Zum Schluss wird sie addiert und insgesamt in den Steg eingelegt.

Plattenanteil:
$$D_{Ed,Pl} = Z_{Ed,Pl} \tag{4.41}$$

$$b_{Pl} \cdot h_{Pl} \cdot f_{cd,R} = A_{s1,Pl} \cdot f_{yd}$$

$$A_{s1,Pl} = \frac{b_{Pl} \cdot h_{Pl} \cdot f_{cd,R}}{f_{yd}} \tag{4.42}$$

Steganteil:
$$\mu_{Eds,R,St} = \frac{M_{Eds,St}}{b_w \cdot d^2 \cdot f_{cd,R}} \tag{4.43}$$

$$\omega_{1R,St} = 1 - \sqrt{1 - 2 \cdot \mu_{Eds,R,St}} \tag{4.44}$$

$$A_{s1,St} = \omega_{1R,St} \cdot d \cdot b_w \cdot \frac{f_{cd,R}}{f_{yd}} \tag{4.45}$$

Ein genaueres Verfahren kann z. B. in Löser et al. (1986) nachgelesen werden.

4.6 Bewehrungsführung und Konstruktionsregeln

Den Bestimmungen zur Mindestbewehrung überwiegend biegebean-spruchter Bauteile zur Sicherung eines duktilen Bauteilverhaltens liegt zugrunde, dass das Versagen eines Bauteils ohne Vorankündigung bei der Erstrissbildung verhindert werden muss. Für Stahlbetonbauteile gilt diese Bedingung als erfüllt, wenn die Grundsätze zur Mindestbewehrung nach DIN 1045-1, Abschn. 13.1.1 eingehalten werden. Die Mindestbewehrung ist für das Rissmoment mit dem Mittelwert der Zugfestigkeit f_{ctm} zu ermitteln. Die Stahlspannung darf mit $\sigma_s = f_{yk}$ angenommen werden. Dieser Nachweis des duktilen Bauteilverhaltens entspricht sinngemäß dem unteren Grenzwert min ω_1, der beim ω_1-Verfahren nach alter DIN 1045 zu beachten war.

Für einen Rechteckquerschnitt berechnet man das Rissmoment im Zustand I kurz vor dem Erstriss nach Gl. (4.46).

$$M_R = f_{ct} \cdot W = f_{ctm} \cdot \frac{b \cdot h^2}{6} \qquad (4.46)$$

mit: $W = \dfrac{b \cdot h^2}{6}$ Widerstandsmoment für Rechteckquerschnitt im Zustand I

Das Rissmoment im Zustand II erhält man nach Gl. (4.47).

$$M_R = A_s \cdot \sigma_{sR} \cdot 0{,}8 \cdot h = A_s \cdot f_{yk} \cdot 0{,}8 \cdot h \qquad (4.47)$$

Durch Gleichsetzen der beiden Formeln ergibt sich die erforderliche Mindestbewehrung für das Rissmoment zu

$$\text{erf } A_s = \frac{f_{ctm} \cdot b \cdot h^2}{6 \cdot f_{yk} \cdot 0{,}8 \cdot h} = \frac{f_{ctm}}{f_{yk}} \cdot \frac{b \cdot h}{4{,}8} \qquad (4.48)$$

Meist wird die hiermit errechnete Mindestbewehrung nicht maßgebend, da aus der Biegebemessung oder aus dem Nachweis zur Beschränkung der Rissbreite eine höhere Bewehrungsmenge resultiert.

In jedem Fall sind aber die Konstruktionsregeln zur Mindestbewehrung nach DIN 1045-1 zu beachten. Folgende Grundsätze müssen eingehalten werden:

- Die Mindestbewehrung ist gleichmäßig über die Breite und anteilig über die Höhe der Zugzone zu verteilen.
- Die im Feld einzulegende Mindestbewehrung ist grundsätzlich zwischen den Auflagern durchzuführen, unabhängig von den Regelungen der Zugkraftdeckung, Kap. 6.

- Über den Innenauflagern durchlaufender Konstruktionen ist die oben liegende Mindestbewehrung in beiden anschließenden Feldern mindestens über eine Länge von ¼ der Stützweite einzulegen, bei Kragarmen über die gesamte Kraglänge.
- Die Mindestbewehrung ist an den End- und Zwischenauflagern mit der Mindestverankerungslänge zu verankern, s. Abschn. 7.4 und Gln. (7.9) und (7.10).

Bei hoch bewehrten Balken, bei denen das Verhältnis $x/d = 0{,}45$ (bis zu einer Festigkeitsklasse von C 50/60) überschritten wurde, ist eine Umschnürung der Biegedruckzone anzuordnen. Bei Verwendung von Bügeln müssen diese einen Mindestdurchmesser von 10 mm besitzen. Der maximale Stababstand s_{max} muss entsprechend Tabelle 21, Kap. 5.5 unterste Zeile bestimmt werden.

Schließlich gibt es noch eine obere Grenze für den Bewehrungsgehalt in einem Querschnitt, der auch im Bereich von Übergreifungsstößen nicht überschritten werden darf:

$$\max A_s = 0{,}08 \cdot A_c \tag{4.49}$$

Oft werden bei der Idealisierung der Tragwerke real vorhandene Randeinspannungen rechnerisch nicht erfasst. Das ist z. B. der Fall, wenn an den Endauflagern ein Gelenk und damit eine freie Verdrehbarkeit des Balkens oder einer Platte angenommen wird, obwohl durch aufgehende Wände die Verformungsfähigkeit eingeschränkt ist. In einem solchen Fall sind die Endauflager für folgendes Stützmoment zu bemessen.

$$M_{Endauflager} \geq 0{,}25 \cdot M_{Feld} \tag{4.50}$$

Die ermittelte Bewehrung muss vom Auflagerrand aus mindestens über ¼ der Länge des Endfeldes eingelegt werden.

Bei der Verwendung von Einzelstäben oder von Stabbündeln mit d_s (bzw. d_{sV}) > 32 mm ist eine Hautbewehrung anzuordnen. Die Bestimmungen sind in DIN 1045-1, Kap. 13.2.4 nachzulesen.

Bei Plattenbalken geht man davon aus, dass sich Anteile der gedrückten Platte an der Abtragung des Biegemomentes beteiligen. Liegt die Platte im Biegezugbereich, müsste sie sich also auch an der Ableitung von Zugkräften beteiligen. Das wird durch das Auslagern der Biegezugbewehrung vom Bereich über dem Steg in die Platte erreicht. Laut DIN 1045-1 darf die Biegezugbewehrung maximal über die halbe mitwirkende Plattenbreite verteilt werden.

Zum besseren Verständnis, welche Bewehrungen in Plattenbalken eingebaut werden müssen, dient Abb. 46.

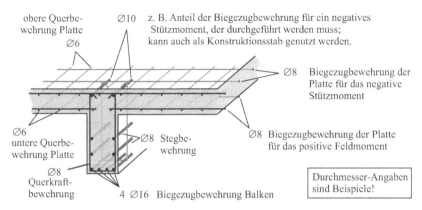

Abb. 46. Beispiel für die Anordnung von Bewehrung in einem Plattenbalken (Feldbereich eines Trägers)

Die folgenden Bestimmungen gelten für Ortbeton-Vollplatten mit einer Breite von $b \geq 4 \cdot h$. Für die Biegezugbewehrung bei Platten gelten folgende Grundsätze:

- Längsbewehrung, maximaler Stababstand s:
  max s = 250 mm bei $h \geq 250$ mm
  max s = 150 mm bei $h \leq 150$ mm
  Zwischenwerte sind linear zu interpolieren.
- Querbewehrung, maximaler Stababstand s: $s \leq 250$ mm
- freie ungestützte Ränder sind durch Steckbügel einzufassen außer bei Fundamenten oder innen liegenden
  Bauteilen des üblichen Hochbaus.
- freie ungestützte Ränder sind durch Steckbügel einzufassen außer bei Fundamenten oder innen liegenden Bauteilen des üblichen Hochbaus.
- konstruktive Einspannbewehrung wie bei Balken, siehe oben
- Querbewehrung $a_{s,quer}$ einachsig gespannter Platten:
  $a_{s,quer} \geq 20\,\%$ der Längsbewehrung a_{sl}
  $d_{s,quer} \geq 5$ mm bei Matten

Ansonsten sind sinngemäß die Bestimmungen für Balken und Plattenbalken einzuhalten.

Weiterhin sind folgende konstruktive Regeln zur Mindestdicke von Platten zu beachten:

- Vollplatten allgemein: 7 cm
- mit Querkraftbewehrung (Aufbiegungen):   16 cm
- mit Querkraftbügelbewehrung: 20 cm.

4.7   Beispiele Biegebemessung

4.7.1   Ermittlung der Biegebewehrung

Für eine Kragplatte soll die Biegezugbewehrung ermittelt werden. Der Kragarm besitzt eine Länge von 1,9 m und eine Dicke von 0,26 m. Am freien Ende des Kragarms wirkt eine Nutzlast in Form einer Linienlast in Querrichtung von 40 kN/m. Die Breite des Kragarmes beträgt 1 m.

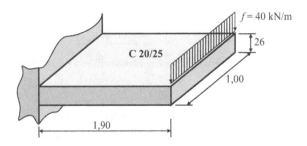

Bei Platten wird die Bemessung i. d. R. für einen Plattenstreifen von 1 m Breite durchgeführt.

Schnittgrößen:
Das Stützmoment an der Einspannung infolge Linienlast beträgt:

$$M_{Qk} = f \cdot l = 0,04 \text{ MN/m} \cdot 1,9 \text{ m} = 0,076 \text{ MNm/m}$$

Das Stützmoment infolge Eigengewicht des Kragarms ergibt sich zu:

$$M_{Gk} = \gamma \cdot d \cdot l \cdot \frac{l}{2} = 25 \text{ kN/m}^3 \cdot 0,26 \text{ m} \cdot \frac{(1,90 \text{ m})^2}{2} = 0,0117 \text{ MNm/m}$$

Für die Biegebemessung im GZT wird das Moment unter ständiger und vorübergehender Einwirkungskombination benötigt. Dafür ergibt sich:

$$M_{Ed} = \gamma_G \cdot M_G + \gamma_Q \cdot M_Q$$
$$= 1,35 \cdot 0,0117 \text{ MNm/m} + 1,5 \cdot 0,076 \text{ MNm/m} = 0,129 \text{ MNm/m}$$

Baustoffe:

Beton: C 20/25 mit $f_{cd} = \alpha \cdot \dfrac{f_{ck}}{\gamma_c} = 0,85 \cdot \dfrac{20}{1,5} = 11,33 \text{ N/mm}^2$

Betonstahl: BSt 500 S mit $f_{yd} = \dfrac{f_{yk}}{\gamma_s} = \dfrac{500}{1,15} = 434,8 \text{ N/mm}^2$

Geometrie:

Betondeckung $c_{nom} = 3$ cm

Durchmesser Bügel $d_{s.bü} = 1$ cm (geschätzt, für Steckbügel an

den freien Rändern)

Durchmesser Hauptbewehrung $d_{sl} = 2$ cm (geschätzt)

statische Nutzhöhe: $d = h - c_{nom} - d_{s,bü} - \dfrac{1}{2}d_{sl} = 26 - 3 - 1 - \dfrac{2}{2} = 21$ cm

Biegebemessung:

Für das bezogene Moment erhält man:

$$\mu_{Eds} = \frac{M_{Eds}}{b \cdot d^2 \cdot f_{cd}} = \frac{0,129 \text{ MNm}}{1 \cdot 0,21^2 \text{ m}^3 \cdot 11,33 \text{ MN/m}^2} = 0,258$$

Aus der Bemessungstabelle wird ω_1 abgelesen oder gegebenenfalls interpoliert, wie es in diesem Beispiel nötig ist.

C 12/15 … C 50/60						
μ_{Eds}	ω_1	$\xi = x/d$	$\zeta = z/d$	ε_{c2} [‰]	ε_{s1} [‰]	σ_{s1} [N/mm²]
0,25	0,2946	0,364	0,849	6,12	−3,50	434,8
0,26	0,3091	0,382	0,841	5,67	−3,50	434,8

Interpolation für ω_1:

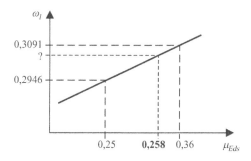

$$\omega_1^{(\mu_{Eds}=0,258)} = \omega_1^{(\mu_{Eds}=0,25)} + \frac{0,258 - 0,25}{0,26 - 0,25} \cdot \left[\omega_1^{(\mu_{Eds}=0,26)} - \omega_1^{(\mu_{Eds}=0,25)} \right]$$

$$= 0,2946 + \frac{0,258 - 0,25}{0,26 - 0,25} \cdot \left[0,3091 - 0,2946 \right]$$

$$= 0,3062$$

Damit kann nun die Bewehrung berechnet werden:

$$a_{s1} = \omega_1 \cdot b \cdot d \cdot \frac{f_{cd}}{f_{yd}}$$

$$= 0,3062 \cdot 21 \text{ cm} \cdot 100 \text{ cm} \cdot \frac{11,33 \text{ N/mm}^2}{434,8 \text{ N/mm}^2} = 16,8 \text{ cm}^2/\text{m}$$

Zur Festlegung der Bewehrung nutzt man am besten eine Tafel (siehe Anhang Tabelle 47 und Tabelle 48):

	Stabdurchmesser d_s in mm					Anzahl Stäbe pro [m]
	14	16	20	25	28	
...	...	...	...	...	...	...
12,5	...	16,08	25,13	39,27	...	8
15	...	13,41	20,95	32,74	...	6,67
20	7,70	10,05	15,71	24,54	30,79	5
...	...	...	...	...	...	...

(Stababstand in [cm])

Entsprechend der Tabelle kann man die erforderlichen 16,8 cm^2 mit Stäben $\varnothing$ 20 mm im Abstand von 15 cm realisieren (20,95 cm^2). Damit sind auch die Bestimmungen für minimale und maximale Stababstände für die Längsbewehrung eingehalten:

$$s = 15 \text{ cm} > \begin{cases} \min s = 2 \text{ cm} \\ d_s = 2 \text{ cm} \end{cases}$$

$$s = 15 \text{ cm} < \max s = 20 \text{ cm bei } h = 20 \text{ cm}$$

4.7.2   Vergleich ω_1-Verfahrens und Näherungsverfahren

Anhand eines Beispiels sollen das genauen ω_1-Verfahrens mit dem Näherungsverfahren mit rechteckiger Spannungsverteilung verglichen werden.

gegeben:
Biegemoment: $M_{Eds} = 257$ kNm
Geometrie: $d = 40$ cm und $b = 30$ cm
Beton: C 35/45 mit $f_{cd} = \alpha \cdot \frac{f_{ck}}{\gamma_c} = 0,85 \cdot \frac{35}{1,5} = 19,8$ N/mm^2

Stahl: BSt 500 S(A) mit $f_{yd} = \frac{f_{yk}}{\gamma_s} = \frac{500}{1,15} = 434,8$ N/mm^2

ω_1-*Verfahren:*

bezogenes
Moment:

$$\mu_{Eds} = \frac{M_{Eds}}{b \cdot d^2 \cdot f_{cd}} = \frac{0,257 \text{ MNm}}{0,3 \cdot 0,4^2 \text{ m}^3 \cdot 19,8 \text{ MN/m}^2} = 0,270$$

Beiwerte:

$$\omega_1 = 0,3239$$

$$\xi = 0,400 \rightarrow x = \xi \cdot d = 0,400 \cdot 40 \text{ cm} = 16,0 \text{ cm}$$

$$\varsigma = 0,838 \rightarrow z = \varsigma \cdot d = 0,838 \cdot 40 \text{ cm} = 33,5 \text{ cm}$$

erforderliche
Bewehrung:

$$A_{s1} = \omega_1 \cdot b \cdot d \cdot \frac{f_{cd}}{f_{yd}} = 0,3239 \cdot 30 \cdot 40 \text{ cm}^2 \cdot \frac{19,8 \text{ N/mm}^2}{434,8 \text{ N/mm}^2}$$

$$= 17,7 \text{ cm}^2$$

ω_{1R}-*Verfahren:*

bezogenes
Moment:

$$\mu_{Eds,R} = \frac{M_{Eds}}{b \cdot d^2 \cdot f_{cd,R}}$$

$$= \frac{0,257 \text{ MNm}}{0,3 \cdot 0,4^2 \text{ m}^3 \cdot 0,95 \cdot 19,8 \text{ MN/m}^2} = 0,285$$

Beiwerte:

$$\omega_{1R} = 1 - \sqrt{1 - 2 \cdot \mu_{Eds,R}} = 1 - \sqrt{1 - 2 \cdot 0,285} = 0,3443$$

$$x_R = \omega_{1R} \cdot d = 0,3443 \cdot 40 \text{ cm} = 13,8 \text{ cm}$$

$$\varsigma_R = 1 - \frac{\omega_{1R}}{2} = 1 - \frac{0,3443}{2} = 0,828 \rightarrow z = 33,1 \text{ cm}$$

erforderliche
Bewehrung:

$$A_{s1} = \omega_{1R} \cdot b \cdot d \cdot \frac{f_{cd,R}}{f_{yd}}$$

$$= 0,3443 \cdot 30 \cdot 40 \text{ cm}^2 \cdot \frac{0,95 \cdot 19,8 \text{ N/mm}^2}{434,8 \text{ N/mm}^2}$$

$$= 17,9 \text{ cm}^2$$

Vergleich:
Grundsätzlich wird mit dem Näherungsverfahren eine größere Bewehrungsmenge ermittelt als mit der genaueren Variante. Das ω_{1R}-Verfahren liegt somit auf der sicheren Seite. Die Abweichung zwischen genauem Verfahren und Näherung wird mit steigender Auslastung des Querschnitts kleiner. Der Grund ist, dass der Rechteckblock eine gute Näherung für das voll ausgebildete Parabel-Rechteck-Diagramm ist. Bei geringer Auslastung der Druckzone ist demzufolge die Differenz bezüglich der Lage der Resultierenden und damit der Größe des inneren Hebelarmes schon recht beachtlich. Deshalb unterscheiden sich die Ergebnisse hier etwas deutlicher voneinander.

4.7.3   Biegebemessung verschiedener Querschnitte

Biegeträger können mit unterschiedlichsten Querschnittsformen ausgeführt werden. In diesem Beispiel soll die Bemessung für vier flächengleiche Varianten durchgeführt werden, um die Unterschiede herauszustellen.

Baustoffe:

Beton: C 20/25, $f_{cd,R} = 0,95 \cdot \alpha \cdot \dfrac{f_{ck}}{\gamma_c} = 0,95 \cdot 0,85 \cdot \dfrac{20}{1,5} = 10,77 \ \text{N/mm}^2$

Baustahl: BSt 500 S mit $f_{yd} = \dfrac{f_{yk}}{\gamma_s} = \dfrac{500}{1,15} = 435 \ \text{N/mm}^2$

Geometrie:
Betondeckung: $c_{nom} = 3 \ \text{cm}$
Stabdurchmesser: $d_{sl} = 14 \ \text{mm}, \ d_{s,bü} = 6 \ \text{mm}$
statische Nutzhöhe:

$$d = h - c_{nom} - d_{s,bü} - \frac{d_{sl}}{2} = 60 - 3,0 - 0,6 - \frac{1,4}{2} = 55,7 \ \text{cm}$$

Belastung: $M_{Ed} = M_{Eds} = 0,270 \ \text{MNm}$

Berechnung:

Querschnitt des Biegeträgers, $A_c = 0,240 \ \text{m}^2$		0,4	0,6	0,3	0,327[a]
Druckzonenbreite $b^{[m]}$	0,4	0,6	0,3	0,327[a]
$\mu_{Eds,R} = \dfrac{M_{Eds}}{b \cdot d^2 \cdot f_{cd,R}}$	0,202	0,135	0,269	0,247
$\omega_{1R} = 1 - \sqrt{1 - 2 \cdot \mu_{Eds,R}}$	0,228	0,146	0,320	0,289
$A_{s1}^{[cm^2]} = \omega_{1R} \cdot d \cdot b \cdot \dfrac{f_{cd,R}}{f_{yd}}$	12,6 = 100 %	12,1 = 96 %	13,2 =105 %	13,0 =103 %
Überprüfung der Druckzonenhöhe:				
$x_R^{[cm]} = \omega_{1R} \cdot d$	12,7	8,1 < 20 = h_{Pl}	27,8	0,161 = 0,161 = geschätzt. x

Querschnitt des Biegeträgers, $A_c = 0,240$ m²				

Wahl der Bewehrung:

	9 ∅ 14	8 ∅ 14	9 ∅ 14	9 ∅ 14
vorh A_{sl} [cm²] > erf A_{sl} [cm²]	13,9 > 12,6	12,3 > 12,1	13,9 > 13,2	13,9 > 13,2
erf b [cm] [b]	35,8 < b = 40	32,4 > b_w = 30[c]	35,8 < b_{Pl} = 60	35,8 < b_u ≈ 50

[a] Zuerst wurde die Druckzonenhöhe geschätzt, hier wurde $x_R' = 16,1$ cm gewählt. Dann kann die mittlere Breite der trapezförmigen Druckzone berechnet werden:

$$b_u' = b_o + x_R' \cdot \frac{b_u - b_o}{h} = 30 + 16,1 \cdot \frac{50 - 30}{60}$$

$$= 35,36 \text{ cm}$$

$$b_{m,xR} = \frac{b_o + b_u'}{2} = \frac{30 + 35,36}{2} = 32,7 \text{ cm}$$

Die mit $M_{Eds,R}$ berechnete Druckzonenhöhe x_R wird mit der geschätzten verglichen. Stimmen die Werte nicht überein, muss mit einer neuen Schätzung für die Druckzonenhöhe die Berechnung wiederholt werden.

[b] $\text{erf } b = 2 \cdot \left(c_{nom} + d_{s,bü} \right) + n \cdot d_{sl} + \left(n - 1 \right) \cdot 2 \text{ cm}$

[c] Die erforderliche Bewehrung kann nicht in einer Lage eingebaut werden, wenn die Bestimmungen bzgl. der minimalen Stababstände eingehalten werden. Ein Teil der Stäbe muss in einer zweiten Lage eingebaut werden. Die Bemessung muss mit einer entsprechend modifizierten statischen Nutzhöhe d wiederholt werden.

4.7.4 Bestimmung der zulässigen Einwirkung bei gegebener Biegebewehrung

Auf Grund der Umnutzung eines Gebäudes soll die Tragfähigkeit eines vorhandenen Stahlbetonbalkens neu bestimmt werden. Bekannt sind die Stahllängsbewehrung im Feld und die Betonfestigkeitsklasse. Alle erforderlichen Angaben können der nachfolgenden Skizze entnommen werden. Gesucht ist die zulässige Verkehrslast.

Statisches System und Querschnitt:

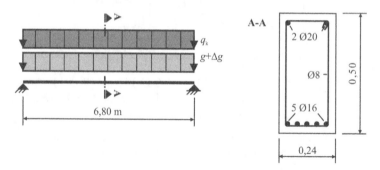

Der erste Teil der Aufgabe wurde schon in Abschn. 2.8.3 behandelt.

Baustoffe:

Beton:

$$\text{C 30/37 mit } f_{cd} = \alpha \cdot \frac{f_{ck}}{\gamma_c} = 0,85 \cdot \frac{30}{1,5} = 17 \text{ N/mm}^2$$

Baustahl:

$$\text{BSt 500 mit } f_{yd} = \frac{f_{yk}}{\gamma_s} = \frac{500}{1,15} = 435 \text{ N/mm}^2$$

Bewehrungsmenge: 5 $\varnothing$ 16 entsprechen $A_{s1} = 10,05 \text{ cm}^2$.

Geometrie:

Betondeckung: $\quad c_{nom} = c_{nom,bü} = 20 \text{ mm}$

statische Nutzhöhe: $\quad d = h - c_{nom,bü} - d_{s,bü} - \dfrac{d_{sl}}{2}$

$$= 50 - 2,0 - 0,8 - \frac{1,2}{2} = 46,6 \text{ cm}$$

maximal aufnehmbares Bemessungsmoment in Feldmitte:
Bekannt ist die Gleichung für die erforderliche Biegebewehrung:

$$A_{s1} = \frac{\omega_1 \cdot b \cdot d \cdot f_{cd}}{f_{yd}}$$

Diese wird umgeformt:

$$\omega_1 = \frac{A_{s1} \cdot f_{yd}}{b \cdot d \cdot f_{cd}} = \frac{10,05 \cdot 10^{-4} \cdot 434,8}{0,24 \cdot 0,466 \cdot 17} = 0,2298$$

Aus der Bemessungstafel kann man dann das zugehörige bezogene Moment ermitteln:

μ_{Eds}	ω_1	$\xi = x/d$	$\zeta = z/d$	σ_{s1} [‰]	σ_{c2} [‰]	σ_{s1} [N/mm²]
0,19	0,2134	0,264	0,890	9,78		
0,20	0,2263	0,280	0,884	9,02	−3,50	434,8
0,21	0,2395	0,296	0,877	8,33		

Es kann interpoliert werden. Näherungsweise kann man aber auch sagen: $\mu_{Eds} \cong 0,20$

Zum Schluss wird die Gleichung für das bezogene Moment umgeformt:

$$\mu_{Eds} = \frac{M_{Eds}}{b \cdot d^2 \cdot f_{cd}}$$

$$\rightarrow \quad M_{Eds} = \mu_{Eds} \cdot b \cdot d^2 \cdot f_{cd} = 0,20 \cdot 0,24 \cdot 0,466^2 \cdot 17 = 0,177 \text{ MNm}$$

Berechnung des maximalen Anteils der Nutzlast am Bemessungsmoment:
Das Eigengewicht des Stahlbetonbauteils ist mit $\gamma = 25 \text{ kN/m}^3$ zu ermitteln. Die Ausbaulast beträgt 12,5 kN/m. Die maximal zulässige Nutzlast ist unbekannt.

Es handelt sich um ein Innenbauteil in einem Gebäude des üblichen Hochbaus. Für Eigen- und Ausbaulast gilt ein Teilsicherheitsfaktor von 1,35, für die veränderliche Einwirkung ein Teilsicherheitsfaktor von 1,5.

Zusammenstellung der Einwirkungen:

Eigengewicht des Balkens $g_k = \gamma \cdot b \cdot h = 25 \cdot 0,24 \cdot 0,50 = 3 \ \dfrac{\text{kN}}{\text{m}}$

Ausbaulast $\Delta g_k = 12,5 \ \dfrac{\text{kN}}{\text{m}}$

Nutzlast $q_k = ?$

Charakteristische Momente:

$$M_{g,k} = \frac{g_k \cdot l^2}{8} = \frac{3 \cdot 6,8^2}{8} = 17,34 \text{ kNm} = 0,01734 \text{ MNm}$$

$$M_{\Delta g,k} = \frac{\Delta g_k \cdot l^2}{8} = \frac{12,5 \cdot 6,8^2}{8} = 72,25 \text{ kNm} = 0,07225 \text{ MNm}$$

$$M_{q,k} = \frac{q_k \cdot l^2}{8} = \frac{q \cdot 6,8^2}{8} = 5,78 \text{ m}^2 \cdot q_k$$

Bemessungsmoment:

$$M_{Ed} = \gamma_G \cdot (M_{g,k} + M_{\Delta g,k}) + \gamma_Q \cdot M_{q,k}$$
$$= 1,35 \cdot (17,34 + 72,25) + 1,5 \cdot (5,78 \cdot q_k)$$
$$= 120,95 \text{ kNm} + 8,67 \text{ m}^2 \cdot q_k$$

Berechnung von q:

$$M_{Eds} = M_{Ed} = 0,177 \text{ MNm} = 0,1201 + 8,67 \cdot q_k, \text{ da } N_{Ed} = 0$$

Diese Gleichung kann nun umgestellt werden:

$$q_k = 6,56 \cdot 10^{-3} \frac{\text{MN}}{\text{m}} = 6,56 \frac{\text{kN}}{\text{m}}$$

4.7.5   Bestimmung der mitwirkenden Plattenbreite

Für einen Plattenbalken ist die mitwirkende Plattenbreite in Feldmitte zu ermitteln. In der folgenden Abbildung ist das Bauteil dargestellt.

Träger in der Kavalierperspektive:

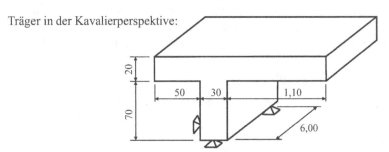

Die mitwirkende Plattenbreite für einen zweiseitigen Plattenbalken kann folgendermaßen bestimmt werden:

$$b_{eff} = \sum b_{eff,i} + b_w$$

mit:

$$b_{eff,i} = 0,2 \cdot b_i + 0,1 \cdot l_0 \begin{cases} \leq 0,2 \cdot l_0 \\ \leq b_i \end{cases}$$

Der kleinste der drei möglichen Werte ist maßgebend.

Zunächst muss man nun die wirksame Stützweite l_0 bestimmen. Bei einem Einfeldträger gilt:

$$l_0 = 1,0 \cdot l_{eff,1} = 1,0 \cdot 6,0 = 6,0 \text{ m}.$$

Man erhält:

$$b_{eff,1} = 0,2 \cdot 0,5 \text{ m} + 0,1 \cdot 6,0 \text{ m} = 0,70 \text{ m} \begin{cases} < 0,2 \cdot 6,0 \text{ m} = 1,20 \text{ m} \\ > 0,50 \text{ m} \end{cases}$$

$$b_{eff,2} = 0,2 \cdot 1,1 \text{ m} + 0,1 \cdot 6,0 \text{ m} = 0,82 \text{ m} \begin{cases} < 0,2 \cdot 6,0 \text{ m} = 1,20 \text{ m} \\ < 1,10 \text{ m} \end{cases}$$

Man erhält für die mitwirkende Breite:

$$b_{eff} = \sum b_{eff,i} + b_w = (0,50 + 0,82) + 0,30 = 1,62 \text{ m}.$$

4.7.6 Biegebemessung Plattenbalken

Für den dargestellten einfeldrigen Plattenbalken ist die erforderliche Biege-zugbewehrung gesucht.

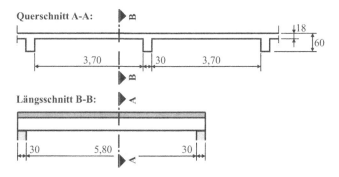

Querschnitt A-A:

Längsschnitt B-B:

Baustoffe:

Beton: C 30/37 mit $f_{cd} = \alpha \cdot \dfrac{f_{ck}}{\gamma_c} = 0,85 \cdot \dfrac{30}{1,5} = 17 \text{ N/mm}^2$

Baustahl: BSt 500 S mit $f_{yd} = \dfrac{f_{yk}}{\gamma_s} = \dfrac{500}{1,15} = 435 \text{ N/mm}^2$

Schnittgrößen:

$p_k = 24{,}6 \text{ kN/m}$
$g_k = 30 \text{ kN/m}$

$6{,}00$

infolge Eigenlast: $\qquad M_{g,k} = g_k \cdot \dfrac{l^2}{8} = 30 \cdot \dfrac{6^2}{8} = 135 \text{ kNm}$

infolge Verkehrslast: $M_{p,k} = p_k \cdot \dfrac{l^2}{8} = 24,6 \cdot \dfrac{6^2}{8} = 110,7 \text{ kNm}$

Bemessungsmoment: $M_{Ed} = \gamma_G \cdot M_{g,k} + \gamma_Q \cdot M_{p,k}$

$$= 1,35 \cdot 135 + 1,5 \cdot 110,7 = 348,3 \text{ kNm}$$

mitwirkende Plattenbreite:

$$b_{eff} = \sum b_{eff,i} + b_w$$

mit: $b_{eff,i} = 0,2 \cdot b_i + 0,1 \cdot l_0 \begin{cases} \leq 0,2 \cdot l_0 \\ \leq b_i \end{cases}$

$$b_{eff,1} = b_{eff,2} = 0,2 \cdot \frac{3,7 \text{ m}}{2} + 0,1 \cdot 6,0 \text{ m} = 0,97 \text{ m} \begin{cases} < 0,2 \cdot 6,0 = 1,2 \text{ m} \\ < 1,85 \text{ m} \end{cases}$$

$$b_w = 0,30 \text{ m}$$

$$b_{eff} = \sum b_{eff,i} + b_w = 2 \cdot 0,97 + 0,30 = 2,24 \text{ m}$$

Geometrie:
Betondeckung $\qquad\qquad c_{nom} = 3 \text{ cm}$
Bügeldurchmesser $\qquad d_{s,bü} = 8 \text{ mm}$
Längsstabdurchmesser $\quad d_{sl} = 20 \text{ mm}$

statische Nutzhöhe: $\qquad d = h - c_{nom} - d_{s,bü} - \dfrac{1}{2} d_{sl}$

$$= 60 - 3 - 0,8 - \frac{2}{2} = 55,2 \text{ cm}$$

Biegebemessung und Wahl der Bewehrung:

$$\mu_{Eds} = \frac{M_{Eds}}{b \cdot d^2 \cdot f_{cd}} = \frac{0,3483}{2,24 \cdot 0,552^2 \cdot 17} = 0,030$$

aus Tafel abgelesen: $\omega_1 = 0,0306$ und $\xi = 0,055$
Überprüfen der Druckzonenhöhe: $x = \xi \cdot d = 0,055 \cdot 55,2 \text{ cm}$

$$= 3,0 \text{ cm} < 18 \text{ cm} = h_{Pl}$$

Die Druckzone befindet sich vollständig in der Platte. Es müssen keine Stegspannungen berücksichtigt werden. Die Bewehrung kann wie bei einem Rechteckquerschnitt ermittelt werden.

Bewehrung: $A_{s1} = \omega_1 \cdot b_{eff} \cdot d \cdot \dfrac{f_{cd}}{f_{yd}} = 0,0306 \cdot 55,2 \cdot 224 \cdot \dfrac{17}{435} = 14,8 \text{ cm}^2$

Gewählt werden 5 Stäbe $\varnothing$ 20 (vorh A_{s1} = 15,7 cm²).

Zum Schluss muss noch geprüft werden, ob die gewählte Bewehrung auch in den Steg eingebaut werden kann.

$$\text{erf } b_w = 2 \cdot c_{nom} + 2 \cdot d_{s,bü} + n \cdot d_{sl} + (n-1) \cdot \max \begin{cases} d_{sl} = 20 \text{ mm} \\ 20 \text{ mm} \end{cases}$$

$$= 2 \cdot 3 + 2 \cdot 0,8 + 5 \cdot 2 + (5-1) \cdot 2$$

$$= 25,6 \text{ cm } < \text{ vorh } b_w = 30 \text{ cm}$$

5 Querkraftbemessung

5.1 Zum Tragverhalten

In einem biegebeanspruchten Bauteil existiert ein System aus schrägen Hauptzug- und -druckspannungen, s. Abb. 47, gegen die die Tragfähigkeit des Bauteils nachgewiesen werden muss. In der Höhe der Schwerachse sind die Spannungen in einem Winkel von 45° bzw. 135° gegen die Schwerachse geneigt.

Ein charakteristisches Rissbild für einen schlanken Biegeträger ist in Abb. 48 zu sehen. In Trägermitte verlaufen die Hauptzugspannungen nahezu horizontal, die Risse demzufolge senkrecht in Richtung der Druckspannungstrajektorien. Zu den Auflagern hin verlaufen die Risse immer

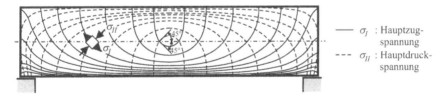

— σ_I : Hauptzugspannung

--- σ_{II} : Hauptdruckspannung

Abb. 47. Hauptspannungen bei einem Einfeldbalken unter Gleichlast

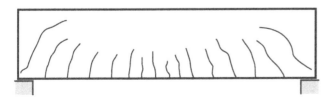

Abb. 48. Rissbild eines Einfeldbalkens unter Gleichlast (Darstellung überhöht)

schräger, sie können sogar flacher als 45° werden. Man spricht dort von Schubrissen.

Die Hauptspannungen können bei Annahme eines ungerissenen Querschnittes mit den Gln. (5.1) bis (5.4) berechnet werden:

$$\text{Biegespannung:} \quad \sigma_x = \pm \frac{M}{W} \tag{5.1}$$

$$\text{Schubspannung:} \quad \tau = \tau_{xz} = \tau_{zx} = \frac{V \cdot S}{I \cdot b} \tag{5.2}$$

$$\text{Hauptzugspannung:} \quad \sigma_I = \frac{\sigma_x + \sigma_z}{2} + \sqrt{\frac{\left(\sigma_x - \sigma_z\right)^2}{4} + \tau^2} \tag{5.3}$$

$$\text{Hauptdruckspannung:} \quad \sigma_{II} = \frac{\sigma_x + \sigma_z}{2} - \sqrt{\frac{\left(\sigma_x - \sigma_z\right)^2}{4} + \tau^2} \tag{5.4}$$

mit: S Flächenmoment I. Grades
     I Flächenmoment II. Grades
     b Breite
     $\sigma_{x,y}$ Normalspannung
     τ Schubspannung

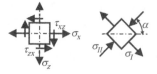

Der Winkel zur Horizontalen kann nach Gl. (5.5) berechnet werden.

$$\tan 2\alpha = \frac{2 \cdot \tau}{\sigma_x} \tag{5.5}$$

Die Größen τ, σ_x und σ_z sind Rechenhilfswerte. Real existieren nur die Hauptspannungen σ_I und σ_{II}. Die senkrecht zur Balkenachse wirkenden Spannungen σ_z sind in der Regel so klein, dass sie vernachlässigt werden können. Eine Ausnahme bilden Bereiche mit lokaler Lasteinleitung wie z. B. an Auflagern oder unter vertikalen Einzellasten. Durch die Biegebemessung wurden bisher nur horizontale Druck- und Zugspannungen abgedeckt. Vertikale bzw. schräge Zugspannungen werden bei der Querkraftbemessung betrachtet. Wenn von einer Querkraft- oder Schubbewehrung gesprochen wird, ist in Wirklichkeit eine Bewehrung gemeint, die die Hauptzugspannungen in der Nähe der Auflagerpunkte aufnehmen soll. In der Schwerelinie entstehen bei reiner Biegung die größten Hauptzugspannungen an der Stelle, wo die Biegespannungen gleich Null sind – also am Auflager. Sie sind betragsmäßig gleich den Schubspannungen. Dadurch ist die Verwendung verschiedener Bezeichnung für diese Bewehrung entstanden.

5.2 Versagensszenarien

Wann und auf welche Art und Weise ein biege- und querkraftbeanspruchtes Stahlbetonbauteil versagt, hängt u. a. von folgenden Faktoren ab:

- Geometrie des Bauteils
- Bewehrungsgrad, -durchmesser und -anordnung
- Betonfestigkeit
- Art der Belastung.

Aus Bruchbildern kann die Ursache des Versagens abgeleitet werden.

Biegebruch ($V \approx 0$):
Fall (a): Die Streckgrenze des Stahles wird erreicht. Es entstehen Risse in der Zugzone. Bei Laststeigerung wandern die Risse höher, die Druckzone wird stark eingeschnürt, bis sie versagt. Fall (b): Bei hohem Bewehrungsgrad versagt der horizontale Druckgurt plötzlich, bevor der Stahl die Fließgrenze erreicht hat.

Schubbiegebruch:
In Bereichen großer Querkräfte entwickeln sich aus Biegerissen Schubrisse in Richtung der Druckspannungstrajektorien, bis die Druckzone so stark eingeschnürt ist, dass sie versagt. Diese Versagensart wird bei Bauteilen ohne Schubbewehrung, z. B. Platten, oder bei sehr gering bewehrten Bauteilen beobachtet.

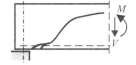

Schubzugbruch:
Versagensart bei normaler Querkraftbewehrung. Risse bilden sich analog zum Fachwerkmodell. Vergleiche auch mit Abb. 47, wo die Hauptspannungen dargestellt sind. Es versagen entweder die Bügel oder die Biegedruckzone.

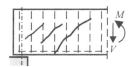

Stegdruckbruch:
Bei sehr hoher Steg- und Biegezugbewehrung versagen die schrägen Druckstreben, d. h. die Hauptdruckspannungen übersteigen den Bauteilwiderstand. Diese Art des Versagens kommt vor allem bei Trägern mit dünnen Stegen und abstehenden Flanschen vor.

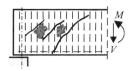

Verankerungsbruch (Zugbewehrung):
Wenn die Verankerungslänge nicht ausreicht,
kommt es zum Gleiten der Biegezugbewehrung
am Auflager. Der Träger versagt schlagartig.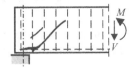

5.3   Modelle für die Lastabtragung

Ritter (1899) führte Anfang des vorletzten Jahrhunderts Versuche zum
Tragverhalten von Stahlbetonbalken durch. Anhand der Bruchbilder entwickelte er erste Modellvorstellungen über die Lastabtragung in Balken
durch Fachwerkmodelle. Später entwarf Mörsch ein Modell zur Abtragung
einer kombinierten Querkraft- und Biegebeanspruchung, welches i. A. als
Klassische Fachwerkanalogie bezeichnet wird. Das Modell orientiert sich
am Hauptspannungsbild und besteht im Wesentlichen aus parallelen, horizontalen Druck- und Zuggurten, aus in beliebigem Winkel α geneigten
Zugstäben und um $\Theta = 45°$ geneigten Druckstreben, Abb. 49 links. Im
rechten Teil des Bildes ist ein abgewandeltes Querkraft-Tragmodell mit
schrägen Zugstäben zu sehen.

Ein allgemeines Modell zeigt Abb. 50. Daraus können auf einfache Art
und Weise die Stabkräfte und damit die erforderlichen Bewehrungsmengen
ermittelt werden. Die horizontalen Stäbe wurden schon bei der Biegebemessung nachgewiesen. Den geneigten, über die gesamte Querschnittsbreite aufgeweiteten Betondruckstreben wirkt die Betonfestigkeit entgegen.
Die geneigten Hauptzugkräfte müssen durch Bewehrung aufgenommen
werden. Werden Modelle mit schrägen Zugstäben der Bemessung zu
Grunde gelegt, müssen entsprechend Schrägbügel oder Längsstäbe mit
Aufbiegungen eingebaut werden. Baupraktisch am günstigsten sind allerdings senkrechte Bügel, die vertikale Zugstäbe abdecken können.

Klassische Fachwerkanalogie,
Zugstrebenwinkel $\alpha = 90°$
Druckstrebenwinkel $\Theta = 45°$

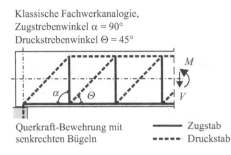

Querkraft-Bewehrung mit   ———— Zugstab
senkrechten Bügeln   ----- Druckstab

parallelgurtiges Streben-Fachwerk,
Zugstrebenwinkel $\alpha = 45°$
Druckstrebenwinkel $\Theta = 45°$

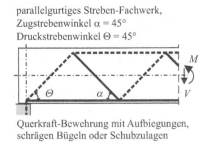

Querkraft-Bewehrung mit Aufbiegungen,
schrägen Bügeln oder Schubzulagen

Abb. 49. Fachwerkmodelle für kombinierte Beanspruchung aus Biegemoment und Querkraft

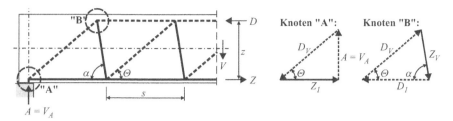

Abb. 50. Allgemeines Fachwerkmodell für Querkraftbeanspruchung

Die Stabkräfte können wie folgt berechnet werden.

$$s = \frac{z}{\tan\alpha} + \frac{z}{\tan\Theta} = z \cdot \left(\cot\alpha + \cot\Theta\right) \tag{5.6}$$

$$\sin\Theta = \frac{V}{D_V} \;\rightarrow\; D_V = V \cdot \frac{1}{\sin\Theta} \quad \text{und} \quad \sin\alpha = \frac{V}{Z_V} \;\rightarrow\; Z_V = V \cdot \frac{1}{\sin\alpha}$$

Zugkraft Z_V auf die Länge s bezogen:

$$Z_V{'} = \frac{Z_V}{s} = \frac{V}{z} \cdot \frac{1}{\sin\alpha \cdot \left(\cot\alpha + \cot\Theta\right)} \tag{5.7}$$

Damit gilt für die Querkraftbewehrung:

$$\text{erf } a_{sw}{}^{[\text{cm}^2/\text{m}]} = \frac{Z_V{'}}{\text{zul}\sigma_s} = \frac{V}{\text{zul}\sigma_s \cdot z} \cdot \frac{1}{\sin\alpha \cdot \left(\cot\alpha + \cot\Theta\right)} \tag{5.8}$$

Werden bestimmte feste Werte für die Neigungswinkel angenommen, vereinfachen sich die oben hergeleiteten Formeln. Für das klassische Modell nach Mörsch mit Druckstäben unter 45° und vertikalen Zugstäben ergibt sich beispielsweise nach der Klassische Fachwerk-Analogie:

$$\sin\alpha = \sin 90° = 1, \quad \tan\alpha = \infty, \quad \cot\alpha = 0, \quad \tan\Theta = \tan 45° = 1, \quad \cot\Theta = 1$$

$$s = z, \quad Z_V = V, \quad Z_V{'} = \frac{V}{z}$$

erforderliche Bewehrung: $\text{erf } a_{sw}{}^{[\text{cm}^2/\text{m}]} = \dfrac{V}{\text{zul}\sigma_s \cdot z}$ \hfill (5.9)

Für diesen Spezialfall sollen in Abb. 51 auch noch die restlichen Stabkräfte angegeben werden. Für das Beispiel wurde ein Einfeldbalken mit einer mittigen Einzellast ausgewählt. Es gilt: konstanter Verlauf der Querkraft → konstante Größe der vertikalen Zugkräfte → demzufolge konstan-

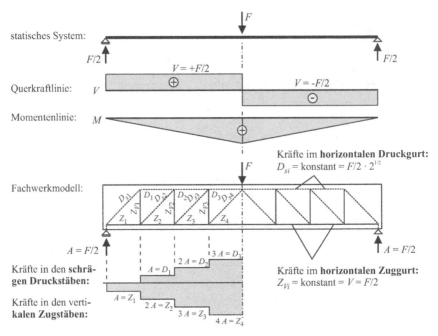

Abb. 51. Stabkräfte beim Klassischen Fachwerkmodell nach Mörsch

te Größe der schrägen Druckstäbe → veränderliche Kräfte in den horizontalen Gurten, was dem veränderlichen Momentenverlauf entspricht

Beachte: Entsprechend dem Fachwerkmodell ist die Zugkraft am Auflager ≠ 0, auch wenn das Moment = 0 ist!

Mit dem vorgestellten einfachen Modell ließen sich die Grundsätze der Bemessung für Querkräfte gut erklären. Die Annahmen dieses vereinfachten Modells sind aber in vielen Fällen nicht ausreichend. Eine Verbesserung kann schon damit erreicht werden, dass verschiedene Fachwerke überlagert werden, womit eine bessere Anpassung an veränderliche Schnittkraftverläufe erreicht werden kann. Solche Modelle werden auch als Netzfachwerke bezeichnet, s. Abb. 52. Sie sind i. d. R. mehrfach statisch unbestimmt. Der Verlauf der Druck- und Zugkraftlinie wird stetiger, die Sprünge verschwinden. Damit passen sich die aus dem Modell resultierenden Linien dem Momentenverlauf an. Allerdings sind beide Linien am Auflager um ein Versatzmaß a_l versetzt. Im Falle des dargestellten Einfeldträgers ist die horizontale Druckkraft am Auflager noch null, die Zugkraft besitzt aber schon einen bestimmten Betrag. Für diese Kraft muss die Verankerungslänge der Biegezugbewehrung ausgelegt werden.

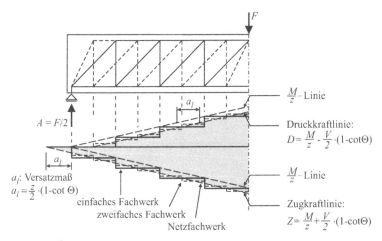

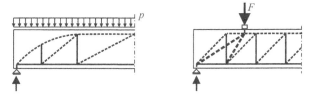

a_l: Versatzmaß
$a_l = \frac{z}{2} \cdot (1\text{-}\cot \Theta)$
einfaches Fachwerk
zweifaches Fachwerk
Netzfachwerk

$\frac{M}{z}$ – Linie

Druckkraftlinie:
$D = \frac{M}{z} - \frac{V}{2} \cdot (1\text{-}\cot\Theta)$

$\frac{M}{z}$ – Linie

Zugkraftlinie:
$Z = \frac{M}{z} + \frac{V}{2} \cdot (1\text{-}\cot\Theta)$

Abb. 52. Überlagerung von mehreren Fachwerkmodellen

Abb. 53. Weitere Modifizierungen bei Fachwerkmodellen

Versuche haben gezeigt, dass in vielen Fällen der Druckgurt nicht horizontal verläuft, sondern besonders in der Nähe der Auflager geneigt ist, Abb. 53 links. Damit trägt er einen Teil der Querkraft in das Auflager ab, die sonst über den Steg abgeleitet werden müsste. Die Stegkräfte werden entlastet.

Weiterhin wurde bei Tests beobachtet, dass sich bei auflagernahen Lasten eine direkte Druckstrebe von der Lasteinleitungsstelle zum Auflager ausbildet, Abb. 53 rechts. Diese Druckstreben sind oft flacher als 45° geneigt. Das hat zur Folge, dass die Stegzugkräfte kleiner werden, die schrägen Stegdruckkräfte und die Kräfte im horizontalen Zuggurt aber zunehmen, was sich zum Beispiel auf die Verankerungslänge der Biegezugbewehrung auswirkt.

Das Tragverhalten von Platten kann am treffendsten mit den unten abgebildeten Modellen erklärt werden, s. Abb. 54.

Durch die geringere Dicke von Platten kann sich kein Fachwerk wie bei Balken ausbilden. Leonhardt et al. (1977–1986) erklärt die Tragwirkung wie folgt. Geht eine Platte in den Zustand II über, bilden sich auch im Querkraftbereich zunächst Biegerisse. Die Betonzähne zwischen den Ris-

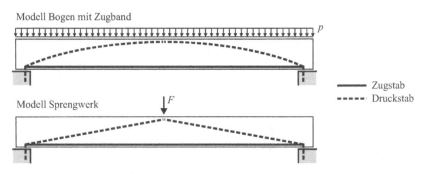

Abb. 54. Querkraft-Tragmodell für Platten

sen werden auf Biegung beansprucht, die Biegeverformung der Zähne wird aber durch die Kornverzahnung in den Rissflächen (Rissrauhigkeit) und durch die Dübelwirkung der Bewehrung behindert. Dadurch können Kräfte über die Rissufer hinweg übertragen werden. Die Risse vergrößern sich erst wieder, wenn die beschriebenen Behinderungen infolge stärkerer Dehnung der Biegezugbewehrung aufgehoben werden. Die Biegedruckzone wird zunehmend eingeschnürt, es bildet sich ein Druckgewölbe aus. Die Querkrafttragfähigkeit ist also stark von der Dehnsteifigkeit des Zugbandes abhängig. In Abhängigkeit der Plattendicke ist der Effekt der Kornverzahnung bei dünnen Platten deutlich größer als bei dicken.

5.4 Bemessung

5.4.1 Grundlagen

Grundsätzlich ist nachzuweisen:

$$V_{Ed} \leq V_{Rd} \tag{5.10}$$

Der Bemessungswert der Querkraft V_{Ed} darf wie folgt angenommen werden:

- Gleichlast + direkte Lagerung: Wert im Abstand von $1 \cdot d$ vom Auflagerrand → ABER: dies gilt nicht für den Nachweis von $V_{Rd,max}$!
- indirekte Lagerung: Wert am Auflagerrand für ALLE Nachweise.

Weiterhin gibt es Zusatzregelungen für auflagernahe Einzellasten, geneigte Ober- und Untergurte von Trägern sowie für Spannglieder.

Die Widerstandsseite setzt sich aus drei Größen zusammen:

- $V_{Rd,ct}$: aufnehmbare Querkraft für ein Bauteil ohne Querkraftbewehrung
- $V_{Rd,sy}$: durch die Tragfähigkeit der Querkraftbewehrung begrenzte aufnehmbare Querkraft
- $V_{Rd,max}$: durch die Druckstrebentragfähigkeit begrenzte aufnehmbare Querkraft.

Es gilt:

- rechnerisch ist keine Querkraftbewehrung erforderlich für:

$$V_{Ed} \leq V_{Rd,ct} \tag{5.11}$$

- Querkraftbewehrung ist erforderlich für:

$$V_{Ed} \leq V_{Rd,sy} \tag{5.12}$$

- Diese Bedingung muss in allen Querschnittsbereichen erfüllt sein:

$$V_{Ed} \leq V_{Rd,max} \tag{5.13}$$

5.4.2 Bauteile ohne rechnerisch erforderliche Querkraftbewehrung

Das Bemessungskonzept beruht auf den Modellvorstellungen der Rissverzahnung zwischen den Betonzähnen, die beim Übergang in den Zustand II entstehen, Abb. 55. In Zilch u. Rogge (2001) werden diese Modelle als Zahnmodelle bezeichnet.

Das Bauteilversagen tritt letztendlich durch Überschreiten der Zugfestigkeit des Betons an der Einspannung am Ende der Betonzähne in Verbindung mit dem Ausfall der Rissverzahnung ein. Die Zahnmodelle ermöglichen eine bessere Interpretation von Versuchsergebnissen als die alleinige Variation der Druckstrebenneigung im Fachwerkmodell.

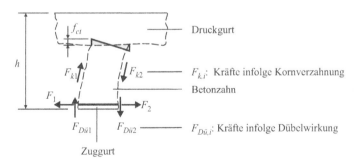

Abb. 55. Am Betonzahn angreifende Kräfte nach Zilch u. Rogge (2001)

Die aus Versuchen abgeleitete Gleichung, die den Einfluss der Betonzugfestigkeit und der Kornverzahnung im Riss berücksichtigt, lautet:

$$V_{Rd,ct} = \left[0,10 \cdot \kappa \cdot \eta_1 \cdot \left(100 \cdot \rho_l \cdot f_{ck} \right)^{1/3} - 0,12 \cdot \sigma_{cd} \right] \cdot b_w \cdot d \qquad (5.14)$$

mit: $\kappa = 1 + \sqrt{\dfrac{200}{d}} \leq 2$ Beiwert zur Berücksichtigung der Tatsache, dass

bei gleicher Last bezogen auf die Bauteildicke dünnere Bauteile eine höhere Querkrafttragfähigkeit aufweisen, d in [mm]

η_1 = 1 für Normalbeton, für Leichtbeton geringer

$\rho_l = \dfrac{A_{sl}}{b_w \cdot d} \leq 0,02$ Längsbewehrungsgrad

A_{sl} Fläche der Biegezugbewehrung, die mindestens um die Summe aus d und Verankerungslänge über den betrachteten Schnitt hinausreicht

b_w kleinste Querschnittbreite innerhalb der Zugzone

$\sigma_{cd} = \dfrac{N_{Ed}}{A_c}$ Bemessungswert der Betonlängsspannung in Höhe des

Schwerpunkts des Querschnitts

N_{Ed} Bemessungswert der Längskraft im Querschnitt infolge äußerer Lasten. Druck wird negativ angesetzt, denn eine Druckkraft verzögert die Rissbildung, verringert die Rissbreiten und erhöht demzufolge die Querkrafttragfähigkeit.

Wird der Querschnitt nicht durch eine Normalkraft beansprucht, vereinfacht sich die Bemessungsgleichung für den Bauteilwiderstand für Normalbeton wie folgt:

$$V_{Rd,ct} = 0,10 \cdot \kappa \cdot \left(100 \cdot \rho_l \cdot f_{ck} \right)^{1/3} \cdot b_w \cdot d \,. \qquad (5.15)$$

Ist der Nachweis nach Gl. (5.10) erfüllt,

$$V_{Ed} \leq V_{Rd,ct}$$

ist rechnerisch keine Querkraftbewehrung erforderlich.

Bei folgenden Bauteilen darf auf eine Querkraftbewehrung ganz verzichtet werden:

• Platten und plattenförmige Bauteile mit $b/h < 5$
• Rippen- und Kassettendecken,

wenn an jeder Querschnittsstelle die Einhaltung von $V_{Rd,max}$ gewährleistet ist. Diese Bedingung dürfte bei Platten i. d. R. nur bei großen Längskräften kritisch werden.

Tabelle 20. Grundwerte ρ für die Ermittlung der Mindestbewehrung nach DIN 1045-1

f_{ck} [N/mm²]	12	16	20	25	30	35	40	45	50	55
ρ [‰]		0,51	0,61	0,70	0,93	0,93	1,02	1,12	1,21	1,31	1,34

In allen anderen Fällen, also z. B. bei Balken und Plattenbalken, ist stets eine Mindestschubbewehrung anzuordnen. Der Mindestbewehrungsgrad ist in DIN 1045-1 festgelegt, s. auch Tabelle 20. Damit kann die Mindestbewehrungsmenge berechnet werden:

$$\min A_{sw}^{[cm^2]} = s_w \cdot b_w \cdot \sin \alpha \cdot \min \rho_w \qquad \text{oder}$$

$$\min a_{sw}^{[cm^2/m]} = b_w \cdot \sin \alpha \cdot \min \rho_w \tag{5.16}$$

Für lotrechte Bügel vereinfacht sich die Gleichung wie folgt:

$$\min A_{sw}^{[cm^2]} = s_w \cdot b_w \cdot \min \rho_w \qquad \text{oder}$$

$$\min a_{sw}^{[cm^2/m]} = b_w \cdot \min \rho_w \tag{5.17}$$

mit: s_w Stababstand der Querkraftbewehrung

Das Nachweiskonzept der alten DIN 1045 beruhte auf der Berechnung von Schubspannungen τ. Eine Schubspannung erhält man aus einer Querkraft, indem man diese auf die schubübertragende Fläche bezieht.

$$\tau_{Rd,ct} = \frac{V_{Rd,ct}}{b_w \cdot d} = 0,10 \cdot \left[\kappa \cdot \eta_1 \cdot \left(100 \cdot \rho_1 \cdot f_{ck}\right)^{1/3} - 0,12 \cdot \sigma_{cd}\right] \cdot \frac{1}{\zeta} \tag{5.18}$$

5.4.3 Bauteile mit rechnerisch erforderlicher Querkraftbewehrung

Für die Fälle, bei denen $V_{Rd,ct} < V_{Ed} \leq V_{Rd,max}$ ist, muss sowohl eine erforderliche Querkraftbewehrung ausgerechnet als auch die Tragfähigkeit der Betondruckstrebe nachgewiesen werden. Die Begrenzung der maximal aufnehmbaren Querkraft durch $V_{Rd,max}$ entspricht im Prinzip dem Grenzwert τ_{03} in der alten DIN 1045. Die maximal beanspruchte Druckstrebe wird immer am Auflagerrand nachgewiesen. Eine Abminderung des Bemessungswertes der Querkraft wie bei der Ermittlung der Schubbewehrung ist nicht zulässig.

5.4.3.1 Druckstrebenwinkel

Zur Ermittlung von $V_{Rd,max}$ darf die Neigung der Druckstreben in bestimmten Grenzen frei gewählt werden. Als obere Grenze für den Druckstrebenwinkel wird 45° empfohlen. In begründeten Spezialfällen darf dieser Wert über-schritten werden: Als absolute obere Begrenzung ist Gl. (5.19) einzuhalten.

$$0,58 \leq \cot \Theta \tag{5.19}$$

Die untere Grenze für den Neigungswinkel der Druckstrebe lautet:

$$\cot \Theta = \frac{1,2 - 1,4 \cdot \dfrac{\sigma_{cd}}{f_{cd}}}{1 - \dfrac{V_{Rd,c}}{V_{Ed}}} \leq \begin{cases} 3,0 \ (=18,4°) & \text{für Normalbeton} \\ 2,0 \ (=26,6°) & \text{für Leichtbeton} \end{cases} \tag{5.20}$$

In dieser Gleichung ist der Querkraftanteil des verbügelten Querschnitts $V_{Rd,c}$ enthalten, der wie folgt ermittelt werden kann (zuvor erläuterte Vari-ablen werden nicht noch einmal aufgeführt):

$$V_{Rd,c} = \beta_{ct} \cdot 0,1 \cdot \eta_1 \cdot f_{ck}^{1/3} \cdot \left(1 + 1,2 \cdot \frac{\sigma_{cd}}{f_{cd}} \right) \cdot b_w \cdot z \tag{5.21}$$

mit: β_{ct} = 2,4 – entspricht dem Rauhigkeitsbeiwert für verzahnte Fugen

$\quad\;\; z \quad$ Hebelarm der inneren Kräfte. Dieser darf mit der Näherung $z = 0,9 \cdot d$ berechnet werden.

$$V_{Rd,c} = 2,16 \cdot f_{ck}^{1/3} \cdot b_w \cdot d \tag{5.22}$$

5.4.3.2   Nachweis der Druckstreben-Tragfähigkeit

Der Betontraganteil berücksichtigt den über einen Querriss hinweg über-tragbaren Anteil der Querkraft. Konkret handelt es sich um den vertikalen Anteil der Rissreibungskraft, wenn angenommen wird, dass der Riss um 40° geneigt ist, Zilch u. Rogge (2001). Ergibt sich für $V_{Rd,ct}$ ein größerer Wert als die einwirkende Querkraft V_{Ed}, sind die unteren Grenzwerte für den Druckstrebenwinkel anzusetzen. Ist die Neigung der Druckstrebe Θ festgelegt, kann sowohl der Nachweis der Tragfähigkeit der Druckstrebe durch die Ermittlung von $V_{Rd,max}$ geführt als auch die erforderliche Beweh-rung durch die Ermittlung von $V_{Rd,sy}$ bestimmt werden.

Für den allgemeinen Fall gilt für Normalbeton:

$$V_{Rd,sy} = \frac{A_{sw}}{s_w} \cdot f_{yd} \cdot z \cdot (\cot \Theta + \cot \alpha) \cdot \sin \alpha \tag{5.23}$$

$$A_{sw}^{[cm^2]} = \frac{s_w \cdot V_{Ed}}{f_{yd} \cdot z \cdot (\cot \Theta + \cot \alpha) \cdot \sin \alpha} \tag{5.24}$$

$$a_{sw}^{[cm^2/m]} = \frac{V_{Ed}}{f_{yd} \cdot z \cdot (\cot\Theta + \cot\alpha) \cdot \sin\alpha} \tag{5.25}$$

$$V_{Rd,max} = 0,75 \cdot b_w \cdot z \cdot f_{cd} \cdot \frac{\cot\Theta + \cot\alpha}{1 + \cot^2\Theta} \tag{5.26}$$

mit: z Hebelarm der inneren Kräfte. Er wird wiederum entweder aus der Biegebemessung übernommen oder mit der Näherung $z = 0,9 \cdot d$ berechnet. Bei dünnen Bauteilen ist zu beachten dass $z \leq d - 2 \cdot c_{nom}$ eingehalten wird. (Die Bügel müssen die Zugbewehrung und die Druckzone umschließen; c_{nom} bezieht sich auf die Bewehrung in der Druckzone)

Bei Leichtbeton sind abweichende Beiwerte zu beachten.

5.4.3.3   Lotrechte Querkraftbewehrung

Für $\alpha = 90°$ werden die Bemessungsgleichungen einfacher. Zudem darf die ausführliche Berechnung von $\cot\Theta$ durch Näherungsgleichungen ersetzt werden:

* reine Biegung: $\cot\Theta = 1,2$
* Biegung + Längsdruck: $\cot\Theta = 1,2$
* Biegung + Längszug: $\cot\Theta = 1,0$.

Es gilt:

$$V_{Rd,sy} = \frac{A_{sw}}{s_w} \cdot f_{yd} \cdot z \cdot \cot\Theta \tag{5.27}$$

$$A_{sw}^{[cm^2]} = \frac{s_w \cdot V_{Ed}}{f_{yd} \cdot z \cdot \cot\Theta} \tag{5.28}$$

$$a_{sw}^{[cm^2/m]} = \frac{V_{Ed}}{f_{yd} \cdot z \cdot \cot\Theta} \tag{5.29}$$

$$V_{Rd,max} = 0,75 \cdot \frac{b_w \cdot z \cdot f_{cd}}{\cot\Theta + \tan\Theta} \tag{5.30}$$

5.5   Anordnung der Querkraftbewehrung

Die Querkraftbewehrung soll sich an den anfangs vorgestellten Querkraft-Tragmodellen orientieren. Demzufolge sollten Platten ohne Querkraftbewehrung ausgeführt werden. Ausnahmen sind sehr hoch beanspruchte Platten, was z. B. im Brückenbau der Fall sein kann. Bei Balken würde im Idealfall die Schubbewehrung analog der Richtung der schiefen Hauptzugspannungen angeordnet werden, was allerdings baupraktisch schwierig zu realisieren ist. Deshalb wird die Bewehrung meist senkrecht stehend angeordnet. Mögliche Formen der Querkraftbewehrung sind Abb. 56 dargestellt. Die Bewehrungsarten können natürlich auch kombiniert werden.

Bügel sind die gebräuchlichste Form der Querkraftbewehrung. Sie nehmen die Stegzugkräfte auf und müssen entsprechend des Modells in Abb. 57 die Zugbewehrung umschließen und möglichst die gesamte Druckzone umfassen. Ein Bügel mit zwei Bügelschenkeln wird als zweischnittig bezeichnet. Bei breiten Trägern müssen mehrschnittige Bügel eingesetzt werden. Je nach Anordnung von zusätzlichen Schubzulagen oder Zulagebügeln spricht man dann von dreischnittig, vierschnittig usw., s. Abb. 56 rechts.

Bügel müssen geschlossen werden, um den Kraftfluss zu gewährleisten. Im Modell in Abb. 57 sieht man, wie sich die Druckstreben in den Bügelecken abstützen. Dadurch entstehen im Bügel selbst vertikale, aber auch nicht zu vernachlässigende horizontale Zugkräfte.

Aus diesem Lastabtragungsmodell resultieren auch die Bestimmungen für die maximal zulässigen Bügelschenkelabstände. In Tabelle 21 sind die Grenzwerte dafür aufgeführt.

Obwohl für die Verankerung von Bügeln in der Regel nur wenig Platz zur Verfügung steht, muss für eine ausreichende Verankerungslänge sowohl im Druck- als auch im Zuggurt gesorgt werden. Als Verankerungs-

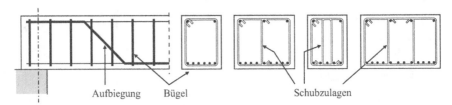

Abb. 56. Mögliche Formen der Querkraftbewehrung, Beispiele

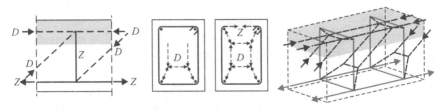

Abb. 57. Fachwerkmodell zur Wirkungsweise von Bügeln

elemente kommen daher bevorzugt Haken und Winkelhaken zum Einsatz, Abb. 58, da dadurch die erforderlichen Mindest-Verankerungslängen verkürzt werden können. Eine weitere Variante sind angeschweißte Querstäbe.

Wichtig ist zu unterscheiden, ob der Bügel in der Druck- oder in der Zugzone des Bauteils geschlossen wird. Beim Schließen in der Zugzone muss die Übergreifungslänge l_s gewährleistet werden, Abb. 59. Bei Plattenbalken kann die durchgehende Querbewehrung der Platte zum Schließen der Bügel herangezogen werden, Abb. 59 rechts. Dies ist allerdings nur zulässig, wenn der Bemessungswert der Querkraft V_{Ed} nicht größer als 2/3 der maximalen Querkrafttragfähigkeit $V_{Rd,max}$ ist.

Bei Fertigteilträgern mit extrem dünnen Stegen ($b_w \leq 80$ mm) dürfen einschnittige Schubzulagen als alleinige Querkraftbewehrung verwendet werden, wenn die Druckzone und die Biegezugbewehrung gesondert durch Bügel umschlossen werden.

Bei der konstruktive Durchbildung von Balken und Plattenbalken sind weiterhin zu beachten: Die Bestimmungen zur Mindestbewehrung, Gln. (5.16) und (5.17) und Tabelle 20, sind immer einzuhalten. Ansonsten sind folgende Punkte zu beachten:

- Bei Endauflagern muss mindestens ein Bügel hinter der rechnerischen Auflagerlinie liegen.
- Jede Bügelecke muss durch einen Längsstab gesichert werden.
- Die Maximalwerte der Längs- und Querabstände der Bügelschenkel in Tabelle 21 dürfen nicht überschritten werden. Bei Verwendung der Tafel darf $V_{Rd,max}$ näherungsweise mit $\Theta = 40°$ berechnet werden.
- Die Querkraftbewehrung entlang der Bauteillängsachse muss an jeder Stelle den Bemessungswert der Querkraft V_{Ed} abdecken. Bei Tragwerken des üblichen Hochbaus darf entsprechend Abb. 60 vereinfacht werden.

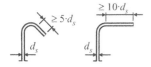

Abb. 58. Ausbildung von Haken und Winkelhaken bei Bügeln

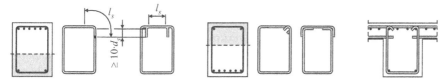

Abb. 59. Schließen von Bügeln; links: in der Zugzone; Mitte: in der Druckzone; rechts: bei Plattenbalken

Tabelle 21. Größte Längs- und Querabstände s_{max} von Bügelschenkeln und Querkraftzulagen

Querkraft-ausnutzung	Festigkeitsklasse			
	≤ C 50/60	> C 50/60	≤ C 50/60	> C 50/60
	Längsabstand		Querabstand	
$V_{Ed} \leq 0,3 \cdot V_{Rd,max}$	0,7·h bzw. 300 mm	0,7·h bzw. 200 mm	h bzw. 800 mm	h bzw. 600 mm
$\left. \begin{array}{l} 0,3 \cdot V_{Rd,max} < \\ 0,6 \cdot V_{Rd,max} \geq \end{array} \right\} V_{Ed}$	0,5·h bzw. 300 mm	0,5·h bzw. 200 mm	h bzw. 600 mm	h bzw. 400 mm
$V_{Ed} > 0,6 \cdot V_{Rd,max}$	0,5·h bzw. 200 mm			

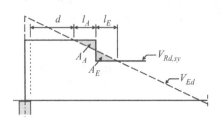

Es gilt:

$$A_E \leq A_A \qquad (5.31)$$

mit: A_A Auftragsfläche

 A_E Einschnittsfläche

$$l_A \leq \frac{d}{2} \quad \text{und} \quad l_E \leq \frac{d}{2}$$

Abb. 60. Einschneiden der Querkraftlinie

Bei Platten mit $b/h > 5$ ohne rechnerisch erforderliche Querkraftbeweh-rung braucht keine Mindestquerkraftbewehrung angeordnet werden. Bau-teile mit $b/h < 4$ sind als Balken zu behandeln. Zwischenbereiche sind nach DIN 1045-1, 13.3.3 (2) zu interpolieren. Muss eine Querkraftbewehrung eingelegt werden, sind die Stababstände nach DIN 1045-1, 13.3.3 (3) fest-zulegen.

5.6 Anschluss von Gurten

Der Anschluss von Gurten muss bei gegliederten Querschnitten wie Hohl-kästen bei Brücken oder Plattenbalken im Hochbau nachgewiesen werden. Das Tragmodell wird am besten anhand der Abb. 61 verständlich. Darge-stellt ist ein Plattenbalken mit der Platte in der Druckzone. Dieses Beispiel soll ausführlicher erläutert werden, bei Zugflanschen ist dann entsprechend zu verfahren. Die Lastabtragung in Längsrichtung kann wie bei einem einfachen Balken durch ein Fachwerkmodell idealisiert werden. Der Un-terschied zum einfachen Balken besteht darin, dass sich das Druckspan-nungsfeld in der Platte aufweiten kann. Der Kraftfluss im Druckgurt kann ebenfalls mit einem Stabwerkmodell abgebildet werden, Abb. 61 unten.

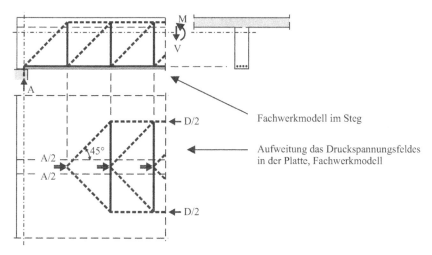

Abb. 61. Fachwerkmodell für den Anschluss von Druckgurten

Schräge Druckstreben bewirken die Verteilung der Druckspannungen über die Breite des Gurtes. Dabei entstehen senkrecht zur Bauteilachse Zugspannungen, die durch die so genannte Anschlussbewehrung aufgenommen werden müssen. Allerdings muss nicht die volle Druckkraft im Anschnitt zwischen Steg und Platte übertragen werden, sondern nur der Plattenanteil, da ein Teil der Druckkraft ja direkt im Steg verbleibt. Das Fachwerkmodell im Flansch entspricht dem Modell für die Querkraft im Steg, es ist lediglich horizontal ausgerichtet. Der horizontale Druckgurt wird durch die Druckkraft, die im Flansch übertragen werden soll, gebildet. Er befindet sich in etwa im Schwerpunkt der Fläche $h_f \cdot b_{eff,i}$, Abb. 62. Die Zugstäbe müssen durch die Anschlussbewehrung gebildet werden. Da die Druckkraft i. d. R. über die Plattendicke verteilt mit der Resultierenden in Plattenmitte wirkt, muss also auch die Bewehrung gleichmäßig an der Ober- und der Unterseite der Platte verteilt werden.

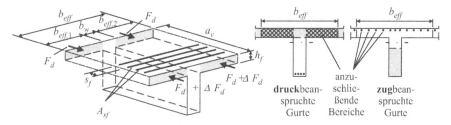

Abb. 62. Anschluss von druck- und zugbeanspruchten Gurtplatten

Die anzuschließende Druckgurtkraft F_d verändert sich über die Träger-länge, wenn die Querkraft V_{Ed} veränderlich ist. Der Tragfähigkeitsnach-weis wird mit dem Bemessungswert der einwirkenden Längsschubkraft ΔF_d geführt, was der Längskraftdifferenz in einem einseitigen Gurtab-schnitt mit der Bezugslänge a_v entspricht. In diesem Bereich darf die Längsschubkraft als konstant angenommen werden. Handelt es sich um einen Zugflansch, muss die Anschlussbewehrung für die in der ausgelager-ten Bewehrung übertragenen Kräfte bemessen werden.

Folgender Nachweis muss erfüllt werden:

$$V_{Ed} = \Delta F_d \leq \begin{cases} V_{Rd,sy} \\ V_{Rd,\max} \end{cases} \tag{5.32}$$

mit: ΔF_d Längskraftdifferenz in einem einseitigen Gurtabschnitt

$\quad a_v$ Bezugslänge, über die die Gurtkraftdifferenz ΔF_d als konstant angesehen werden kann, $a_v \leq \frac{1}{2}$ des Abstandes der Momenten-nullpunkte bei relativ konstantem Schubfluss und $a_v \leq$ Abstand des Querkraftsprunges bei großen Einzellasten

Bei der Bestimmung der Querkraftwiderstände in Gl. (5.32) müssen in den bisher vorgestellten Formeln für die reguläre Querkraftbemessung folgende Größen ersetzt werden:

- b_w durch h_f
- z durch a_v
- σ_{cd} durch die mittlere Betonlängsspannung im anzuschließenden Gurt-abschnitt mit der Länge a_v

Der Druckstrebenwinkel Θ darf vereinfacht nach Gl. (5.33) oder (5.34) angesetzt werden.

Druckflansch: $\cot \Theta = 1,2 \quad \rightarrow \quad \Theta = 50,2°$ \hfill (5.33)

Zugflansch: $\cot \Theta = 1,0 \quad \rightarrow \quad \Theta = 45,0°$ \hfill (5.34)

Wird die Anschlussbewehrung senkrecht zur Fuge eingelegt, ergibt sich:

$$a_{f,sw} = \frac{V_{Ed}}{f_{yd} \cdot a_v \cdot \cot \Theta} \tag{5.35}$$

$$V_{Rd,\max} = \frac{h_f \cdot a_v \cdot \alpha_c \cdot f_{cd}}{\cot \Theta + \tan \Theta} \tag{5.36}$$

Entsprechend dem Fachwerkmodell muss die ermittelte Anschlussbe-wehrung a_{sw} je zur Hälfte an der Ober- und an der Unterseite der Platte angeordnet werden. Laut DIN 1045-1 ist es zulässig, bei kombinierter Beanspruchung von Querbiegung in der Platte und Schubbeanspruchung zwischen Flansch und Steg – das ist der Regelfall bei Plattenbalken –, lediglich den größeren der beiden erforderlichen Bewehrungsquerschnitte einzulegen. Dabei sind Biegedruck- und -zugzone mit je der Hälfte der berechneten Anschlussbewehrung getrennt zu betrachten. Es gilt also:

- $\frac{1}{2}\, a_{f,sw} > a_{sl,Platte} \rightarrow$ an Ober- und Unterseite je $\frac{1}{2}\, a_{f,sw}$ einlegen.
- $\frac{1}{2}\, a_{f,sw} < a_{sl,Platte} \rightarrow$ an der Oberseite $a_{sl,Platte}$ und an der Unterseite $\frac{1}{2}\, a_{f,sw}$ einlegen.

Bei dieser Regelung ist allerdings zu beachten, dass bei einem System aus Platten und Unterzügen die Querbiegung in der Platte und die Querkraft im Unterzug mit dem jeweiligen Maximalwert durchaus an derselben Stelle auftreten können. Wenn kein genauerer Nachweis geführt wird, sollten in diesem Fall also die beiden Bewehrungen $a_{sl,Platte}$ und $a_{f,sw}$ addiert statt aufeinander angerechnet werden.

Weiterhin gilt natürlich, dass bei durchgehender unterer Bewehrung in der Platte diese voll auf den unten einzulegenden Anteil von $a_{f,sw}$ angerechnet werden darf, da diese Bewehrung i. d. R. nicht durch Traglasten beansprucht wird, sondern nur konstruktiv über den Zwischenauflagern durchgeführt wird.

5.7 Beispiele Querkraftbemessung

5.7.1 Nachweis der Druckstrebe am Auflager

Gegeben ist ein Wasserbehälter aus Stahlbeton. Es ist zu prüfen, ob eine Querkraftbewehrung in der Wand des Behälters erforderlich ist. Anschlie-

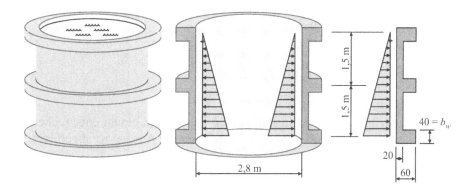

ßend soll die maximal mögliche Querkrafttragfähigkeit unter der Annahme, dass Querkraftbewehrung eingelegt wird, berechnet werden.

Baustoffe:

Beton: C 20/25 mit $f_{cd} = \alpha \cdot \dfrac{f_{ck}}{\gamma_c} = 0,85 \cdot \dfrac{20}{1,5} = 11,3 \text{ N/mm}^2$

Bewehrungsstahl: BSt 500 S(A) mit $f_{yd} = \dfrac{f_{yk}}{\gamma_s} = \dfrac{500}{1,15} = 434,8 \text{ N/mm}^2$

anzurechnende Längsbewehrung aus der Biegebemessung: 5 Stäbe $\varnothing$ 12 entsprechen vorh $A_{sl} = 9,05 \text{ cm}^2/\text{m}$.

statisches System:
Für die Ermittlung der Belastung durch den Wasserdruck wird die Wand als Durchlaufplatte über zwei Felder betrachtet. Der Wasserdruck wirkt senkrecht als Flächenlast auf die Behälterwand. Das Eigengewicht der Behälterwand erzeugt eine Normalkraft im Zweifeldträger.

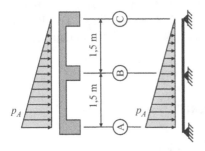

Belastung:
Wasserfüllung: $\gamma_w = 10 \text{ kN/m}^3$ (Wichte von Wasser)

Wasserdruck $p_{k,A}$: $p_{k,A} = \gamma_w \cdot h = 10 \text{ kN/m}^3 \cdot 3 \text{ m} = 30 \text{ kN/m}^2$

Bemessungswert: $p_{Ed,A} = \gamma_Q \cdot p_{k,A} = 1,5 \cdot 30 = 45 \text{ kN/m}^2$

Eigenlast der Behälterwand:
  am Lager B (Trägermitte): $N_{Ed,B} \approx 23 \text{ kN/m}$

  am Lager A (Behälterfußpunkt): $N_{Ed,A} \approx 46 \text{ kN/m}$

Schnittgrößen:
Die Schnittgrößen können mit Hilfe einer Tabelle aus einem entsprechenden Tafelwerk ermittelt werden. Ein entsprechender Auszug ist abgebildet.

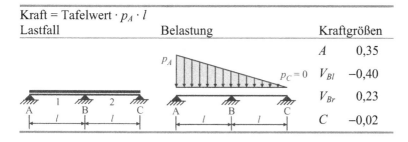

Kraft = Tafelwert · p_A · l		
Lastfall	Belastung	Kraftgrößen
		A 0,35
		V_{Bl} −0,40
		V_{Br} 0,23
		C −0,02

Stützweite: $l = 1,5$ m

Querschnittswerte: $b_w = 1$ m

$h = 0,20$ m

$d = 0,95 \cdot 0,20 = 0,19$ m (Näherung)

Die maximale Querkraft entsteht am linken Rand des mittleren Auflagers B (für diese Stelle ist der Faktor in der Tafel betragsmäßig am größten).

$$V_{Ed,Bl} = -0,4 \cdot p_{Ed,A} \cdot l = -0,4 \cdot 45 \cdot 1,5 = -27 \text{ kN/m}$$

Für den Nachweis von $V_{Rd,ct}$ darf der Bemessungswert der Querkraft V_{Ed} im Abstand von d vom Auflagerrand angesetzt werden.

$$p_{Ed} = p_B + \frac{(p_A - p_B) \cdot \left(\dfrac{b}{2} + d\right)}{l}$$

$$= 22,5 + \frac{(45 - 22,5) \cdot (0,2 + 0,19)}{1,5}$$

$$= 28,35 \text{ kN/m}$$

$$V_{Ed} = V_{d,Bl} + \left(d + \frac{b}{2}\right) \cdot \left(p_B + \frac{p_{Ed} + p_B}{2}\right)$$

$$= -27 \text{ kN/m} + 0,39 \text{ m} \cdot \left(22,5 + \frac{28,35 - 22,5}{2}\right) \text{ kN/m}^2$$

$$= -17,1 \text{ kN/m}$$

Bemessung Teil I:

Es wird überprüft, ob Querkraftbewehrung erforderlich ist. Die Frage ist also, ob die Bedingung $V_{Ed} \leq V_{Rd,ct}$ erfüllt ist.

Bauteilwiderstand: $V_{Rd,ct} = \left[0,1 \cdot \kappa \cdot (100 \cdot \rho_l \cdot f_{ck})^{1/3} - 0,12 \cdot \sigma_{cd}\right] \cdot b_w \cdot d$

mit: $\kappa = 1 + \sqrt{\dfrac{200}{d}} = 1 + \sqrt{\dfrac{200}{190}} = 2,02 \leq 2$ Einfluss der Bauteilhöhe

$\rho_l = \dfrac{A_{sl}}{b_w \cdot d} = \dfrac{9,05 \cdot 10^{-4}}{1 \cdot 0,19} = 4,76 \cdot 10^{-3} \leq 0,02$ Längsbewehrungsgrad

$f_{ck} = 20\ \dfrac{N}{mm^2}$

$\sigma_{cd} = \dfrac{N_{Ed,B}}{A_c} = \dfrac{23}{1 \cdot 0,2} = 115\ kN/m^2$

$V_{Rd,ct} = \left[0,1 \cdot 2,0 \cdot (100 \cdot 4,76 \cdot 10^{-3} \cdot 20)^{1/3} - 0,12 \cdot 0,115 \right] \cdot 1 \cdot 0,19$

$\qquad = 0,0779\ MN$

Nachweis: $V_{Ed} = 17,1\ kN < V_{Rd,ct} = 77,9\ kN$

Es ist keine Querkraftbewehrung erforderlich.

Bemessung Teil II:
Es soll geprüft werden, wie hoch die maximale Querkrafttragfähigkeit ist. Für die maximale Querkrafttragfähigkeit ist in der Regel das Versagen der Betondruckstrebe am Auflager verantwortlich.

$$V_{Rd,max} = \alpha_c \cdot f_{cd} \cdot b_w \cdot z \cdot \dfrac{(\cot \vartheta + \cot \alpha)}{(1 + \cot^2 \vartheta)}$$

mit: $\alpha_c = 0,75 \cdot \eta_1 = 0,75 \cdot 1,0 = 0,75$

$\quad z = 0,9 \cdot d = 0,9 \cdot 0,19 = 0,171$

$\quad \cot \vartheta = 1,2$ Biegung mit Längsdruck

$\quad \cot \alpha = 0$ senkrechte Bügel (Annahme)

$V_{Rd,max} = 0,75 \cdot 11,33 \cdot 1 \cdot 0,171 \cdot \dfrac{1,2}{1 + 1,2^2} = 0,715\ MN = 715\ kN$

5.7.2 Querkraftbemessung Plattenbalken

Für den Plattenbalken ist die erforderliche Querkraftbewehrung gesucht. Es sollen senkrechte Bügel eingebaut werden. Außerdem ist die Bewehrung gesucht, die für den Anschluss des Druckgurtes an den Steg erforderlich ist. (Fortsetzung des Beispiels „Biegebemessung Plattenbalken", Abschn. 4.7.6)

Schnittgrößen:

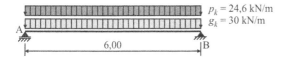

$p_k = 24,6$ kN/m
$g_k = 30$ kN/m

infolge Eigenlast: $V_{g,k} = g_k \cdot \dfrac{l}{2} = 30 \cdot \dfrac{6}{2} = 90$ kN

infolge Verkehrslast: $V_{p,k} = p_k \cdot \dfrac{l}{2} = 24,6 \cdot \dfrac{6}{2} = 73,8$ kN

Bemessungsquerkraft für den Nachweis von:

$V_{Rd,max}$:

$$V_{Ed,A} = \gamma_G \cdot V_{g,k} + \gamma_Q \cdot V_{p,k}$$
$$= 1,35 \cdot 90 + 1,5 \cdot 73,8 = 232,2 \text{ kN}$$

$V_{Rd,sy}$:

$$V_{Ed} = V_{Ed,A} - \frac{\gamma_G \cdot g_k + \gamma_Q \cdot p_k}{\dfrac{0,3}{3} + d}$$
$$= 232,2 - \frac{1,35 \cdot 30 + 1,5 \cdot 24,6}{0,1 + 0,552} = 113,5 \text{ kN}$$

Bemessungswiderstand $V_{Rd,max}$:

$$V_{Rd,max} = \frac{b_w \cdot z \cdot \alpha_c \cdot f_{cd}}{\cot\Theta + \tan\Theta}$$

mit: $z = \zeta \cdot d = 0,98 \cdot 55,2$ cm $= 54,1$ cm (Beiwert aus der Tafel für die
Biegebemessung abgelesen)

$b_w = 30$ cm

$a_c = 0,75 \cdot \eta_1 = 0,75 \cdot 1$ für Normalbeton

$$\cot\Theta = \frac{1,2}{1 - \dfrac{V_{Rd,c}}{V_{Ed}}} = \frac{1,2}{1 - \dfrac{121}{232,2}} = 2,506 < 3,0$$

$$V_{Rd,c} = \beta_{ct} \cdot 0,1 \cdot \eta_1 \cdot f_{ck}^{1/3} \cdot b_w \cdot z = 2,4 \cdot 0,1 \cdot 30^{1/3} \cdot 0,3 \cdot 0,541 = 0,121 \text{ MN}$$

$$V_{Rd,max} = \frac{0,3 \cdot 0,541 \cdot 0,75 \cdot 17}{2,506 + \dfrac{1}{2,506}} = 712 \text{ kN} > 232,2 \text{ kN} = V_{Ed,A}$$

Querkraftbewehrung a_{sw}:

$$a_{sw} = \frac{V_{Ed}}{f_{yd} \cdot z \cdot \cot\Theta} = \frac{0,1135 \text{ MN} \cdot 10000}{435 \text{ MPa} \cdot 0,541 \text{ m} \cdot 2,506} = 1,92 \text{ cm}^2/\text{m}$$

Gewählt werden zweischnittige Bügel Ø 6 mit $s = 25$ cm. Das entspricht einer vorhandenen Bewehrung vorh $a_{sw} = 2,26$ cm²/m.

Überprüfung des maximalen Bügelabstandes:

$$\frac{V_{Ed}}{V_{Rd,max}} = \frac{232,2}{712} = 0,33 \text{ bedingt } \max\ s = \min\begin{cases} 0,5 \cdot h = 0,5 \cdot 60 = 30 \text{ cm} \\ 30 \text{ cm} \end{cases}$$

Die gewählte Bewehrung erfüllt die konstruktiven Bestimmungen der DIN 1045-1.

Anschluss des Druckgurtes:

Bemessungswert der Querkraft: $V_{Ed} = \Delta F_d = F_{cd} \cdot \dfrac{A_{ca}}{A_{cc}}$

mit:

$$F_{cd} = \frac{M_{Ed}(x = a_v)}{z}$$

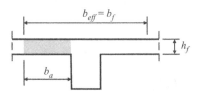

$$a_v = \frac{6 \text{ m}}{4} = 1,5 \text{ m} \qquad \text{(halber Abstand zwischen Momentennullpunkt}$$
$$\text{und Maximalmoment)}$$

$$M_{Ed}(x = a_v) = A_d \cdot a_v - \frac{(\gamma_G \cdot g_k + \gamma_Q \cdot p_k) \cdot a_v^2}{2}$$

$$= 232,2 \cdot 1,5 - \frac{(1,35 \cdot 30 + 1,5 \cdot 24,6) \cdot 1,5^2}{2} = 261,225 \text{ kNm}$$

$$F_{cd} = \frac{261,255}{0,541} = 483 \text{ KN}$$

$$V_{Ed} = \Delta F_d \approx F_{cd} \cdot \frac{A_{ca}}{A_{cc}} = F_{cd} \cdot \frac{b_a}{b_f} = 483 \cdot \frac{\frac{1}{2} \cdot (2,24 - 0,3)}{2,24} = 209,2 \text{ kN}$$

Bauteilwiderstand:

$$V_{Rd,max} = \frac{\alpha_c \cdot f_{cd} \cdot h_f \cdot a_v}{\cot\Theta + \tan\Theta} = \frac{0,75 \cdot 17 \cdot 0,18 \cdot 1,5}{1,2 + \dfrac{1}{1,2}} = 1693 \text{ kN}$$

Nachweis:

$$V_{Rd,max} = 1693 \text{ kN} > V_{Ed} = 209,6 \text{ kN}$$

erforderliche Bewehrung:

$$a_{f,sw} = \frac{V_{Ed}}{f_{yd} \cdot a_v \cdot \cot\Theta} = \frac{0,2105 \cdot 10^4}{435 \cdot 1,5 \cdot 1,2} = 2,7 \text{ cm}^2/\text{m}$$

Gewählt werden Stäbe $\varnothing$ 6 mit $s = 20$ cm, die je zur Hälfte an der Ober- und der Unterseite der Platte eingelegt werden müssen. Die Bewehrungsmenge entspricht vorh $a_{sw} = 2,83$ cm². Eine vorhandene Bewehrung infolge Querbiegung der Platte darf angerechnet werden. Eine Überprüfung des maximalen Stababstandes wird hier nicht erforderlich.

6 Zugkraftdeckung

6.1 Einleitung und Durchführung

Bisher wurde die erforderliche Biegezugbewehrung im Bereich der maximalen Momente ermittelt. Aber genau wie die Querkraftbewehrung, die abschnittsweise abgestuft werden darf, kann auch die Menge der Biegezugbewehrung in Bereichen mit niedrigerer Beanspruchung reduziert werden. Unter Zugkraftdeckung versteht man die Ermittlung der statisch notwendigen Menge der Biegezugbewehrung, bezogen auf die Längsachse des Biegebauteils.

Woher der Begriff Zugkraftdeckung kommt und warum der Nachweis der Zugkraftdeckung als Abschluss der Biegebewehrungsermittlung im Rechengang erst nach der Ermittlung der Querkraftbewehrung stattfindet, wird im Folgenden erläutert.

Bei der Zugkraftdeckung wird aus der Momentengrenzlinie die Zugkraftlinie und daraus die Zugkraftdeckungslinie in Abhängigkeit von der vorhandenen Bewehrung abgeleitet.

Die Arbeitsschritte können grafisch oder rechnerisch durchgeführt werden und werden im Folgenden aufgelistet.

1. Erstellen der Momentengrenzlinie über die Trägerlänge. Dies wird normalerweise bereits bei der Ermittlung der maßgebenden Schnittgrößen getan. Das Ergebnis ist i. A. ein Längen-Momenten-Diagramm, wie es in Abb. 63 zu sehen ist. Die Bewehrungsmenge A_s wurde für das maximale Feldmoment bzw. das minimale Stützenmoment in der Biegebemessung ermittelt. Jetzt ist die Bewehrungsmenge A_s? in den Bereichen des Trägers gesucht, in denen die Beanspruchung geringer als bei max M_{Feld} oder min $M_{Stütze}$ ist.

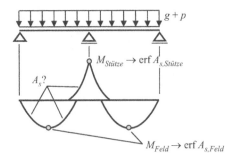

Abb. 63. Momentengrenzlinie laut Schnittgrößenermittlung

2. Erstellen der Zugkraftlinie. Das Moment M kann über den Hebelarm der inneren Kräfte z in eine zugehörige Stahlzugkraft Z_s umgerechnet werden, Gl. (6.1). Der Hebelarm der inneren Kräfte wurde bei der Biegebemessung für die jeweils maßgebenden Momente ermittelt.

$$Z_s = \frac{M_{Ed}}{z} = \frac{M_{Ed}}{\varsigma \cdot d} \tag{6.1}$$

Die Umrechnung vom Momentenbild in ein Zugkraftbild erzeugt kein wirklich neues Diagramm. Die Zugkraftlinie entspricht in ihrem Verlauf der Momentenlinie, da Zugkraft und Moment direkt proportional zueinander sind. Im Diagramm ändert sich lediglich die Einheit der y-Achse, siehe Abb. 64.

3. Berechnung der infolge Z_s erforderlichen Bewehrungsmenge. Im dritten Schritt berechnet man aus der Zugkraft eine erforderliche Bewehrungs-

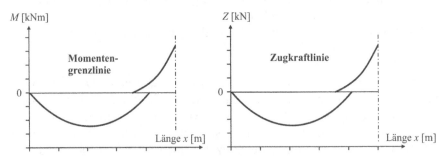

Abb. 64. Momentengrenzlinie und Zugkraftlinie für das linke Feld des zuvor dargestellten Zweifeldträgers

menge, Gl. (6.2), die dann mit der vorhandenen Bewehrungsmenge verglichen werden kann.

$$\text{erf}\, A_s = \frac{\text{vorh}\, Z_s}{f_{yd}} \tag{6.2}$$

Die Linie der erforderlichen Stahlmenge hat ebenfalls die gleiche Gestalt wie die Momenten- und die Zugkraftlinie, da auch A_s linear abhängig von der abzudeckenden Zugkraft und somit vom Biegemoment ist.

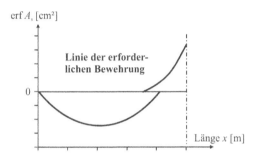

Abb. 65. Linie der erforderlichen Bewehrungsmenge für das linke Feld des Zweifeldträgers

4. Zugkraftlinie einer abgestuften Bewehrung. Die bisher berechneten und dargestellten Größen hatten immer einen Bezug zu erforderlichen Werten. Aus dem vorhandenen Biegemoment wurde die erforderliche Stahlfläche über die Trägerlänge berechnet, die mindestens eingelegt werden muss, um das maximale Biegemoment abzudecken. Eine vorhandene Bewehrung kann nun ohne große Probleme ebenfalls in das Diagramm eingetragen werden, Abb. 66. Visuell wird damit sofort deutlich, ob die vorhandenen Werte den Erfordernisse entsprechen. An den Schnittpunkten zwischen

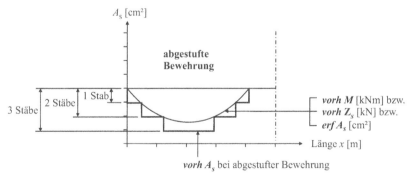

Abb. 66. Prinzipskizze der abgestuften Bewehrung

den Linien für die vorhandene Bewehrung und für die erforderliche Bewehrung könnte die Biegezugbewehrung abgestuft werden.

5. Versetzen der Zugkraftlinie, Zugkraftdeckungslinie und Wahl der Bewehrung. Die Fragen vom Anfang sind aber noch offen: Warum heißt das gesuchte Diagramm nicht Momenten- oder Biegebewehrungsdeckungsdiagramm sondern Zugkraftdeckungslinie und warum muss die Querkraftbewehrung vor der Zugkraftdeckung berechnet werden. Beide Fragen haben eine gemeinsame Lösung. Bei der Ermittlung der Querkraftbewehrung wurde das Fachwerkmodell eingeführt. Dieses Modell für den Abtrag der Schnittgröße Querkraft unterscheidet sich deutlich vom Modell für die Schnittgröße Biegemoment, bei dem lediglich die horizontalen inneren Kräfte betrachtet wurden. Da beide Schnittgrößen gleichzeitig auftreten, müssen auch beide Modelle gleichzeitig wirksam sein. Während in der Nähe des Auflagers eines gelenkig gelagerten Einfeldträgers das Moment nahezu null ist und damit aus dieser Schnittgröße keine Zugkraft resultiert, ergibt sich aus dem Fachwerkmodell für die Querkraft in diesem Auflagerbereich an der Unterseite des Biegeträgers durchaus eine horizontale Zugkraft, s. hierzu auch Abb. 50 bis Abb. 52 zu den Fachwerkmodellen.
Dieser Zugkraftanteil aus dem Fachwerkmodell muss zu dem Zugkraftanteil aus Biegung addiert werden. Das Ergebnis sind horizontal versetzte Zug- und Druckkraftlinien. Sehr anschaulich sind diese im Kapitel Querkraftbemessung in Abb. 52 dargestellt.

Auf grafischem Wege erzielt man die endgültige Zugkraftlinie also dadurch, dass die bisher betrachtete Zugkraftlinie am Maximalwert geteilt und einfach um das Versatzmaß a_l von diesem weg hin zum Auflager oder zum Momentennullpunkt verschoben wird. Das Versatzmaß ist abhängig von der Größe des inneren Hebelarms und von der Neigung der Streben im Fachwerkmodell. Es kann mit Gl. (6.3) berechnet werden.

$$a_l = \frac{z}{2} \cdot \left(\cot \Theta - \cot \alpha \right) \geq 0 \tag{6.3}$$

mit: Θ, α entsprechend Querkraftbemessung
$\quad\quad z$ entsprechend Biegebemessung oder allgemein $z = 0,9 \cdot d$

Wird bei Plattenbalken die teilweise aus dem Steg ausgelagerte Bewehrung abgestuft, ist zum Versatzmaß a_l der Abstand dieser Stäbe vom Stegrand zu addieren.

Das Verschieben der Zugkraftlinie wird in Abb. 67 demonstriert. Am Punkt x erkennt man, dass sich die Größe der vorhandenen Zugkraft infolge der Verschiebung der aus dem Momentengleichgewicht resultierenden Zugkraftlinie erhöht hat. Damit wurde der Zugkraftanteil aus dem Querkraftmodell dem Anteil infolge des Biegemomentes hinzugerechnet.

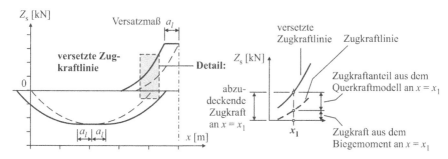

Abb. 67. Versetzen der Zugkraftlinie um das Versatzmaß a_l

Wie im Kapitel Querkraft erläutert, unterscheiden sich die Fachwerkmodelle in Abhängigkeit von der Größe der Querkraft, was wiederum zu verschiedenen Beträgen der Zugkräfte in den Fachwerken führt. Um diese Unterschiede zu berücksichtigen, wird das Versatzmaß mit Hilfe des Druckstrebenwinkels Θ und des Zugstrebenwinkels α berechnet. Somit hängt der Betrag der Verschiebung a_l und damit der Betrag der Erhöhung der Zugkraft direkt vom Querkraftmodell ab.

Die versetzte Zugkraftlinie muss abschließend durch Bewehrung abgedeckt werden. Da die Bewehrung aber nicht kontinuierlich an die Momentenlinie angepasst werden kann, wird die Linie der aufnehmbaren Zugkraft im Gegensatz zur Linie der aufzunehmenden Zugkraft stufenförmig verlaufen, wie schon in Abb. 66 angedeutet wurde. Die waagerechten Linien der Zugkraftdeckungslinie bezeichnet man als Bewehrungshorizonte, Abb. 68. Durch das Eintragen von Bewehrungshorizonten ist der Vergleich zwischen der zwingend erforderlichen Bewehrung und der laut Biegebemessung vorgesehenen Bewehrung möglich.

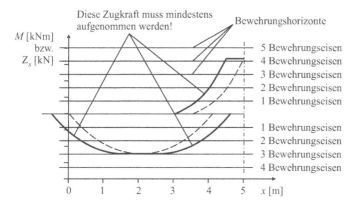

Abb. 68. Eintragen von Bewehrungshorizonten, Beispiel

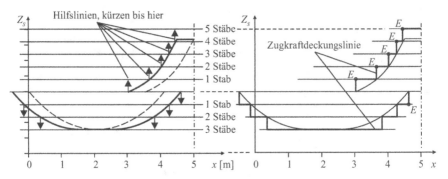

Abb. 69. Vorgehensweise bei der Ermittlung der abgestuften Bewehrung

Die Vorgehensweise beim Abstufen der Biegezugbewehrung zeigt Abb. 69. Vom Schnittpunkt der Zugkraftlinie mit dem Bewehrungshorizont wird eine Hilfslinie in Richtung des betragsmäßig größeren Bewehrungshorizontes gezeichnet (linkes Bild). Am Schnittpunkt der beiden Linien kann die höhere Lage auf eben diese Länge gekürzt werden. In DIN 1045-1 wird dieser Schnittpunkt mit E bezeichnet, was „rechnerischer Endpunkt" der Bewehrung bedeutet. Dadurch erhält man die Grundlänge dieses Bewehrungseisens, die erforderliche Verankerungslänge ist also noch nicht mit berücksichtigt. Kürzt man alle Bewehrungshorizonte auf das erforderliche Maß (ohne Verankerungslängen), erhält man die stufenförmige Zugkraftdeckungslinie (rechts im Bild).

Die Grundlänge eines Bewehrungseisens ist der Abstand zwischen den zwei rechnerischen Endpunkten E. Um die erforderliche Gesamtlänge des Stabes angeben zu können, muss allerdings noch die Verankerungslänge ausgerechnet und zur Grundlänge addiert werden. Die Vorgehensweise wird im Kap. 7 erläutert.

Die gewählte Bewehrungsmenge muss selbstverständlich immer größer oder gleich der statisch erforderlichen sein, d. h. die gewählten Bewehrungshorizonte müssen immer außerhalb oder dürfen höchstens identisch mit der abzudeckenden Zugkraftlinie sein. Die Staffelung der Stabdurchmesser und auch die Durchmesser selbst sind frei wählbar. Dabei sollte das Verhältnis zwischen Materialeinsparung und erhöhtem Arbeits- und Planungsaufwand beachtet werden.

Zusammenfassend sollen noch einmal alle notwendigen Arbeitsschritte aufgeführt werden:

• Momentenlinie erstellen (dabei Maßstab für die Darstellung der Momente und Längen wählen)

• Zugkraftbild aus Momentenbild ableiten (neuen Maßstab für Kräfte errechnen)

- Versatzmaß in Abhängigkeit von der Querkraftbeanspruchung ermitteln
- Zugkraftbild um den Betrag des Versatzmaßes verschieben
- Bewehrungshorizonte wählen und eintragen
- erforderliche Bewehrungslänge festlegen.

Die Zugkraftdeckung ist ein graphisches Verfahren. Die Momente, Kräfte und Längen dürfen aus dem Diagramm abgemessen werden. Es empfiehlt sich deshalb, z. B. mit Millimeterpapier zu arbeiten. Geringe Ableseungenauigkeiten oder Skizzierfehler sind akzeptabel.

Noch einige Bemerkungen zur Anwendung. Die Zugkraftdeckung kann sowohl für normalen Bewehrungsstahl als auch für Spannstahl durchgeführt werden. Die Berechnung der Zugkraftdeckung erfolgt heutzutage in der Praxis nur noch rechnergesteuert. Im Allgemeinen ist durch die Zugkraftdeckungslinie gestaffelte Bewehrung im Hochbau nicht mehr so intensiv zu finden wie noch vor einigen Jahren. Während früher die Einsparung von Stahl im Vordergrund stand, sind heute im Wesentlichen die Kosten der Ingenieurstunden und die Kosten der Stahlliste entscheidend. Außerdem ist der Verlegeaufwand bei vielen verschiedenen Bewehrungspositionen höher, da mehr Lagerplatz auf der Baustelle bereitgestellt werden muss und die Zuordnung und exakte Ausrichtung der verschiedenen Eisen länger dauert, als wenn nur eine Art Eisen eingebaut werden soll. Letztlich ist auch das Risiko von Fehlern größer, da Stähle in der falschen Lage eingebaut werden können. Trotzdem sollte man das Prinzip der Zugkraftdeckung verstehen, da es in einfacher und sehr anschaulicher Weise den prinzipiellen Zusammenhang zwischen der Beanspruchung eines Bauteils und der einzubauenden Bewehrung verdeutlicht. Sinnvolle Anwendungsgebiete sind nach wie vor zum Beispiel der Fertigteilbau und der Brückenbau.

6.2 Konstruktive Regeln

Es ist zu beachten, dass nicht beliebig viele Bewehrungseisen vor den Auflagerpunkten im Feld enden dürfen. Die wichtigsten Regeln für Platten und Balken sind:

Platten:

- Mindestens ½ der Feldbewehrung ist ins Auflager zu führen und dort zu verankern.
- Bei Platten ohne Querkraftbewehrung gilt $a_l = 1,0 \cdot d$.

Balken:

- Mindestens ¼ der Feldbewehrung ist ins Endauflager zu führen und dort zu verankern.

- Mindestens ¼ der Feldbewehrung ist um $6 \cdot d_s$ über das Zwischenauflager zu führen.
- Zur Aufnahme positiver Momente an Zwischenstützen, z. B. infolge Baugrundsetzungen, sollte die Bewehrung durchlaufen.

6.3   Beispiel Zugkraftdeckungslinie Einfeldträger

Ein Balken wurde für eine konstante Linienlast bemessen. Das maximale Moment von 214 kNm erfordert eine Biegezugbewehrung von vier Stäben Ø 20. Zwei Stäbe sollen außerhalb des Endauflagers verankert werden. Gesucht sind die Zugkraftdeckungslinie, die Stablänge der abgestuften Stäbe, die Verankerungslängen und die Gesamtlängen aller Bewehrungseisen.

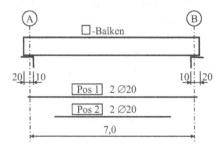

Baustoffe:

Beton: C 20/25 mit $f_{cd} = \alpha \cdot \dfrac{f_{ck}}{\gamma_c} = 0,85 \cdot \dfrac{20}{1,5} = 11,3 \text{ N/mm}^2$

Bewehrungsstahl: BSt 500 S(A) mit $f_{yd} = \dfrac{f_{yk}}{\gamma_s} = \dfrac{500}{1,15} = 434,8 \text{ N/mm}^2$

weiterhin sind gegeben:

Trägerhöhe:	$h = 55$ cm
statische Nutzhöhe:	$d = 50$ cm
Hebelarm der inneren Kräfte:	$z = 0,839 \cdot d = 42$ cm
Querkraft am Endauflager:	$V_{Ed} = 122,5$ kN

Momenten- und Zugkraftlinie:
In einem Diagramm wird zuerst die parabolische Momentenlinie eingezeichnet. Die Ordinate auf der rechten Seite trägt die Einheit [kNm].

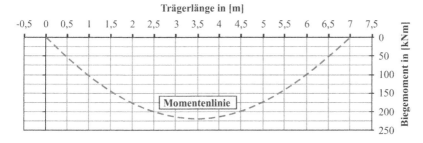

Aus der Momentlinie wird die Zugkraftlinie entwickelt. Die maximal aufzunehmende Stahlzugkraft an der Stelle des Maximalmomentes beträgt:

$$\max Z_{S,Ed} = \frac{\max M_{Ed}}{z} = \frac{214 \text{ kNm}}{0,839 \cdot 0,5 \text{ m}} = 510 \text{ kN}$$

Die Ordinate für die Zugkraft an der linken Seite des Diagramms trägt die Einheit [kN].

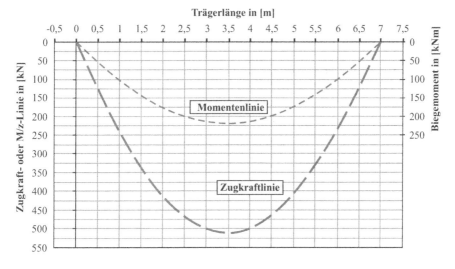

Als nächstes muss die Zugkraftlinie um das Versatzmaß a_l verschoben eingezeichnet werden.

$$a_l = \frac{z}{2} \cdot (\cot \vartheta - \cot \alpha) = \frac{0,839 \cdot 0,5 \text{ m}}{2} \cdot (1,2 - 0) = 0,252 \text{ m} > 0$$

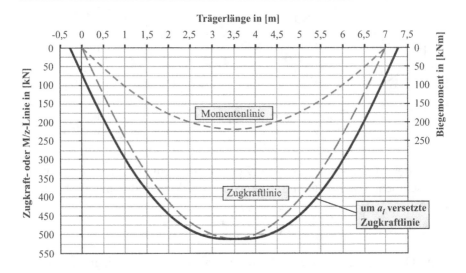

Zugkraftdeckungslinie:

Für die grafische Darstellung der Zugkraftdeckungslinie muss die Kraft bekannt sein, die ein Bewehrungsstab aufnehmen kann.

ein Stab ∅ 20: $A_s = 3,14 \text{ cm}^2$ ergibt

$$Z_{s1} = f_{yd} \cdot A_s = 434,8 \cdot 0,001 \, \frac{\text{kN}}{\text{mm}^2} \cdot 314 \text{ mm}^2 = 136,5 \text{ kN}$$

zwei Stäbe: $Z_{s2} = 273 \text{ kN}$

drei Stäbe: $Z_{s3} = 409,6 \text{ kN}$

vier Stäbe: $Z_{s4} = 546,1 \text{ kN}$

Das endgültige Diagramm sieht wie folgt aus:

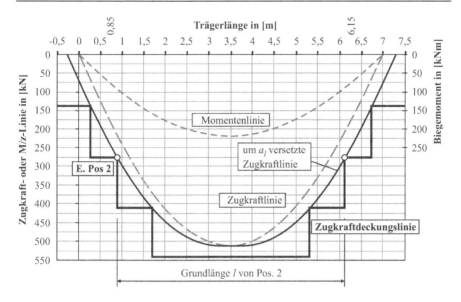

Die Grundlänge der zwei Stäbe Pos 2 kann nun in der Zeichnung abgemessen werden:

Pos 2, Grundlänge: $l = 6,15 - 0,85 = 5,3$ m

Pos 1, Grundlänge: $l = 7,00 - 2 \cdot 0,10 = 6,80$ m   (von Auflagerrand zu Auflagerrand)

Die Berechnung der Verankerungslängen wird am Ende des folgenden Kapitels vorgeführt.

7 Verankerung von Bewehrung

7.1 Allgemeines

Gleich im ersten Kapitel wurde erläutert, dass Stahlbeton ein Verbundbaustoff ist. Der Verbund gewährleistet, dass die beiden Materialien Stahl und Beton gleich gedehnt werden, wenn sie in derselben Querschnittsfaser liegen. Kräfte können von einem Baustoff auf den anderen übertragen werden. Werden Stäbe zur Kraftübertragung nicht mehr benötigt, müssen sie kraftschlüssig im Beton verankert werden. Verankerungen sind beispielsweise auch bei komplizierten Bewehrungsführungen nötig. Außerdem müssen Stäbe in vielen Fällen gestoßen werden, wobei ebenfalls die Kraftweiterleitung über den Verbund gewährleistet werden muss.

7.2 Eigenschaften des Verbundes

Von der Güte des Verbundes hängt die Wirksamkeit von Verankerungen ab. Die Verbundwirkung entsteht durch das Zusammenwirken mehrerer Mechanismen. In Leonhardt et al. (1977–1986) wird unterschieden zwischen:

- Haftverbund
- Reibungsverbund
- Scherverbund.

Die Qualität des Verbundes ist von vielen Faktoren abhängig, zum Beispiel von:

- der Lage des Stahles beim Betonieren (Verbundbereich)
- Betongüte, Betonzusammensetzung und Konsistenz

- der Größe der Betondeckung
- Profilierung und Durchmesser des Bewehrungsstahles

7.2.1 Lage des Stahles beim Betonieren

Wesentlich ist, ob der Stab beim Einbringen des Betons waagerecht, geneigt oder senkrecht liegt, wie dick das Bauteil ist oder wie hoch der Stab
über dem Schalungsboden eingebaut wurde.

Beim Erhärten setzt sich der Frischbeton etwas und es sammelt sich
Wasser unter den Stäben an, was später verdunstet. Wenn die Bewehrung
also hoch über dem Schalungsboden liegt, können sich Hohlräume bilden
oder wassergefüllte Poren ansammeln, Abb. 70. Die im Verbund liegende
Mantelfläche des Stahles kann sich dann bis auf die Hälfte der Gesamt-
oberfläche des Stabes reduzieren.

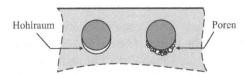

Abb. 70. Bildung von Hohlräumen und Poren unter waagerechten Bewehrungsstäben

7.2.2 Verbundbereiche

In DIN 1045-1 wird deshalb zwischen „guten" und „mäßigen" Verbundbedingungen unterschieden. Die entsprechenden Kriterien sind in Abb. 71

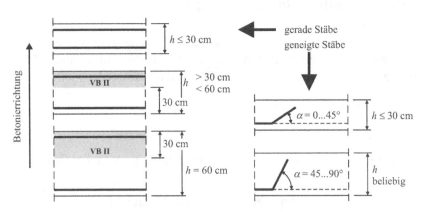

Abb. 71. Bedingungen für „guten" Verbund nach DIN 1045-1

zusammengefasst. Dargestellt sind die Bedingungen für „guten" Verbund – das entspricht dem Verbundbereich VB I. In allen anderen Fällen ist demzufolge von mäßigem Verbund auszugehen – VB II.

7.2.3 Betongüte, Betonzusammensetzung und Konsistenz

Grundsätzlich steigt die Verbundfestigkeit mit der Betonfestigkeit. Betone mit niedrigerem Feinkornanteil weisen bessere Verbundeigenschaften auf, die Absetzerscheinungen sind geringer. Bei steiferer Konsistenz lagert sich weniger Wasser ab, die Matrix des erhärteten Betons wird insgesamt dichter und fester und ist weniger anfällig gegenüber Verformungen.

7.2.4 Größe der Betondeckung

Wird ein Bewehrungsstab durch eine Zugkraft (Abb. 72) beansprucht, werden Druckspannungen in den Betonkonsolen an den Rippen erzeugt. Gleichzeitig entstehen Ringzugspannungen um den Bewehrungsstab herum, da sich das in der Kontaktzone Stahl-Beton zunächst konzentrierte Druckspannungsfeld im umgebenden Beton aufweitet. Je geringer nun die Betondeckung ist, desto mehr müssen die Druckspannungen umgelenkt werden und desto höher fallen die Zugspannungen und damit die Beanspruchung des Verbundes aus. Wird die Zugfestigkeit des Betons überschritten, können Längsrisse entlang des Bewehrungsstahles entstehen, die Verbundfestigkeit sinkt. Bei einer hohen Konzentration von Stößen oder Verankerungen muss deshalb unter Umständen eine Querbewehrung vorgesehen werden, die die Ringzugkräfte aufnehmen kann.

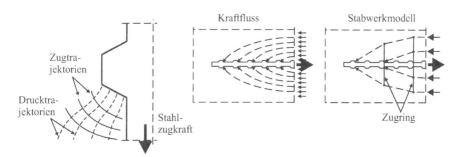

Abb. 72. Spannungen am Bewehrungsstab

7.3   Verbundspannung

Das Wirken der Verbundspannungen soll an einem zentrisch gezogenen Stahlbetonstab erläutert werden, Abb. 73. Am Ende des Stahlstabes beträgt die Kraft im Stahl $Z_s = Z$, entsprechend ist die Stahlspannung $\sigma_{s0} = Z/A_s$ und die Stahldehnung $\varepsilon_{s0} = \sigma_{s0}/E_s$. Ab der Stelle, an der der Stahl in den Beton einbindet, werden über den Verbund Anteile der Zugkraft $Z_s = Z$ auf den Beton übertragen. Die Beanspruchung im Stahlstab sinkt, die des Betons steigt. Dem Beton wird eine Zugverformung aufgezwungen. Nach einer gewissen Einleitungslänge l_E sind die Dehnungen von Beton und Stahl gleich, es gilt $\varepsilon_s = \varepsilon_c$. Innerhalb der Einleitungslänge wirkt an der Oberfläche des Stahlstabes die Verbundspannung f_{bd}. Sie erreicht am Ende eines Stahlbetonstabes ihren Maximalwert und ist Null, wenn der Verbund vollständig wirkt.

Wird ein Bewehrungsstab verankert, ist er also erst in einem bestimmten Abstand von seinem Ende aus voll wirksam und kann Lasten abtragen. Deshalb muss die statisch erforderliche Stablänge um eine entsprechende Verankerungslänge vergrößert werden. Die Verankerungslängen werden unter Verwendung eines über diesen Bereich konstanten Mittelwertes der Verbundspannung f_{bd} berechnet. f_{bd} kann mit den Gln. (7.1) bis (7.4) berechnet oder aus Tabelle 22 abgelesen werden. Tabelle 22 gilt für gute Verbundbedingungen und für Stabdurchmesser bis 32 mm. In allen anderen Fällen sind die Werte mit den Faktoren aus den Gln. (7.2) bis (7.4) zu multiplizieren.

$$\text{guter Verbund und } d_s \leq 32 \text{ mm: } f_{bd} = 2{,}25 \cdot \frac{f_{ctk;0,05}}{\gamma_c} \qquad (7.1)$$

$$\text{mäßiger Verbund: Abminderung mit dem Faktor 0,7} \qquad (7.2)$$

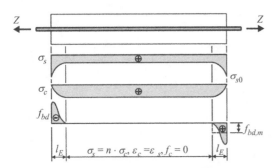

Abb. 73. Verbundspannungen am zentrisch gezogenen, ungerissenen Zugstab

Tabelle 22. Bemessungswerte der Verbundspannung f_{bd} für Betonstahl bei gutem Verbund und $d_s \le 32$ mm nach DIN 1045-1 (Auszug)

	charakteristische Betondruckfestigkeit f_{ck} in [N/mm²]									
	12	16	20	25	30	35	40	45	50	55
f_{bd} in [N/mm²]	1,6	2,0	2,3	2,7	3,0	3,4	3,7	4,0	4,3	4,4

$$d_s > 32 \text{ mm: Abminderung mit dem Faktor } \frac{132 - d_s}{100} \qquad (7.3)$$

$$\text{Querzug}^a\text{: Abminderung mit dem Faktor } \frac{1}{3} \qquad (7.4)$$

[a] Diese Bestimmung gilt für Querzug rechtwinklig zur Bewehrungsebene, wenn Risse parallel zu den Stäben erwartet werden müssen. Auf die Abminderung kann bei einer Begrenzung der Weite dieser Risse auf maximal 0,2 mm und vorwiegend ruhender Belastung verzichtet werden.

Laut DIN 1045-1 ist eine Erhöhung der Verbundspannung in folgenden Fällen erlaubt:

- Rechtwinklig zur Bewehrungsebene ist ein Querdruck p vorhanden, wobei mit p der mittlere Querdruck im Verankerungs- oder Übergreifungsbereich in [N/mm²] gemeint ist.

$$\rightarrow \text{Erhöhung von } f_{bd} \text{ um } \frac{1}{1 - 0,04 \cdot p^{[\text{N/mm}^2]}} \le 1,5 \qquad (7.5)$$

- Allseitig ist eine durch Bewehrung gesicherte Betondeckung von mindestens $10 \cdot d_s$ vorhanden. Bei Übergreifungsstößen beträgt der Achsabstand der Stöße mehr als $10 \cdot d_s$.

$$\rightarrow \text{Erhöhung von } f_{bd} \text{ um } 50\ \% \qquad (7.6)$$

7.4 Verankerung von Stäben

7.4.1 Grundmaß der Verankerungslänge

Das Grundmaß der Verankerungslänge l_b wird nach Gl. (7.7) bestimmt.

$$l_b = \frac{d_s}{4} \cdot \frac{f_{yd}}{f_{bd}} \qquad (7.7)$$

Die erforderliche Verankerungslänge $l_{b,net}$, die grundsätzlich für Stäbe, die außerhalb von Auflagern verankert werden, gilt, beträgt

$$l_{b,net} = \alpha_a \cdot l_b \frac{A_{s,erf}}{A_{s,vorh}} \geq l_{b,min} \tag{7.8}$$

mit: $A_{s,erf}$, $A_{s,vorh}$ rechnerisch erforderliche/vorhandene Längsbewehrung

$\quad\ l_{b,min}$ Mindestwert der Verankerungslänge

$\quad\ l_{b,min} = 0,3 \cdot \alpha_a \cdot l_b \geq 10 \cdot d_s$ für Zugstäbe

$\quad\ l_{b,min} = 0,6 \cdot l_b \geq 10 \cdot d_s$ für Druckstäbe

$\quad\ \alpha_a$ Beiwert für die Verankerungsart nach Tabelle 23

Tabelle 23. Zulässige Verankerungsarten nach DIN 1045-1

Art und Ausbildung der Verankerung			Beiwert α_a[d]	
			Zug-stäbe[b]	Druck-stäbe
a) gerade Stabenden			1,0	1,0
b) Haken	c) Winkelhaken	d) Schlaufen	0,7[c] (1,0)	nicht zulässig
e) gerade Stabenden[a]			0,7	0,7
f) Haken[a]	g) Winkelhaken[a]	h) Schlaufen[a] (Draufsicht)	0,5[c] (0,7)	nicht zulässig
i) gerade Stabenden mit mindestens zwei ange-schweißten Stäben innerhalb von $l_{b,net}$; nur zulässig bei Einzelstäben mit $d_s \leq 16$ mm und bei Doppelstäben mit $d_s \leq 12$ mm			0,5	0,5

[a] mit jeweils einem angeschweißtem Stab innerhalb von $l_{b,net}$

[b] Werte in Klammern gelten, wenn:
  - im Krümmungsbereich rechtwinklig zur Krümmungsebene die Betondeckung kleiner als 3 d_s ist
  - kein Querdruck vorhanden ist
  - keine enge Verbügelung vorhanden ist.

[c] Bei Schlaufenverankerungen mit Biegerollendurchmesser $d_{br} \geq 15\ d_s$ darf α_a auf 0,5 reduziert werden.

[d] Für angeschweißte Querstäbe gilt $d_{s,quer}/d_{sl} \geq 0,7$. Die Verbindungen sind als tragende Verbindungen auszuführen.

Die erforderliche Verankerungslänge kann durch verschiedene Arten der Ausbildung der Enden der zu verankernden Stäbe verkürzt werden. Bei horizontal liegenden Stäben benötigen gerade Stabenden die größte Verankerungslänge. Haken, Winkelhaken und Schlaufen verkürzen die Verankerungslänge, ebenso angeschweißte Querstäbe. Bei letzteren wirken der Verbund des Längs- und des Querstabes zusammmen. Die Tragfähigkeit des Querstabes wird von der Festigkeit des Schweißknotens bestimmt. Versuche nach Leonhardt Leonhardt et al (1977–1986) ergaben, dass diese beim einbetonierten Stab deutlich höher als beim nackten Stahl ist.

Zu beachten ist, dass Stäbe mit Stabdurchmessern $d_s > 32$ mm nur mit geraden Stabenden oder mit Ankerkörpern verankert werden dürfen.

7.4.2 Verankerung am Endauflager

Werden Bewehrungsstäbe im Bereich von Endauflagern verankert, beträgt die erforderliche Verankerungslänge $l_{b,net}$:

$$\text{direktes Auflager:} \quad l_{b,dir} = \frac{2}{3} \cdot l_{b,net} \geq 6 \cdot d_{sl} \tag{7.9}$$

$$\text{indirektes Auflager:} \quad l_{b,ind} = l_{b,net} \geq 10 \cdot d_{sl} \tag{7.10}$$

Die Verankerungslänge wird von der Auflagervorderkante an gemessen. Die Bewehrung ist aber mindestens über die rechnerische Auflagerlinie zu führen.

Wird von der Abminderungsmöglichkeit im Fall „direktes Auflager" Gebrauch gemacht, darf eine eventuell mögliche Erhöhung der Verbundspannung nach Gl. (7.5) oder Gl. (7.6) nicht angerechnet werden.

Die Verankerung am Endauflager muss mindestens die Zugkraft F_{sd} nach Gl. (7.11) aufnehmen können. Der mechanische Hintergrund für diese Festlegung wurde in den Kapiteln zu den Fachwerkmodellen und zur Zugkraftdeckung erläutert.

$$F_{sd} = V_{Ed} \cdot \frac{a_l}{z} + N_{Ed} \geq \frac{V_{Ed}}{2} \qquad (7.11)$$

7.4.3   Verankerung an Zwischenauflagern

Die Bewehrung bei der Verankerung an Zwischenauflagen durchlaufender Bauteile ist mindestens um $6 \cdot d_s$ hinter die Auflagervorderkante zu führen. Außerdem sollte die untere Bewehrung an Zwischenauflagern so ausgeführt sein, dass sie eventuell auftretende positive Momente infolge außergewöhnlicher Beanspruchungen wie Stützensenkung oder Explosion aufnehmen kann.

7.4.4   Verankerung von Druckstäben

Druckstäbe dürfen nicht mit Haken, Winkelhaken oder Schlaufen verankert werden. Krümmungen erzeugen eine Biegebeanspruchung im Stab und erhöhen die Gefahr des Ausknickens und damit von Betonabplatzungen, s. Abb. 74. Besonders bei großen Stabdurchmessern ist auf eine ausreichende Querbewehrung zu achten, da durch den Spitzendruck wiederum Querzug im Beton erzeugt wird.

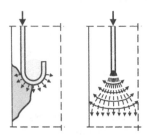

Abb. 74. Schädigung der Betondeckung bei abgebogenen Stabenden bei Druckstäben

7.4.5   Verankerung von Bügeln

Auf die Verankerung von Bügeln wurde in Abschn. 5.5 eingegangen. Wie zuvor erläutert, treten im Bereich von Verankerungen lokale Querzugspannungen auf, die eventuell durch eine Querbewehrung aufgenommen werden müssen. Keine Querbewehrung ist erforderlich, wenn:

- konstruktive Maßnahmen oder andere günstige Einflüsse, wie z. B. Querdruck, ein Spalten des Betons verhindern
- die Konstruktionsregeln für die Anordnung von Bügeln (Balken oder Stützen) oder Querbewehrung (Platten oder Wände) nach DIN 1045-1, Abschn. 13 eingehalten wurden.

Bei Stabdurchmessern $d_s > 32$ mm sind zusätzliche Regeln einzuhalten.

7.5 Stöße von Bewehrungsstäben

Stöße können indirekt unter Mitwirkung des Betons – Übergreifungsstöße – oder direkt – Schweißen, Muffen – ausgeführt werden, wobei Übergreifungsstöße die übliche Variante darstellen. Sie sollten versetzt angeordnet werden, um die Konzentration von Querzugspannungen zu minimieren. Die konstruktiven Regeln nach Abb. 75 sind einzuhalten.

Bei Stäben mit $d_s > 32$ mm sind Übergreifungsstöße nur bedingt anwendbar.

Die Übergreifungslänge l_s wird nach Gl. (7.12) bestimmt.

$$l_s = l_{b,net} \cdot \alpha_1 \geq l_{s,\min} \tag{7.12}$$

mit: $l_{s,\min}$ Mindestwert der Übergreifungslänge

$$l_{s,\min} = 0,3 \cdot \alpha_a \cdot \alpha_1 \cdot l_b \begin{cases} \geq 15 \cdot d_s \\ \geq 200 \text{ mm} \end{cases}$$

    α_1 Beiwert für die Übergreifungslänge nach Tabelle 24

    α_a analog Tabelle 23, aber ohne Berücksichtigung von angeschweißten Querstäben

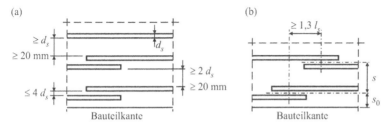

Abb. 75. Querabstand (a) und Längsversatz (b) von Bewehrungsstäben im Stoßbereich

Tabelle 24. Beiwerte α_1 für die Übergreifungslänge nach DIN 1045-1

			Anteil der ohne Längsversatz gestoßenen Stäbe am Querschnitt einer Bewehrungslage	
			$\leq 30\,\%$	$> 30\,\%$
Zugstoß	$d_s < 16$ mm	$s \geq 10\,d_s$ und $s_0 \geq 5\,d_s$	1,0	1,0
		$s < 10\,d_s$ und $s_0 < 5\,d_s$	1,2	1,4
	$d_s \geq 16$ mm	$s \geq 10\,d_s$ und $s_0 \geq 5\,d_s$	1,0	1,4
		$s < 10\,d_s$ und $s_0 < 5\,d_s$	1,4	2,0
Druckstoß			1,0	1,0

Wie schon bei der Verankerung von Bewehrungsstäben muss unter bestimmten Bedingungen auch bei Übergreifungsstößen eine Querbewehrung angeordnet werden. Es gelten folgende Grundsätze:

- Gesamtfläche der Querbewehrung $\Sigma A_{St} \geq$ Querschnittsfläche A_s eines Stabes
- wenn $s \leq 10\,d_s$, dann muss die Querbewehrung in vorwiegend biegebeanspruchten Bauteilen bügelartig ausgebildet sein
- Verteilung der Querbewehrung entsprechend Abb. 76

Wenn die in Abschn. 13 der DIN 1045-1 festgelegten Konstruktionsregeln eingehalten werden, darf bei Stäben mit $d_s < 16$ mm bis zu einer Festigkeitsklasse von C 55/67 auf eine zusätzliche Querbewehrung im Bereich von Übergreifungsstößen verzichtet werden. Gleiches gilt für Stäbe mit $d_s < 12$ mm für Betone ab C 60/75 oder wenn grundsätzlich in einem beliebigen Querschnitt höchstens 20 % der Stäbe gestoßen werden.

Übergreifungsstöße sind durch Bügel zu umschließen, wenn bei mehrlagigen Bewehrungen mehr als 50 % der Stäbe einer Lage in einem Schnitt gestoßen werden.

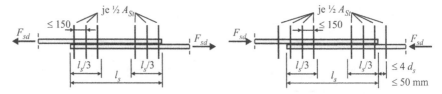

Abb. 76. Verteilung der Querbewehrung bei Übergreifungsstößen

7.6 Stöße von Matten in zwei Ebenen

Beträgt der Bewehrungsquerschnitt a_s maximal 12 cm²/m, dürfen Matten ohne Längsversatz gestoßen werden. Bei größeren Querschnitten dürfen Vollstöße nur in der inneren Lage erfolgen, wenn der gestoßene Anteil nicht mehr als 60 % des erforderlichen Betrags von a_s beträgt.
Die Übergreifungslänge von Matten ermittelt man mit Gl. (7.13).

$$l_s = l_b \cdot \alpha_2 \cdot \frac{a_{s,erf}}{a_{s,vorh}} \geq l_{s,\min} \qquad (7.13)$$

mit: $l_{s,min}$ Mindestwert der Übergreifungslänge

$$l_{s,\min} = 0,3 \cdot \alpha_2 \cdot l_b \begin{cases} \geq s_q \\ \geq 200 \text{ mm} \end{cases}$$

α_2 Beiwert für die Berücksichtigung des Mattenquerschnitts

$$\alpha_2 = 0,4 + \frac{a_{s,vorh}}{8} \begin{cases} \geq 1,0 \\ \leq 2,0 \end{cases}$$

s_q Abstand der geschweißten Mattenstäbe

Weiterhin ist zu beachten, dass bei mehrlagiger Bewehrung die Stöße um mindestens 1/3 l_s in Längsrichtung versetzt werden müssen. Im Gegensatz zu Einzelstäben ist keine zusätzliche Querbewehrung im Stoßbereich erforderlich.
Die Querbewehrung von einachsig gespannten Platten und von Wänden darf an einer Stelle gestoßen werden, die Übergreifungslänge richtet sich nach Tabelle 25. Weiterhin müssen mindestens zwei Längsstäbe innerhalb von l_s entsprechend Abb. 77 angeordnet sein.

Tabelle 25. Mindestübergreifungslängen der Querstäbe

	Stabdurchmesser der Querstäbe			
	$d_s \leq 6$ mm	6 mm $< d_s \leq 8,5$ mm	8,5 mm $< d_s \leq 12$ mm	$d_s > 12$ mm
Mindestüber-greifungs-längen der Querstäbe	$\geq s_l$ ≥ 150 mm	$\geq s_l$ ≥ 250 mm	$\geq s_l$ ≥ 350 mm	$\geq s_l$ ≥ 500 mm

mit s_l = Stababstand der Längsstäbe

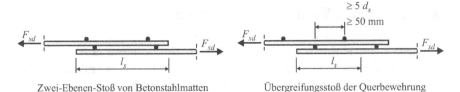

Zwei-Ebenen-Stoß von Betonstahlmatten   Übergreifungsstoß der Querbewehrung

Abb. 77. Übergreifungsstöße von Betonstahlmatten

7.7   Beispiel Verankerungen

Im Kap. Zugkraftdeckung (Abschn. 6.3) wurden die Grundlängen der zwei Positionen auf grafischem Wege ermittelt. Gesucht sind nun noch die Verankerungslängen und die Gesamtlängen der Bewehrungseisen.

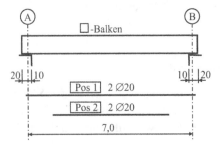

Grundmaß der Verankerungslänge lb:

$$l_b = \frac{d_s}{4} \cdot \frac{f_{yd}}{f_{bd}}$$

mit: $f_{bd} = 2,3 \ \dfrac{\text{N}}{\text{mm}^2}$ Verbundspannung für C 20/25, gute Verbundbedingungen

$$l_b = \frac{20}{4} \cdot \frac{434,8}{2,3} = 945 \ \text{mm} \approx 94,5 \ \text{cm}$$

Stäbe Pos 2:
erforderliche Verankerungslänge $l_{b,net}$:

$$l_{b,net} = \alpha_a \cdot \frac{A_{s,erf}}{A_{s,vorh}} \cdot l_b \geq l_{b,min}$$

mit: $\alpha_a = 1,0$ Beiwert für gerade Enden bei einem Zugstab

$$\frac{A_{s,erf}}{A_{s,vorh}} = \frac{2 \text{ Stäbe}}{4 \text{ Stäbe}}$$

Mindestverankerungslänge: $l_{b,min} = 0,3 \cdot l_b = 0,3 \cdot 94,5 \text{ cm}$

$$= 28,35 \text{ cm} > 10 \cdot d_s = 20 \text{ cm}$$

$$l_{b,net} = 1,0 \cdot 94,5 \cdot \frac{2}{4} = 47,25 \text{ cm} > 28,35 \text{ cm}$$

Gesamtlänge:

$$l_{ges} = l_{Grund} + 2 \cdot l_{b,net} = 5,3 \text{ m} + 2 \cdot 0,4725 \text{ m} = 6,25 \text{ m}$$

Stäbe Pos 1:
*erforderliche Verankerungslänge am Endauflager mit Berücksichtigung
der direkten Lagerung:*

$$l_{b,dir} \geq \begin{cases} \frac{2}{3} \cdot \left(l_{b,net} = \alpha_a \cdot \dfrac{A_{s,erf}}{A_{s,vorh}} \cdot l_b \geq l_{b,min} \right) \\ 6 \cdot d_s \\ \frac{1}{3} \cdot a \end{cases}$$

mit: $\dfrac{\text{erf } A_s}{\text{vorh } A_s} = \dfrac{F_{sd}}{\text{zul } Z_s} = \dfrac{73,5 \text{ kN}}{273,2 \text{ kN}} = 0,269$ hier als Verhältnis der Zugkräfte

F_{sd} zu verankernde Zugkraft

$$F_{sd} = V_{Ed} \cdot \frac{a_l}{z} \geq \frac{V_{Ed}}{2}$$

$$= 122,5 \cdot \frac{0,252}{0,42} = 73,5 \text{ kN} > \frac{122,5}{2} = 61,25 \text{ kN}$$

a   Breite des Endauflagers. Die Stäbe müssen mindestens bis hinter
die rechnerische Auflagerlinie geführt werden, die sich bei einer
direkten, als gelenkig angesehenen Lagerung im Drittelspunkt befindet.

$$l_{b,dir} \geq \begin{cases} \dfrac{2}{3} \cdot \left(1,0 \cdot 94,5 \cdot 0,269 = 25,4 \text{ cm} < l_{b,\min} = 28,35 \text{ cm}\right) = \underline{\underline{18,9 \text{ cm}}} \\[2ex] 6 \cdot 2 = 12 \text{ cm} \\[2ex] \dfrac{1}{3} \cdot 30 \text{ cm} = 10 \text{ cm} \end{cases}$$

Die zulässige Verankerungslänge ergibt sich aus der Auflagertiefe von 30 cm abzüglich der erforderlichen Betondeckung. Diese Bedingung kann ohne weiteren Nachweis als erfüllt angesehen werden. Würde der vorhandene Platz nicht reichen, kann z. B.

- die Verankerungsart geändert werden, z. B. Verankerung mit Winkelhaken,
- die Betonfestigkeitsklasse erhöht werden,
- die Geometrie des Trägers geändert werden.

Gesamtlänge der Stäbe Pos 1:

$$l_{ges} = l_{Grund} + 2 \cdot l_{b,dir} = 6,8 \text{ m} + 2 \cdot 0,189 \text{ m} = 7,18 \text{ m}$$

mit: l_{Grund} Länge der Stäbe zwischen den Auflagervorderkanten

8 Gebrauchstauglichkeit

8.1 Allgemeines

Bei der Stahlbetonbemessung wird zwischen den Grenzzuständen der Tragfähigkeit und den Grenzzuständen der Gebrauchstauglichkeit unterschieden. Beispiele für die Einschränkung der Gebrauchstauglichkeit sind in Kap. 3.2 aufgeführt. Mängel können also durch fehlerhafte Berechnung oder mangelhafte Bauausführung, aber auch durch zweckentfremdete Nutzung entstehen.

Die Sicherstellung der Gebrauchstauglichkeit eines Bauwerkes während des vorgesehenen Nutzungszeitraumes ist eng an die Sicherstellung der Dauerhaftigkeit des Tragwerkes gekoppelt. Die Dauerhaftigkeit kann zum Beispiel durch große Rissweiten, die die Korrosion der Bewehrung ermöglichen, negativ beeinflusst werden.

Nach DIN 1045-1 müssen im Grenzzustand der Gebrauchstauglichkeit folgende Nachweise geführt werden:

- Begrenzung von Spannungen
- Begrenzung der Rissbreiten und Nachweis der Dekompression
- Begrenzung der Verformungen.

8.2 Begrenzung der Spannungen

Spannungsbegrenzungen werden für Betondruckspannungen und Betonstahlspannungen unterschieden.

Betondruckspannungsbegrenzungen können notwendig werden, um nichtelastische Verformungen zu vermeiden oder zu begrenzen, wie sie zum Beispiel durch Kriechen entstehen, wenn quasi-ständige Lasten ca. 45 % der Betondruckfestigkeit überschreiten. Die durch große Druckspannungen im Gebrauchszustand hervorgerufenen Querzugspannungen können zudem das Betongefüge übermäßig schädigen und so die Dauerhaftigkeit und die Gebrauchstauglichkeit des Bauteils negativ beeinflussen.

Betonstahlspannungen werden im Gebrauchszustand begrenzt, da Spannungen oberhalb der Streckgrenze zu großen, ständig offene Risse führen können.

Nachweise für Spannungsbegrenzungen sind gegebenenfalls sowohl im Bauzustand als auch im Endzustand zu führen. Die Nachweise dürfen entfallen, wenn es sich um nicht vorgespannte Bauwerke des üblichen Hochbaus handelt und

- die Schnittgrößen nach der Elastizitätstheorie mit maximal 15-prozentiger Umlagerung im GZT ermittelt wurden
- die Bemessung im GZT nach den Regeln der DIN 1045-1, Kap. 10 erfolgte
- die Mindestbewehrung und die bauliche Durchbildung den Konstruktionsregeln aus DIN 1045-1, Kap. 13 entsprechen.

Diese Problematik wird in diesem Buch nicht vertieft werden, da sich das Buch vielmehr als Einführung in die Tragmechanismen und die Stahlbetonbemessung versteht.

8.3   Begrenzung der Rissbreiten

8.3.1   Grundlagen der Rissbildung

Grundsätzlich kann eine Bewehrung die Rissbildung in Stahlbetonbauteilen nicht verhindern sondern nur beschränken und Rissbreiten und Rissabstände beeinflussen. Forschungen ergaben, dass bis zu einer Rissweite von ca. 0,4 mm keine erhöhte Korrosionsgefahr für den Betonstahl besteht. Die Bewehrung soll Risse auf ein „erträgliches" optisches Maß beschränken. Risse nahezu vermeiden kann man nur, wenn man mögliche Zugspannungen sehr gering hält oder dauerhaft überdrückt, was in der Regel unwirtschaftlich bzw. bei Stahlbeton widersinnig ist.

Da Beton nur eine geringe Zugfestigkeit besitzt, treten schon bei kleinen Zugspannungen Risse auf. Die Zugspannungen können durch Lasten oder durch Zwang entstehen. Risse infolge Eigenspannungen entstehen z. B. vor allem in den ersten zwei Tagen nach dem Betonieren. Der junge Beton besitzt dann nur eine sehr geringe Zugfestigkeit, ist aber schon relativ hohen Spannungen durch Temperaturunterschiede ausgesetzt, Abb. 78. Ursache hierfür ist das Entstehen von Wärme während der Hydratation und das gleichzeitige Abkühlen außen liegender Bereiche des Bauteils, z. B. bei

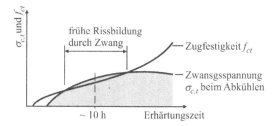

Abb. 78. Entwicklung von Betonzugfestigkeit und Zwang infolge ΔT (Leonhardt et al. 1977–1986)

frühem Ausschalen. Besonders gefährdet sind Bauteile mit großen Abmessungen, wie große Fundamente oder Staumauern, da hier die Unterschiede zwischen den sich abkühlenden äußeren Schichten und dem warmen Bauteilinneren besonders groß werden können.

Zwang entsteht auch, wenn ein neues Bauteil an ein altes anbetoniert wird. Ein typisches Beispiel dafür ist eine Wand, die auf einem zuvor hergestellten Fundament errichtet wird, Abb. 79. Während das Fundament bereits erhärtet ist und damit eine hohe Steifigkeit besitzt, ist die neu aufbetonierte Wand noch weich. Im Laufe der Erhärtung nimmt die Steifigkeit und Festigkeit der Wand zu, sie will sich aber auch auf Grund des Betonschwindens zusammenziehen. Da die Wand aber nun mit dem Fundament verbunden ist, wird die Wand im ursprünglichen Zustand festgehalten. Der Widerspruch zwischen der angestrebten Bauteilverkürzung und der Festhaltung im ursprünglichen Zustand führt zu Spannungen in beiden Bauteilen.

Die Rissbildung im jungen Beton kann durch geeignete Maßnahmen beeinflusst werden:

- Zementgehalt begrenzen. Damit ist eine niedrigere Hydratationswärme zu erwarten.
- langsam erhärtende Zementsorte verwenden
- niedrigen w/z-Wert wählen
- sorgfältig Nachbehandeln.

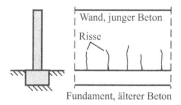

Abb. 79. Beispiel für die Rissbildung bei der Verbindung von Alt- und Neubeton nach (Leonhardt et al. 1977–1986)

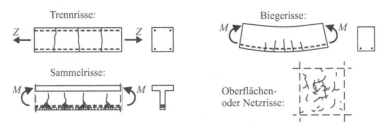

Abb. 80. Beispiel für die Rissarten

Die Risse selbst können wiederum in unterschiedliche Arten unterteilt werden. Einige Beispiele sind in Abb. 80 dargestellt und werden im Folgenden erläutert.

- Mikrorisse und Gefügerisse: Diese sehr feinen und i. d. R. kurzen Risse treten innerhalb des Betongefüges auf und sind mit dem bloßen Auge oft gar nicht zu erkennen. Sie entstehen meist durch Eigenspannungen oder Spannungsumlenkungen z. B. an harten Zuschlagkörnern. Sie vermindern die Zugfestigkeit besonders in Betonierrichtung und tragen somit zu den großen Streuungen der Zugfestigkeit bei.
- Trennrisse: Der Riss durchtrennt den ganzen Querschnitt infolge zentrischer Zugbeanspruchung oder bei Zug mit geringer Ausmitte.
- Biegerisse: entstehen infolge Biegung und reichen vom äußeren Rand der Zugzone maximal bis zur Spannungsnulllinie.
- Sammelrisse: entstehen zum Beispiel bei hohen oder stark bewehrten Biegebauteilen. Es bilden sich zwar an der Unterseite viele kleinere Risse, die aber nicht weit in den Querschnitt hinein reichen. Diese kleineren Risse können sich zu Sammelrissen vereinigen, die wiederum die Spannungsnulllinie erreichen können.
- Schubrisse entstehen durch hohe schiefe Hauptzugspannungen infolge Querkraft oder Torsion. In ihrer Richtung orientieren sie sich am Verlauf der Hauptzugspannungstrajektorien, s. auch Abb. 47 und Abb. 48 im Kap. Querkraftbemessung.
- Längsrisse entlang von Bewehrungsstäben werden häufig durch das Setzen des Frischbetons erzeugt (s. auch Erläuterungen zum Verbundbereich und Abb. 71), sie können aber auch infolge einer Volumenvergrößerung des Bewehrungsstabes entstehen, wenn dieser korrodiert. Eine weitere Ursache kann das Überschreiten der ertragbaren Verbundspannung sein. Diese Risse können bis zur Bauteilaußenkante vordringen oder zu Betonabplatzungen führen.
- Oberflächen- oder Netzrisse entstehen durch Eigenspannungen z. B. durch Schwinden. Sie können ungerichtet sein, wenn die Zwangsspannung ungerichtet ist, oder sich an einer vorherrschenden Zugrichtung

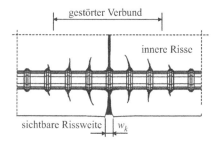

Abb. 81. Schematische Darstellung eines Risses nach Leonhardt et al. (1977–1986)

orientieren. Solche Risse reichen meist nicht tief, sondern sind nur nahe der Oberflächen zu finden. Sie können in der Regel nicht durch Bewehrung beeinflusst werden.

Ein besonderer Mechanismus im Zusammenhang mit der Rissbildung in Stahlbetonbauwerken ist bei Konstruktionen zu beobachten, die eigentlich wasserundurchlässig sein sollten. Es handelt sich um die Selbstheilung. Dieser Effekt tritt bei Trennrissen aus kurzzeitigem frühem Zwang auf, in denen sich freier Kalk aus nichtgebundenem Zement anlagert. In Verbindung mit Wasser reagiert der Zement und die Risse werden verschlossen. In Abb. 81 ist schematisch ein Riss dargestellt. Man sieht, dass die Rissweite direkt am Bewehrungsstab deutlich kleiner als an der Bauteiloberfläche ist, was u.a. für den Korrosionsschutz wichtig ist. Die Rippen am Bewehrungsstab erzeugen einen Scherverbund, der dem ungehinderten Öffnen des Risses entgegenwirkt. Mit wachsendem Abstand von diesen Betonzähnen wächst die Rissweite sowohl zur Außenseite des Bauteils hin als auch bzgl. des seitlichen Abstandes des Risses vom Bewehrungsstab. Also kann über den Stababstand die sichtbare Rissbreite beeinflusst werden kann. (DAfStb 2003)

8.3.2   Herleitung der grundlegenden Gleichungen

In Abb. 82 ist ein zentrisch gezogener Betonstab im Zustand I zu sehen.

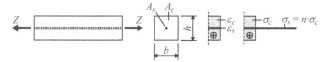

Abb. 82. Zentrischer Zugstab im Zustand I

Mit der Annahme, dass infolge idealen Verbundes die Dehnungen von Beton und Stahl gleich sind, kann man folgende Spannungen im Querschnitt ableiten:

$$\frac{\sigma_s}{E_s} = \varepsilon_s = \varepsilon_c = \frac{\sigma_c}{E_c} \tag{8.1}$$

$$\sigma_s = \sigma_c \cdot \frac{E_s}{E_c} = n \cdot \sigma_c \tag{8.2}$$

Die Zugkraft Z wird sowohl vom Stahl als auch vom Beton aufgenommen:

$$\sigma_c \cdot A_{c,netto} + \sigma_s \cdot A_s = Z \tag{8.3}$$

mit: $A_{c,netto} = A_c - A_s$ $\hspace{2cm}$ (8.4)

$$Z = \sigma_c \cdot (A_c - A_s) + n \cdot \sigma_c \cdot A_s = \sigma_c \cdot [A_c + A_s \cdot (n-1)] \tag{8.5}$$

$$\sigma_c = \frac{Z}{A_c + A_s \cdot (n-1)} \text{ und } \sigma_s = n \cdot \sigma_c \tag{8.6}$$

Bei Verbundbaustoffen ist es zweckmäßig, mit idealen Querschnittswerten zu arbeiten. Die einzelnen Anteile werden dabei entsprechend ihres *E*-Moduls gewichtet und dann zusammengerechnet. Damit kann dann der Verbundquerschnitt wie ein Querschnitt aus homogenem Material betrachtet werden.

$$A_i = A_c + (n-1) \cdot A_s \tag{8.7}$$

$$\sigma_c = \frac{Z}{A_i} \tag{8.8}$$

Wird bei weiterer Steigerung der Zugkraft Z an einer Stelle des Querschnitts die Betonzugfestigkeit erreicht, kommt es zum ersten Riss. Die genaue Stelle, an der der Erstriss auftritt, kann i. d. R. nicht vorhergesagt werden. Die zuvor über den gesamten Verbundquerschnitt verteilte Zugkraft Z muss nun allein vom Bewehrungsstahl aufgenommen werden, wodurch dieser an der Stelle des Risses einen plötzlichen Spannungszuwachs erfährt, s. Abb. 83. Eine Bewehrung muss also sowohl für die Anforderungen der Tragfähigkeit ausgelegt werden als auch für die der Rissbildung.

Die Spannungen im Stahl kurz vor bzw. kurz nach dem ersten Riss können wie folgt angegeben werden.

kurz vor dem Erstriss: $\hspace{1cm} \sigma_s^* = n \cdot f_{ct}$ $\hspace{2cm}$ (8.9)

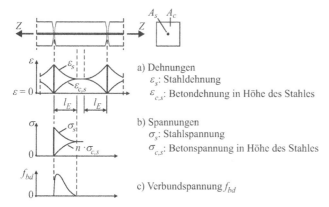

Abb. 83. Erstrissbildung am zentrisch gezogenen Stab, nach Wommelsdorff (2002/03)

kurz nach dem Erstriss: $\sigma_{sR} = \dfrac{Z_R}{A_s} >> \sigma_s^*$ (8.10)

Die Rissschnittgröße Z_R kann nach Gl. (8.11) berechnet werden.

$$Z_R = f_{ct} \cdot A_i = f_{ct} \cdot \left[A_c + (n-1) \cdot A_s \right]$$ (8.11)

Die Stahlspannung beim Auftreten des ersten Risses σ_{sR} ergibt sich zu

$$\sigma_{sR} = \frac{f_{ct} \cdot \left[A_c + (n-1) \cdot A_s \right]}{A_s} = f_{ct} \cdot \left(\frac{A_c}{A_s} + n - 1 \right)$$ (8.12)

Üblich ist auch folgende Schreibweise:

$$\sigma_{sR} = f_{ct} \cdot \left(\frac{1}{\rho_l} + n - 1 \right) = \frac{f_{ct}}{\rho_l} \cdot \left[1 + \rho_l \cdot (n-1) \right]$$ (8.13)

mit: ρ_l auf den Nutzquerschnitt bezogener Bewehrungsgehalt

$$\rho_l = \frac{A_{s1}}{b \cdot d}$$

Wird der Einfluss der Bewehrung bei der Ermittlung des ideellen Querschnitts vernachlässigt, vereinfacht sich Gl. (8.13).

$$\sigma_{sR} = \frac{f_{ct}}{\rho_l}$$ (8.14)

Bei Biegebeanspruchung gelten die gleichen Grundsätze wie bei zentrischem Zug, nur dass die Stelle des Erstrisses im Bereich des maximalen

Momentes vermutet werden kann. Im Augenblick der Rissbildung wirkt das Rissmoment M_R, die zugehörige Zugkraft muss wiederum von der Bewehrung aufgenommen werden.

Für Rechteckquerschnitte gilt bei reiner Biegung und ungerissenem Querschnitt (Zustand I) folgende Beziehung:

$$f_{ct} = \frac{M_R}{W} = \frac{6 \cdot M_R}{b \cdot h^2} \qquad \rightarrow \qquad M_R = f_{ct} \cdot \frac{b \cdot h^2}{6} \tag{8.15}$$

Im Zustand II gilt unmittelbar nach der Rissbildung:

$$\text{Moment} = \text{Kraft} \cdot \text{Hebelarm} = Z \cdot d = A_s \cdot \sigma_s \cdot d \tag{8.16}$$

vereinfachte Annahmen: $d \approx 0{,}95 \cdot h$ und $z = 0{,}85 \cdot d$

$$\rightarrow \qquad z \approx 0{,}95 \cdot 0{,}85 \cdot d \approx 0{,}80 \cdot d \tag{8.17}$$

$$M_R = A_s \cdot \sigma_{sR} \cdot 0{,}8 \cdot h \tag{8.18}$$

Setzt man Gln. (8.15) und (8.18) gleich, ergibt sich eine Bestimmungs-gleichung für die Stahlspannung beim Auftreten des Erstrisses σ_{sR}, Gl. (8.19).

$$M_R = A_s \cdot \sigma_{sR} \cdot 0{,}8 \cdot h = f_{ct} \cdot \frac{b \cdot h^2}{6}$$

$$\sigma_{sR} = f_{ct} \cdot \frac{b \cdot h}{6 \cdot A_s \cdot 0{,}8} \approx 0{,}2 \cdot f_{ct} \cdot \frac{b \cdot h}{A_s} \approx 0{,}2 \cdot \frac{f_{ct}}{\rho_l} \tag{8.19}$$

Der Vergleich der Gln. (8.14) und (8.19) zeigt, dass die beim Auftreten des Erstrisses plötzlich auf σ_{sR} ansteigende Stahlspannung von der Art der Belastung (M, N oder Kombination), dem Bewehrungsgrad ρ_l und der Betonzugfestigkeit f_{ct} abhängig ist.

Sind erst wenige Risse entstanden, ist der Rissabstand groß. Zwischen den Rissen verbleiben Bereiche, in denen Stahl und Beton die gleichen Dehnungen aufweisen. In diesen Bereichen befindet sich der Stab also noch im Zustand I. Risse zwischen den schon vorhandenen können erst entstehen, wenn über den Verbund zwischen Beton und Bewehrung wieder genügend Zugspannungen vom Stahl auf den umgebenden Beton übertra-gen werden, damit die Beanspruchung des Betons dessen Zugfestigkeit erreichen kann. Für den Rissabstand a gilt allgemein:

$$l_E + v_0 \leq a < 2 \cdot \left(l_E + v_0 \right) \tag{8.20}$$

mit: l_E Lasteintragungslänge, s. auch Kap. 7 zur Verankerung der Beweh-
        rung

v_0 kleiner Bereich unmittelbar neben dem Riss, in dem der Haftverbund verlorengeht und der Scherverbund gestört oder nicht vorhanden ist (s. auch Abb. 81)

Nach Wommelsdorff (2002/03) kann die Eintragungslänge nach Gl. (8.21) berechnet werden.

$$l_E = \frac{f_{ct} \cdot A_{ct}}{f_c \cdot \Sigma u} \tag{8.21}$$

mit: Σu Summe der Umfänge der Bewehrungsstäbe

A_{ct} gezogene Betonfläche im Zustand I kurz vor der Rissbildung

$A_{ct} = b \cdot h$ für zentrischen Zug

$A_{ct} = \dfrac{1}{2} \cdot b \cdot h$ für Biegung

f_{ct} Zugfestigkeit von Beton. Bei Biegung darf die Biegezugfestigkeit $f_{ct,fl}$ angesetzt werden. Zur Größenordnung von $f_{ct,fl}$ siehe Abschn. 2.2. In Leonhardt et al. (1977–1986) ist pauschal der Faktor 1,25 angegeben.

Die Rissbildung setzt sich solange fort, bis in keinem Bereich des Bauteils mehr die Zugspannungen im Beton dessen Zugfestigkeit f_{ct} überschreiten. Man spricht dann von abgeschlossener Rissbildung.

Die Dehnungen und Spannungen von Beton und Stahl sind sowohl für den Erstriss als auch für das abgeschlossene Rissbild in Abb. 84 dargestellt.

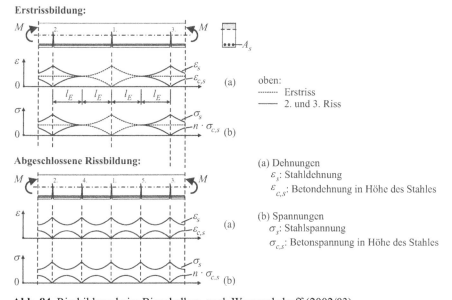

Abb. 84. Rissbildung beim Biegebalken, nach Wommelsdorff (2002/03)

Der Zusammenhang zwischen der Dehnung bzw. Stauchung am Bauteilrand und der Rissschnittgröße beim Lastfall Biegung ist in Abb. 85 dargestellt. Anfangs wachsen die Dehnungen linear mit steigender Belastung. Nach Erreichen des Rissmomentes entstehen bei nur geringer Laststeigerung schnell weitere Risse. Dadurch sinkt die Steifigkeit des Bauteiles und führt zu einem sprunghaftes Anwachsen der Verformungen. Nach Abschluss der Rissbildung steigen die Verformungen wieder annähernd linear an, da nur noch geringfügige Steifigkeitsänderungen auftreten. Zwischen den Rissen wirkt der Beton immer noch teilweise der Zugbeanspruchung entgegen, weshalb aus der ohne eine solche Mitwirkung berechneten Momenten-Verformungs-Beziehung (im Bild „Reiner Zustand II") bei gleicher Belastung q höhere Dehnungen ε resultieren.

Bei der Aufzählung verschiedener Rissarten wurden auch die Sammelrisse beschrieben und skizziert. Im Bereich der Biegezugbewehrung sind dort viele gut verteilte Risse zu sehen, die sich im schwach bewehrten Steg (die Stegbewehrung wurde in der entsprechenden Skizze nicht dargestellt) zu wenigen breiten Sammelrissen vereinigen. Ein solches Rissbild entsteht, weil sich die Wirkung der Bewehrung auf den Beton nur bis zu einer gewissen Entfernung vom Stahlstab erstreckt, s. auch Leonhardt et al. (1977–1986) und Wommelsdorff (2002/03). In größerer Entfernung vom Stab hat also der Verbund keinen Einfluss mehr auf den umgebenden Beton. Damit Rissweiten und Rissabstände wirkungsvoll begrenzt werden können, dürfen die Stahlstäbe also nicht mit einem zu großen Abstand voneinander verlegt werden. Abbildung 86 zeigt die in DIN 1045-1 zur Abschätzung der Wirkungszone $A_{c,eff}$ angegeben Ansätze.

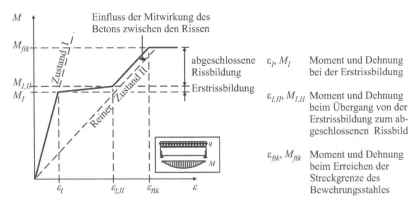

Abb. 85. Momenten-Verformungs-Beziehung beim Biegebalken bei steigender Belastung, nach (Wommelsdorff 2002/03)

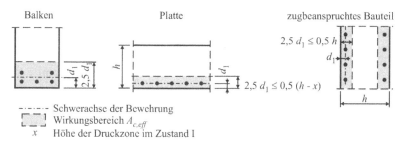

Balken   Platte   zugbeanspruchtes Bauteil

$2,5\,d_1 \leq 0,5\,h$

d_1

$2,5\,d_1 \leq 0,5\,(h - x)$

— · — · — Schwerachse der Bewehrung
⌐ _ _ ¬ Wirkungsbereich $A_{c,eff}$
x Höhe der Druckzone im Zustand I

Abb. 86. Wirkungszone $A_{c,eff}$ der Bewehrung, nach DIN 1045-1

8.3.3   Grundsätze der Nachweise nach DIN 1045-1

In der DIN 1045-1 wird ausdrücklich darauf hingewiesen, dass

- die Rissbildung „nahezu" unvermeidbar ist
- die Rissbreite bzgl. der Anforderungen von Ästhetik und Dauerhaftigkeit zu beschränken ist
- bestimmte Einflüsse, wie z. B. chemisches Schwinden, in den angegebenen Rechenverfahren nicht erfasst werden
- zwischen Einzelrissbildung und abgeschlossenem Rissbild zu unterscheiden ist
- mit den angegebenen Verfahren nur Anhaltswerte berechnet werden können
- sich die Formeln auf die Wirkungszone der Bewehrung beziehen.

Die DIN 1045-1 gibt eine Unterteilung der Bauwerke in Mindestanforderungsklassen A … F als Grundlage für die Berechnung vor (Tabelle 26). Von der Anforderungsklasse hängt ab, welche Lastkombination man den Nachweisen zur Rissbreitenbegrenzung zugrunde legen muss (Tabelle 27). Als Mindestanforderungsklasse für Stahlbetonbauteile ist grundsätzlich die Klasse F bei XC 1 und E bei allen anderen Expositionsklassen zu wählen.

Tabelle 26. Mindestanforderungsklassen in Abhängigkeit von der Expositionsklasse, Auszug aus DIN 1045-1

Expositionsklasse	Mindestanforderungsklasse Vorspannart	
	…	Stahlbetonbauteile
XC1	…	F
XC2, XC3, XC4	…	E
XD1…3, XS1…3	…	E

Tabelle 27. Maßgebende Einwirkungskombinationen für die Nachweise der Dekompression und Rissbreitenbegrenzung

Anforderungs-klasse	Dekompression	Rissbreiten-begrenzung	Rechenwert der Rissbreite w_k in [mm]
A	selten	–	0,2
B	häufig	selten	0,2
C	quasi-ständig	häufig	0,2
D	–	häufig	0,2
E	–	quasi-ständig	0,3
F	–	quasi-ständig	0,4

Bei den Nachweisen zur Begrenzung der Rissbreite ist grundsätzlich zwischen Lasteinwirkung und Zwangseinwirkung zu differenzieren.

Die Nachweise umfassen den Nachweis der Mindestbewehrung und den Nachweis der Begrenzung der Rissbreite unter der maßgebenden Einwirkungskombination. Bei Zwangseinwirkung muss eine ausreichende Mindestbewehrung eingelegt werden, damit die Risse gut verteilt auftreten und eine gewisse Weite nicht überschreiten. Lastinduzierte Risse sind nach Zilch u. Rogge (2001) vor allem von der vorhandenen Stahlspannung und der Bewehrungsanordnung abhängig. Der Nachweis kann hier vereinfacht über zulässige Stabdurchmesser oder Stababstände in Abhängigkeit von der Stahlspannung geführt werden.

Für Platten in der Expositionsklasse XC 1, die im wesentlichen durch Biegung beansprucht werden und nicht dicker als 20 cm sind, dürfen die Nachweise entfallen, wenn die Bewehrungsregeln nach DIN 1045-1, 13.3 eingehalten werden.

8.3.4   Mindestbewehrung für Zwang und Eigenspannungen

Zur Aufnahme von Zwangseinwirkungen und Eigenspannungen wird in der DIN 1045-1 eine Mindestbewehrung vorgesehen. Sie ist für die Erstrissbildung auszulegen, d. h. die Bewehrungsmenge muss so groß sein, dass das mit der Erstrissbildung einhergehende plötzliche Ansteigen der Stahlspannung ohne kritische Verformungen oder Versagen des Stahles aufgenommen werden kann. Die Stahlspannung soll dabei noch unterhalb der Streckgrenze liegen. Andernfalls wäre der Steifigkeitsabfall im Bauteil beim ersten Riss so stark, dass dieser eine Riss immer weiter auseinanderklaffen würde und es nicht zur Bildung weiterer Risse kommen könnte, (Zilch u. Rogge 2001).

Bis zum Abschluss der Erstrissbildung wird die Rissschnittgröße nicht nennenswert überschritten, s. auch Abb. 85, weshalb die Schnittgröße, die zum Erstriss führt, Grundlage für die Berechnung sein darf. Sind bei Stahlbetonbauteilen die Zwangsschnittgrößen kleiner als die Rissschnittgrößen, darf die Mindestbewehrung für erstere ausgelegt werden.

Bei gegliederten Querschnitten, z. B. Plattenbalken, ist die Rissbreiten-beschränkung für jeden Teilquerschnitt extra durchzuführen.

Der mindestens erforderliche Stahlquerschnitt $A_{s,min}$ kann nach Gl. (8.22) bestimmt werden.

$$A_{s,min} = k_c \cdot k \cdot f_{ct,eff} \cdot \frac{A_{ct}}{\sigma_s} \qquad (8.22)$$

mit: $A_{s,min}$ Mindestbewehrung in der Zugzone des betrachteten Querschnittes. Sie ist überwiegend am gezogenen Rand anzuordnen. Zur Vermeidung breiter Sammelrisse soll aber ein Teil über die Zugzonenhöhe verteilt werden.

A_{ct} siehe Gl. (8.21)

$f_{ct,eff}$ wirksame Zugfestigkeit des Betons zum betrachteten Zeitpunkt. Es ist der Mittelwert der Zugfestigkeit f_{ctm} der Betonklasse anzusetzen, die zum Zeitpunkt des Entstehens der Risse erwartet wird. Dabei ist besonders zu beachten, dass oft eine höhere Betonfestigkeit geliefert wird, als im Entwurf für das Bauteil vorgesehen wurde. Bei Rissbildung infolge frühzeitigem Zwang, z. B. durch abfließende Hydratationswärme, ist $f_{ctm,28d}$ zu halbieren. Wenn nicht sicher ist, dass die Risse vor dem 28. Tagen eintreten, muss eine Mindestzugfestigkeit von 3,0 N/mm² angesetzt werden.

k_c Beiwert zur Berücksichtigung der Zugspannungsvertei-lung im Zustand I und der Änderung der statischen Höhe d beim Übergang in den Zustand II

$$k_c = 0,4 \cdot \left[1 + \frac{\sigma_c}{k_1 \cdot f_{ct,eff}} \right] \leq 1$$

$$k_1 = \begin{cases} 1,5 \cdot h/h' & \text{für eine Drucknormalkraft} \\ 2/3 & \text{für eine Zugnormalkraft} \end{cases}$$

h Höhe des Teil-/Querschnitts

$$h' = \begin{cases} h & \text{für } h < 1 \text{ m} \\ 1 \text{ m} & \text{für } h \geq 1 \text{ m} \end{cases}$$

σ_c Betonspannung in Höhe der Schwerelinie des Teilquer-schnitt bzw. Querschnitts im Zustand I unter der beim Gesamtquerschnitt zur Erstrissbildung führenden Einwir-kungskombination, $\sigma_c < 0$ bei Druckspannungen, $\sigma_c = 0$ bei reiner Biegung

$$\Rightarrow k_c = \begin{cases} 1,0 & \text{bei reinem Zug} \\ 0,4 & \text{bei reiner Biegung} \end{cases}$$

k Beiwert zur Berücksichtigung nichtlinear verteilter Betonzugspannungen

k, Fall (a) Zug infolge im Bauteilinnern hervorgerufenen Zwangs:

$$k = \begin{cases} 0,8 & \text{für } h \le 0,3 \text{ m} \\ 0,5 & \text{für } h \ge 0,8 \text{ m} \end{cases}$$

Zwischenwerte linear interpolieren

h: kleinerer Wert von Höhe oder Dicke des Teil-/Querschnitts

k, Fall (b) Zug infolge außerhalb des Bauteils hervorgerufenen Zwangs:

$k = 1$

σ_s zulässige Betonstahlspannung nach Tabelle 28 in Abhängigkeit vom Grenzdurchmesser d_s^*

Ist die erforderliche Mindestbewehrungsmenge $A_{s,min}$ bekannt, kann die Rissweite indirekt über die geeignete Wahl des Stabdurchmessers nach Gl. (8.23) bestimmt werden. Der Grenzdurchmesser ist von der vorhandenen Stahlspannung σ_s abhängig.

$$d_s = d_s^* \cdot \frac{k_c \cdot k \cdot h_t}{4 \cdot (h-d)} \cdot \frac{f_{ct,eff}}{f_{ct,0}} \ge d_s^* \cdot \frac{f_{ct,eff}}{f_{ct,0}} \tag{8.23}$$

mit: d_s modifizierter Grenzdurchmesser für Zwangbeanspruchung

d_s^* Grenzdurchmesser nach Tabelle 28

$f_{ct,0}$ $= 3,0 \, \text{N/mm}^2$. Diese Zugfestigkeit ist der Bezugswert für Tabelle 28.

$\dfrac{f_{ct,eff}}{f_{ct,0}}$ Die Tafelwerte können für $f_{ct,eff} < 3,0 \, \text{N/mm}^2$ auf die tatsächlichen Verhältnisse angepasst werden. Auf eine Erhöhung der zulässigen Grenzdurchmesser für $f_{ct,eff} > 3,0 \, \text{N/mm}^2$ sollte aber wegen der großen Streuung der Zugfestigkeit verzichtet werden.

h_t Höhe der Zugzone des Teilquerschnitt bzw. Querschnitts im Zustand I

Der Stabdurchmesser wird beim Nachweis und beim Verwenden der Tafel wie folgt definiert:

$$d_s = d_{sm} = \frac{\sum d_{si}^2}{\sum d_{si}} \quad \text{bei unterschiedlichen Stabdurchmessern}$$

Tabelle 28. Grenzdurchmesser d_s* für Betonstahl nach DIN 1045-1, bezogen auf die Betonzugfestigkeit $f_{ct,0} = 3,0$ N/mm²

Stahlspannung σ_s in [N/mm²]	Grenzdurchmesser d_s* der Stäbe in [mm] in Abhängigkeit vom Rechenwert der Rissbreite w_k		
	$w_k = 0,4$ mm	$w_k = 0,3$ mm	$w_k = 0,2$ mm
160	56	42	28
200	36	28	18
240	25	19	13
280	18	14	9
320	14	11	7
360	11	8	6
400	9	7	5
450	7	5	4

$$d_s = d_{sV} = \sqrt{n} \cdot d_s \qquad \text{Vergleichsdurchmesser bei Stabbündeln}$$

$d_s = d_{s_i}$ des Einzelstabes bei Bewehrungsmatten mit Doppelstäben.

Als Zusammenfassung noch einmal die Vorgehensweise beim Nachweis der Rissbreite infolge Zwang:

- Bestimmung der zulässigen Rissbreite w_k in Abhängigkeit von der Anforderungsklasse
- in Abhängigkeit von w_k Wahl einer zweckmäßigen Stahlspannung σ_s (Tabelle 28)
- damit Mindestbewehrungsmenge $A_{s,min}$ nach Gl. (8.22) ermitteln und mögliche Bewehrung wählen
- mit dem zu der gewählten Stahlspannung σ_s gehörenden Grenzdurchmesser d_s* nach Tabelle 28 überprüfen, ob der vorgesehene Stabdurchmesser zulässig ist, Gl. (8.23).

8.3.5 Beschränkung der Rissbreite bei Lastbeanspruchung

Auch bei der Beschränkung der Rissbreite bei Lastbeanspruchung ist in der DIN 1045-1 ein Näherungsverfahren mit vereinfachten Annahmen angegeben. Wie schon beim Nachweis für Zwangsbeanspruchung ist es möglich, durch Einhalten konstruktiver Regeln die Rissbreiten in Abhängigkeit von der Stahlspannung auf ein zulässiges Maß zu begrenzen. Es gibt zwei Möglichkeiten, den Nachweis zu führen. Es können wiederum die Stabdurchmesser mit Hilfe von Tabelle 28 begrenzt werden, es kann aber auch ein maximaler Stababstand nach Tabelle 29 festgelegt werden. Beide Verfahren sind gleichberechtigt. Auch wenn nur eine von beiden Bedingungen erfüllt ist, gilt der Nachweis als erfüllt. Bei Balken werden zum Beispiel

Tabelle 29. Maximale Stababstände lim s_l für Betonstahl nach DIN 1045-1

Stahlspannung σ_s in [N/mm²]	Höchstwerte der Stababstände in [mm] in Abhängigkeit vom Rechenwert der Rissbreite w_k		
	$w_k = 0,4$ mm	$w_k = 0,3$ mm	$w_k = 0,2$ mm
160	300	300	200
200	300	250	150
240	250	200	100
280	200	150	50
320	150	100	–
360	100	50	–

die Bestimmungen für den Grenzdurchmesser oft nicht eingehalten, die Stababstände liegen aber im zulässigen Bereich.

Im Unterschied zum Nachweis bei Zwang wird die Stahlspannung σ_s nicht gewählt, sondern ist für den gerissenen Querschnitt für die maßgebende Beanspruchungskombination, s. Tabelle 27, zu berechnen. Dazu benötigt man allerdings häufig Programme (z. B INCA2). Bei Anwendung von Tabelle 28 für den Grenzdurchmesser muss dieser wiederum nachgewiesen werden, allerdings ist bei Lastbeanspruchung Gl. (8.24) zu verwenden.

$$d_s = d_s^* \cdot \frac{\sigma_s \cdot A_s}{4 \cdot (h-d) \cdot b} \cdot \frac{1}{f_{ct,0}} \geq d_s^* \cdot \frac{f_{ct,eff}}{f_{ct,0}} \tag{8.24}$$

mit: σ_s Stahlspannung im Zustand II
   b Breite der Zugzone

Der Nachweis kann nach folgendem Schema geführt werden:

- Bestimmung der Lastkombination für die Ermittlung der Schnittgrößen im GZG und der zulässigen Rissbreite w_k in Abhängigkeit von der Anforderungsklasse mit Tabelle 26 und Tabelle 27
- Berechnung der Schnittgrößen für den GZG
- Berechnung der Stahlspannung vorh σ_s in der bei der Bemessung festgelegten Bewehrung

Variante (a):

- Ablesen des zu w_k und vorh σ_s gehörigen Grenzdurchmessers d_s^*, Tabelle 28
- mit Gl. (8.24) überprüfen, ob der vorgesehene Durchmesser d_s zulässig ist

Variante (b):

- Ablesen des zu w_k und vorh σ_s gehörigen zulässige Stababstand lim s_l, Tabelle 29
- Vergleich mit dem vorgesehenen Bewehrungskonzept, ob dieser Abstand eingehalten wird

Nach Zilch u. Rogge (2001) sollte bei Balken und mehrlagiger Bewehrung der Nachweis über den Grenzdurchmesser geführt werden, da der Nachweis über den Stababstand auf der unsicheren Seite liegen kann.

8.3.6   Berechnung der Rissbreite mit genauerem Verfahren

Die Prognose von Rissbreiten ist kompliziert. Deshalb ist für die DIN 1045-1 ein Näherungsverfahren mit vereinfachten Annahmen entwickelt worden. Damit ist es möglich, Rissbreiten explizit zu berechnen. Das Verfahren beruht auf Forschungen von König und Tue. Als weiterführende Literatur zu dieser Problematik sei Eckfeldt (2005) genannt, da im Rahmen dieses Buches nicht näher auf das Verfahren eingegangen werden soll.

8.4   Begrenzung der Verformungen

Verformungen im Gebrauchszustand müssen begrenzt werden, damit die ordnungsgemäße Funktion des Bauteils oder von Maschinen und Geräten, die sich auf dem Tragwerk befinden, sichergestellt werden kann und das Erscheinungsbild des Bauteils selbst oder angrenzender Konstruktionen wie Verglasungen und leichte Trennwände nicht beeinträchtigt wird.

In der DIN 1045-1, Kap. 11.3 werden ausschließlich vertikale Verformungen infolge statischer Einwirkungen betrachtet. Für diese Verformungen werden zulässige Richtwerte angegeben. Gegebenenfalls können die Anforderungen an das Bauteil vermindert oder erhöht werden. Die Wünsche des Bauherrn müssen hierbei natürlich auch beachtet werden. Für Bürogebäude, Wohnhäuser und andere Bauwerke des allgemeinen Hochbaus sind die Richtwerte akzeptabel.

Für die quasi-ständige Einwirkungskombination gilt für den maximalen Durchhang f:

$$f \leq \frac{l}{250} \qquad \text{für Balken, Platten oder Kragbalken} \qquad (8.25)$$

Überhöhungen bei der Fertigung, um den erwarteten Durchhang ganz oder teilweise auszugleichen, sollten den Wert $l/250$ nicht überschreiten.

Um Schäden zu vermeiden, sollte in Gl. (8.25) der Grenzwert von $l/250$ auf $l/500$ verschärft werden, wenn die betroffenen angrenzenden Bauteile größere Durchbiegungen nicht ohne Schaden aufnehmen können.

Der Nachweis der Verformungen kann vereinfachend durch die Begrenzung der Biegeschlankheit erfolgen. Für Normalbeton gilt:

$$\frac{l_i}{d} \leq 35 \qquad \text{allgemein im üblichen Hochbau} \tag{8.26}$$

$$\frac{l_i^2}{d} \leq 150 \qquad \text{für Deckenplatten mit erhöhten Anforderungen} \tag{8.27}$$

mit: l_i Ersatzstützweite bei vorwiegender Biegebeanspruchung: Bei linienförmig gelagerten Rechteckplatten ist die kleinere der beiden Ersatzstützweiten zu verwenden.

$l_i = \alpha \cdot l_{eff}$

l_{eff} s. Gl. (1.1) und Abb. 1

α nach Tabelle 30

Tabelle 30. Beiwert α zur Bestimmung der Ersatzstützweite, nach DIN 1045-1

Statisches System	Beiwert α
l_{eff}	1,0
l_{eff}	0,8
l_{eff}	0,6
l_{eff}	2,4

8.5 Beispiele Gebrauchstauglichkeit

8.5.1 Mindestbewehrung infolge Zwang im jungen Betonalter

Auf ein Fundament aus Altbeton wird die 25 cm dicke Außenwand einer Halle aufbetoniert. Gesucht ist die erforderliche horizontale Mindestbewehrung infolge Zwangsbeanspruchung.

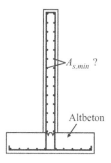

Material der Wand:

Beton: C 25/30 mit $f_{cd} = \alpha \cdot \dfrac{f_{ck}}{\gamma_c} = 0,85 \cdot \dfrac{25}{1,5} = 14,2$ N/mm^2

Bewehrungsstahl: BSt 500 S(A) mit $f_{yd} = \dfrac{f_{yk}}{\gamma_s} = \dfrac{500}{1,15} = 434,8$ N/mm^2

Das Fundament aus Altbeton behindert das Schwinden der frisch aufbetonierten Wand. Dadurch wird in dieser eine horizontale, zentrische Zugbeanspruchung hervorgerufen.

zulässige Rissweite w_k
Das Außenbauteil ist der Expositionsklasse XC 4 zuzuordnen und ist damit ein Stahlbetonbauteil der Anforderungsklasse E nach Tabelle 26.

$w_k = 0,3$ mm

Wahl der Stahlspannung σ_s (Tabelle 28)

gewählt $\sigma_s = 280$ N/mm^2

Berechnung der Mindestbewehrungsmenge $A_{s,min}$

$$A_{s,min} = k_c \cdot k \cdot f_{ct,eff} \cdot \frac{A_{ct}}{\sigma_s}$$

mit: $A_{ct} = b \cdot h = 0,25 \cdot 1,0 = 0,25$ m^2 für zentrischen Zug

      $k_c = 1,0$ für zentrischen Zug

      $k = 0,8$ für $h \leq 0,3$ m und

                  Zug infolge im Bauteilinnern hervorgerufenen Zwangs

      $\sigma_s = 280$ N/mm^2, gewählt nach Tabelle 28

$$f_{ct,eff} = 0,5 \cdot f_{ctm} = 0,5 \cdot 2,6 = 1,3 \text{ N/mm}^2 \quad \text{Abminderung wegen Zwang}$$

in frühem Betonalter

$$a_{s,\min} = 0,8 \cdot 1,3 \cdot \frac{0,25 \cdot 10^4}{280} = 9,3 \text{ cm}^2/\text{m}$$

Wahl der Bewehrung
An beiden Seiten der Wand werden Stäbe mit $\varnothing$ 10 mm im Abstand von 15 cm mit vorh $a_s = 2 \times 5,24 = 10,48$ cm²/m eingelegt.

Vergleich mit dem zulässigen Grenzdurchmesser

$$d_s = d_s^* \cdot \frac{k_c \cdot k \cdot h_t}{4 \cdot (h-d)} \cdot \frac{f_{ct,eff}}{f_{ct,0}} \geq d_s^* \cdot \frac{f_{ct,eff}}{f_{ct,0}}$$

mit: $d_s^* = 14$ mm nach Tabelle 28

$$\frac{k_c \cdot k \cdot h_t}{4 \cdot (h-d)} = \frac{1 \cdot 0,8 \cdot 25 \text{ cm}}{4 \cdot (25 \text{ cm} - 21 \text{ cm})} = 1,25 > 1$$

$$d_s = 14 \cdot 1,25 \cdot \frac{1,3}{3,0} = 7,6 \text{ mm} < \text{ gewählt } d_s = 10 \text{ mm}$$

Der vorgesehene Stabdurchmesser ist zu groß. Es müssen an beiden Seiten der Wand $\varnothing$ 6/6 mit vorh $a_s = 2 \times 4,71 = 9,42$ cm²/m eingelegt werden, um den Grenzdurchmesser einhalten zu können.

Wählt man an Stelle der 280 N/mm² einen niedrigeren Wert für die Stahlspannung, muss man eine höhere Bewehrungsmenge einlegen. Gleichzeitig darf aber ein größerer Stabdurchmesser verwendet werden. Eine Erhöhung der zulässigen Stahlspannung bewirkt das Gegenteil:

Abminderung der zulässigen Stahlspannung	Erhöhung der zulässigen Stahlspannung
gewählt $\sigma_s = 200$ N/mm²	gewählt $\sigma_s = 360$ N/mm²
$a_{s,\min} = 0,8 \cdot 1,3 \cdot \dfrac{0,25 \cdot 10^4}{200}$	$a_{s,\min} = 0,8 \cdot 1,3 \cdot \dfrac{0,25 \cdot 10^4}{360}$
$= 13,0$ cm²/m	$= 7,22$ cm²/m
$d_s = 28 \cdot 1,25 \cdot \dfrac{1,3}{3,0} = 15,1$ mm	$d_s = 8 \cdot 1,25 \cdot \dfrac{1,3}{3,0} = 4,3$ mm
Mindestbewehrung: $2 \times \varnothing$ 12/15 mit vorh $a_s = 2 \times 7,54 = 15,08$ cm²/m	Es gibt keine Bewehrung, mit der der berechnete Grenzdurchmesser von 4,3 mm eingehalten werden kann.

8.5.2   Rissbreitennachweis und Durchbiegungsbeschränkung

Für eine Geschossdecke im Innern eines Gebäudes sollen die Nachweise zur Rissbreitenbeschränkung und zur Begrenzung der Verformungen geführt werden.

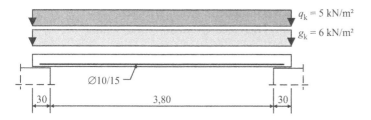

Baustoffe:

Beton: $\qquad$ C 25/30 mit $f_{cd} = \alpha \cdot \dfrac{f_{ck}}{\gamma_c} = 0,85 \cdot \dfrac{25}{1,5} = 14,2 \text{ N/mm}^2$

Bewehrungsstahl: BSt 500 S(A) mit $f_{yd} = \dfrac{f_{yk}}{\gamma_s} = \dfrac{500}{1,15} = 434,8 \text{ N/mm}^2$

Bekanntes aus der Biegebemessung:
$d = 0,16$ m und $\zeta = 0,953$
Biegezugbewehrung $\varnothing 10/15$, vorh $a_s = 5,24$ cm²/m

Anforderungsklasse und zulässige Rissweite w_k:
Unter der Decke befinden sich offene Wasserbehälter, über der Decke ein Lagerraum. Die Deckenplatte ist somit an der Unterseite ständig hoher Luftfeuchte ausgesetzt und deshalb in die Expositionsklasse XC 3 einzuordnen. Daraus resultiert die Anforderungsklasse E. Die zulässige Rissweite w_k beträgt 0,3 mm.

Schnittgrößen für den Nachweis im GZG:
Für Bauteile der Anforderungsklasse E ist die quasi-ständige Einwirkungskombination maßgebend.

$$M_{d,perm} = M_{G,k} + \psi_2 \cdot M_{Q,k} = \frac{l^2}{8} \cdot \left(g_k + \psi_2 \cdot p_k \right)$$

$$= \frac{(4 \text{ m}^2)}{8} \cdot \left(6 \text{ kN/m}^2 + 0,8 \cdot 5 \text{ kN/m}^2 \right) = 20 \text{ kNm/m}$$

Stahlspannung:

$$\sigma_s = \frac{M_{d,perm}}{z \cdot a_s} = \frac{0,02 \text{ MNm/m}}{0,953 \cdot 0,16 \text{ m} \cdot 5,24 \cdot 10^{-4} \text{ m}^2/\text{m}} = 250,3 \text{ N/mm}^2$$

Nachweis der Rissbreitenbeschränkung:
Der Nachweis kann auf zwei verschiedene Arten erfolgen.
    Variante (1) – Nachweis mit Hilfe des Grenzdurchmessers:

$$d_s = d_s^* \cdot \frac{\sigma_s \cdot A_s}{4 \cdot (h-d) \cdot b} \cdot \frac{1}{f_{ct,0}} \geq d_s^* \cdot \frac{f_{ct,eff}}{f_{ct,0}}$$

mit: $d_s^* = 18$ mm nach Tabelle 28

$\quad f_{ct,0} = 3,0 \text{ N/mm}^2$

$\quad f_{ct,eff} = 2,6 \text{ N/mm}^2$

$$d_s = \frac{18 \text{ mm} \cdot 250 \cdot 5,24 \cdot 10^{-4}}{4 \cdot (0,2-0,16) \cdot 1,0} \cdot \frac{1}{3,0} = 4,9 \text{ mm} < 18 \text{ mm} \cdot \frac{2,6}{3,0} = 15,6 \text{ mm}$$

$\quad d_s = 15,6 \text{ mm} > \text{vorh } d_s = 10 \text{ mm}$

Der Nachweis ist erfüllt.
    Variante (2) – Nachweis mit Hilfe des *maximal zulässigen Stababstandes*:

$\sigma_s = 250 \text{ N/mm}^2$

Daraus folgt nach Tabelle 29 der Höchstwert des Stababstandes:

$\lim s_l = 190 \text{ mm} > \text{vorh } s_l = 150 \text{ mm}$

Auch diese Bedingung ist erfüllt.

Anmerkung: Der Nachweis der Rissbreitenbeschränkung gilt als erfüllt, wenn *entweder* der Grenzdurchmesser *oder* der Höchstwert des Stababstandes eingehalten wird. Das gilt auch, wenn einer der beiden Nachweise nicht erfüllt werden kann!

Nachweis der Verformungsbegrenzung:
Es wird angenommen, dass in dem Lagerraum leichte Trennwände errichtet werden können.

$$\frac{l_i}{d} = \frac{4,0}{0,16} = 25 < \begin{cases} 35 \\ 150/l_i = 150/4 = 37,5 \end{cases}$$

Der Nachweis ist ebenfalls erfüllt.

8.5.3   Rissbreitennachweis bei einer Brücke

Für die dargestellte Brücke soll der Rissbreitennachweis infolge Last geführt werden.

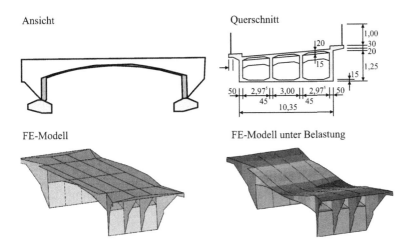

Ansicht   Querschnitt

FE-Modell   FE-Modell unter Belastung

Maßgebende Einwirkungskombination:
Für die Durchführung des Rissbreitennachweises ist zunächst die maßgebende Einwirkungskombination im Grenzzustand der Gebrauchstauglichkeit GZG in Abhängigkeit von der Anforderungsklasse zu wählen. Die Anforderungsklasse hängt von der Bauweise – hier Stahlbeton – und den Umgebungsbedingungen ab. Da es sich weder um ein Innenbauteil, noch um ein Bauteil handelt, was sich ständig unter Wasser befindet, ist nach Tabelle 27 die Anforderungsklasse E zu wählen. Damit ist nach Tabelle 27 die quasi-ständige Einwirkungskombinationen für die Ermittlung der maßgebenden Schnittgrößen für den Rissbreiten-Nachweis zu verwenden.

$$E_{d,perm} = E\left\{\sum_{j\geq1}G_{k,j} \oplus P_k \oplus \sum_{i>1}\psi_{2,i}\cdot Q_{k,i}\right\}$$

Der Rechenwert der Rissbreite w_k beträgt 0,3 mm, s. Tabelle 27.

Schnittgrößen und Spannungen:
Die Stahlspannung infolge dieser Einwirkungskombination wurde mit dem Programm INCA2 berechnet. Ein Auszug der Ergebnisse ist im folgenden Bild zu sehen.

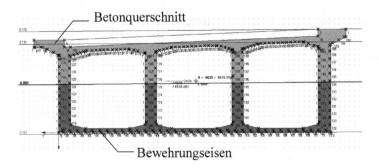

Für die maximale Stahlspannung der maßgebenden Bewehrungseisen ∅ 14 mm kann man $\sigma_{s,perm,\infty} = 240$ N/mm² ablesen.

Die zulässige Stahlspannung für diesen Stabdurchmesser kann in Tabelle 28 abgelesen werden. Eine Neuberechnung des Grenzdurchmessers erfolgte im vorliegenden Fall nicht.

Die zulässige Stahlspannung laut Tabelle 28 beträgt 280 N/mm². Damit ist der Nachweis der Rissbreitennachweis erbracht.

Stahlspannung σ_s in [N/mm²]	Grenzdurchmesser d_s^* der Stäbe in [mm] in Abhängigkeit vom Rechenwert der Rissbreite w_k		
	$w_k = 0,4$ mm	$w_k = 0,3$ mm	$w_k = 0,2$ mm
...	...	...	...
240	25	19	13
280	18	14	9
320	14	11	7
...	...	...	...

9 Bemessung von Druckgliedern

9.1 Tragverhalten druckbeanspruchter Bauteile

Typische druckbeanspruchte Bauteile sind Stützen und Wände. Es werden verschiedene Beanspruchungskombinationen unterschieden, die in Abb. 87 dargestellt sind.

Bei der Biegebemessung wurden die Schnittgrößen nach Theorie I. Ordnung ermittelt, d. h. am unverformten System. Dabei werden Durchbiegungen und ungewollte Lastausmitten nicht berücksichtigt. Allerdings müssen Tragwerkverformungen bei der Schnittgrößenermittlung immer dann berücksichtigt werden, wenn sie merklichen Einfluss auf die Schnittgrößen und damit auf die Tragfähigkeit eines Bauteils haben. Man spricht dann von Theorie II. Ordnung (Abb. 88). Es wird aber vorausgesetzt, dass die auftretenden Verformungen klein sind.

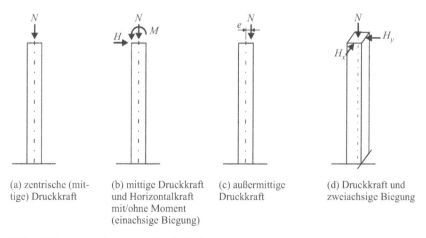

(a) zentrische (mittige) Druckkraft

(b) mittige Druckkraft und Horizontalkraft mit/ohne Moment (einachsige Biegung)

(c) außermittige Druckkraft

(d) Druckkraft und zweiachsige Biegung

Abb. 87. Beanspruchung von Druckgliedern

Theorie I. Ordnung

Bsp.: ein auf Biegung beanspruchter Balken. Das Biegemoment wird durch die Tragwerksverformung nicht beeinflusst.

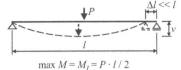

$$\max M = M_I = P \cdot l / 2$$

Theorie II. Ordnung

Bsp.: ein exzentrisch belastetes Druckglied. Das Moment in Stützenmitte wird größer, da sich durch die Verformung auch der Hebelarm der Kraft P vergrößert.

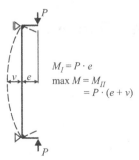

$$M_I = P \cdot e$$
$$\max M = M_{II}$$
$$= P \cdot (e + v)$$

Abb. 88. Unterschied zwischen Theorie I. und II. Ordnung

Bei Druckgliedern muss nachgewiesen werden, dass die Bruchschnittgrößen nicht überschritten werden und dass das Tragwerk auch bei einer auftretenden Verformung oder Auslenkung im stabilen Gleichgewicht bleibt.

Das Versagen von Druckgliedern kann in

- Spannungsprobleme: Überschreiten der zulässigen Materialspannungen, und
- Stabilitätsprobleme: Verlust der Standsicherheit, z. B. seitliches Ausknicken

unterteilt werden. Die Versagensart ist von der Schlankheit des Druckgliedes stark abhängig. Je gedrungener das Bauteil ist, desto eher wird ein Versagen infolge Überschreitens der zulässigen Spannungen eintreten, und je schlanker es ist, desto eher wird es ausknicken. In der alten DIN 1045 wurden Druckglieder in Schlankheitsgruppen unterteilt, denen man folgende Versagensmechanismen zuordnen konnte:

- Druckglieder mit geringer Schlankheit: Sie versagen durch das Erreichen der Bruchschnittgrößen N_u und M_u (Fall 1 in Abb. 89). Man spricht von einem Spannungsproblem nach Theorie I. Ordnung (Materialversagen).
- Bei Druckgliedern mit mäßiger Schlankheit (Fall 2 in Abb. 89) können die auftretenden Verformungen nicht mehr vernachlässigt werden. Mit größer werdender Verformung wird die aufnehmbare Vertikallast kleiner. Gleichzeitig vergrößert sich das aufzunehmende Moment infolge der anwachsenden Exzentrizität. Letztendlich versagt das Druckglied wieder durch das Überschreiten zulässiger Spannungen, es handelt sich nun aber um ein Spannungsproblem nach Theorie II. Ordnung (Materialversagen).
- Druckglieder mit hoher Schlankheit ordnete man einer dritten Gruppe zu. Bei diesen Bauteilen vergrößern sich die Verformungen übermäßig stark, wenn die Drucklast gesteigert wird. Der Stab wird instabil, bevor

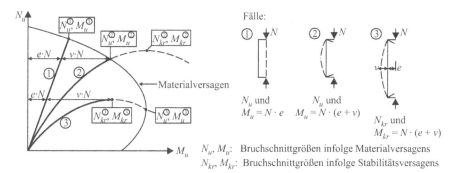

Abb. 89. Versagensmöglichkeiten von Druckgliedern nach Leonhardt et al. (1977–1986)

die Bruchschnittgrößen infolge Materialversagens erreicht werden. Es tritt Stabilitätsversagen ein (Fall 3 in Abb. 89).

Bezüglich der Stabilität können drei Gleichgewichtslagen unterschieden werden, Abb. 90:

- stabiles Gleichgewicht: Die Kugel rollt nach einer Auslenkung wieder in die Ausgangslage zurück.
- Labiles Gleichgewicht: Die Kugel entfernt sich nach einer Auslenkung von ihrer Ausgangslage.
- Indifferentes Gleichgewicht: Die Kugel bleibt liegen, wohin sie bewegt wurde, die geringste Störung würde zu einer weiteren Fortbewegung führen. Dies ist auch der Fall, wenn ein Tragwerk genau mit seiner Knicklast F_{ki} belastet wird. Es ist dann gerade noch das Kräftegleichgewicht am verformten System erfüllt. Eine weitere Laststeigerung würde ein Ausknicken und damit ein Versagen zur Folge haben. Die Verformung, die das Tragwerk bei Belastung mit der Knicklast F_{ki} aufweist, wird auch Knickfigur genannt.

Der Verbundbaustoff Stahlbeton besitzt einige Besonderheiten, die bei Stabilitätsuntersuchungen beachtet werden müssen, z. B.:

- keine lineare σ-ε-Beziehung
- Durch Rissbildung wird der wirksame Betonquerschnitt und damit die Biegesteifigkeit verringert, die Durchbiegung dementsprechend erhöht.

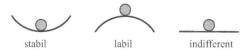

stabil   labil   indifferent

Abb. 90. Gleichgewichtslagen

- Druck- und Zugfestigkeit des Betons unterscheiden sich quantitativ sehr stark.
- Die zeitabhängigen Verformungen des Betons können sich negativ auswirken.
- Die Mitwirkung von Beton auf Zug zwischen den Rissen wird vernachlässigt.

9.2   Knicklängen

Die Drucktragfähigkeit eines Stabes hängt u. a. stark von seiner Knicklänge – in DIN 1045-1 Ersatzlänge l_0 genannt – ab. Die Knicklänge ist die Länge, über die ein gedrücktes Bauteil frei ausknicken kann. Allgemein gilt, dass die Knicklänge oder Ersatzlänge gleich dem Abstand der Wendepunkte der Knickfigur des Systems ist. Die Knicklänge kann nach Gl. (9.1) bestimmt werden. Beispiele für Knickfiguren und Knicklängen sind in Abb. 91 zu sehen.

$$l_0 = \beta \cdot l_{col} \tag{9.1}$$

mit: l_0 Knick- oder Ersatzlänge von Einzeldruckgliedern

$\quad\ \beta$ Knicklängenbeiwert

$\quad\ l_{col}$ Länge des Stabes zwischen den idealisierten Wendepunkten

Die Knicklänge ist also von den Lagerungsbedingungen des Stabes und von der Aussteifung des Systems abhängig. Vergleicht man z. B. den beidseitig gelenkig gelagerten Stab und den beidseitig eingespannten Stab in Abb. 91, sieht man, dass eine Einspannung an beiden Enden eine Halbierung der Knicklänge gegenüber der gelenkigen Lagerung bewirkt. Denselben Effekt können Aussteifungen oder horizontale Festhaltungen erzielen. In Abb. 91, Beispiel (5) ist ein verschiebliches System dargestellt. Die Knicklänge ist hier doppelt so groß wie in Beispiel (4) – einem unverschieblichen System – obwohl es sich in beiden Fällen um beidseitig eingespannte Stäbe handelt.

Den Unterschied zwischen einem verschieblichen und einem unverschieblichen Rahmen verdeutlicht Abb. 92.

Allerdings können im Stahlbetonbau die Lagerungsbedingungen oftmals nicht so eindeutig definiert werden. In der Regel kommen bei dieser Bauweise elastische Einspannungen vor. Die Knicklänge ist dann vom Grad der Einspannung eines Druckgliedes an den jeweiligen Knotenpunkten abhängig, s. Abb. 93. Zu dieser Problematik wurden verschiedene Näherungsverfahren entwickelt. Erläuterungen dazu finden sich u. a. in Curbach u. Schlüter (1998) oder Wommelsdorff (2002/03).

Eine detaillierte Einführung in die Problematik der Stabilitätsnachweise bei Stahlbetonbauelementen geben auch Kordina & Quast (2001).

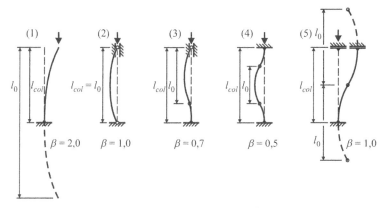

Abb. 91. Beispiele für Knickfiguren und Knicklängen

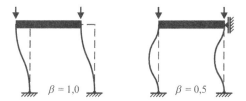

Abb. 92. Knicklängen für Rahmen; links: verschiebliches System, rechts: unverschiebliches System

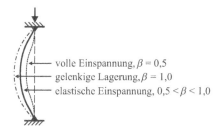

Abb. 93. Einfluss des Einspanngrades auf Knickfigur und Knicklängen

9.3 Bemessung

9.3.1 Allgemeines

Die σ-ε-Linien für Beton und Betonstahl wurden in den Abschn. 2.2 und 2.3 vorgestellt und sind auch für Druckglieder gültig. Bei vollständig überdrückten Querschnitten darf die Dehnung im Punkt C in Abb. 94 aus Kap. 2.4 (welches nachfolgend noch einmal dargestellt ist) den Wert ε_{c2} nicht überschreiten. Für normalfesten Beton beträgt diese Grenze also 2,0 ‰, was auch den Bestimmungen der alten DIN 1045 entspricht.

Druckbeanspruchte Systeme und Bauteile müssen nach ihrer Verschieblichkeit in verschieblich und unverschieblich eingeteilt werden, vergleiche auch die Betrachtungen zur Knicklänge. Eine Abschätzung, ob ein ausgesteiftes Tragwerk als unverschieblich angesehen werden kann, erlaubt Abs. (5) in Kap. 8.6.2 der DIN 1045-1.

Grundsätzlich müssen Auswirkungen nach Theorie II. Ordnung berücksichtigt werden, wenn durch diese die Tragfähigkeit um mehr 10 % vermindert wird. Die Bemessungswerte sind unter Berücksichtigung von Maßungenauigkeiten und Unsicherheiten bzgl. Lage und Richtung der Lasten zu ermitteln, z.B. durch geometrische Imperfektionen. Für Einzeldruckglieder dürfen die geometrischen Ersatz-Imperfektionen durch den Ansatz einer zusätzlichen ungewollten Ausmitte der Längskräfte e_a in ungünstigster Richtung berücksichtigt werden. Die Imperfektionen brauchen natürlich nur dann angesetzt werden, wenn laut DIN 1045-1 diese Einflüsse nach Theorie II. Ordnung bei der Bemessung berücksichtigt werden müssen.

$$e_a = \alpha_{a1} \cdot \frac{l_0}{2} \tag{9.2}$$

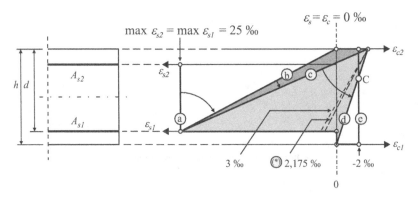

Abb. 94. Mögliche Dehnungsverteilungen im Grenzzustand der Tragfähigkeit für Stahlbetonbauteile nach DIN 1045-1

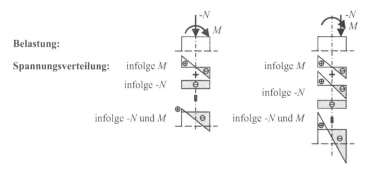

Abb. 95. Günstige und ungünstige Wirkung von Normalkräften

mit: α_{a1} Winkel der Schiefstellung gegen die Sollachse (im Bogenmaß)

$$\alpha_{a1} = \frac{1}{100 \cdot \sqrt{l_{col} \ [\text{m}]}} \le \frac{1}{200} \tag{9.3}$$

Die Lastkombinationen werden grundsätzlich wie bisher gebildet. Eine Besonderheit ist bei vorwiegender Normalkraftbeanspruchung zu beachten. Druckkräfte infolge Eigenlast können günstig und ungünstig wirken.

$\gamma_{G,\text{sup}} = 1,35$ bei ungünstig wirkender Eigenlast $\tag{9.4a}$

$\gamma_{G,\text{inf}} = 1,0$ bei günstig wirkender Eigenlast $\tag{9.4b}$

Kombiniert man eine Momentenbeanspruchung mit einer hohen zentrischen Druckkraft, können die infolge Biegung an einem Querschnittsrand hervorgerufenen Zugspannungen vermindert oder überdrückt werden. Dort ist also weniger Bewehrung als für den Fall reiner Biegung erforderlich, die Normalkraft wirkt günstig und wird deshalb mit $\gamma_G = 1,0$ angesetzt. Auf der Druckseite addieren sich die Druckspannungen, die Betonbeanspruchung steigt mit größer werdendem Druck. Die Normalkraft wirkt ungünstig und erfordert einen Teilsicherheitsbeiwert von $\gamma_G = 1,35$.

Wirken dagegen ein Moment und eine Druckkraft mit hoher Exzentrizität zusammen verstärken sich durch das zusätzlich eingetragene Moment sowohl die Beanspruchungen auf der Zugseite als auch auf der Druckseite. Die Normalkraft wirkt ungünstig und ist mit $\gamma_G = 1,35$ zu berücksichtigen.

In Wommelsdorff (2002/03) wird ein Verfahren vorgestellt, mit dem abgeschätzt werden kann, ob die ständige Normalkraft günstig oder ungünstig anzusetzen ist. Das Verfahren kann vor allem bei mehreren zu kombinierenden Einwirkungen den Arbeitaufwand reduzieren.

Grundsätzlich muss zwischen schlanken und nicht schlanken oder gedrungenen Druckgliedern unterschieden werden. Die Schlankheit ist ein Ausdruck für die Gefährdung eines Druckgliedes auszuknicken. Bei knickgefährdeten Bauteilen müssen i. d. R. Schnittgrößen nach Theorie II. Ordnung beachtet werden. Deshalb muss zu Beginn jeder Bemessung der Schlankheitsgrad λ ermittelt werden.

$$\lambda = \frac{l_0}{i} \tag{9.5}$$

mit: i Trägheitsradius (des reinen Betonquerschnitts)

$$i = \sqrt{\frac{I_c}{A_c}} \text{ , für Rechteckquerschnitte gilt } i = 0,289 \cdot b$$

Die Grenzschlankheiten werden nach Gln. (9.6) bis (9.10) ermittelt. Werden diese Grenzwerte nicht überschritten, müssen keine Auswirkungen nach Theorie II. Ordnung berücksichtigt werden.

- Allgemein gilt für verschiebliche oder unverschiebliche Einzeldruckglieder:

$$\lambda_{max} = \begin{cases} 25 & \text{für} \quad |v_{Ed}| \ge 0,41 \\ \dfrac{16}{\sqrt{|v_{Ed}|}} & \text{für} \quad |v_{Ed}| < 0,41 \end{cases} \tag{9.6} \text{ und (9.7)}$$

mit: $v_{Ed} = \dfrac{N_{Ed}}{A_c \cdot f_{cd}}$ $\tag{9.8}$

N_{Ed} Bemessungswert der mittleren Längsdruckkraft des Einzeldruckgliedes

A_c Querschnittsfläche des Druckgliedes

- Eine zusätzliche Grenze gibt es für Einzeldruckglieder in unverschieblichen ausgesteiften Tragwerken, auch wenn sie als schlank gelten, und nur, wenn zwischen den Enden keine Querlasten oder Lastmomente auftreten und die Längskraft über die Stützenlänge konstant ist:

$$\lambda_{crit} \begin{cases} = 25 \cdot \left(2 - \dfrac{e_{01}}{e_{02}} \right) & \text{für} \quad |v_{Ed}| \ge 0,41 \\ = 25 & \text{für} \quad \text{beidseitig gelenkig gelagerte Stützen} \end{cases} \tag{9.9}$$

mit: e_{01}/e_{02} Verhältnis der Lastausmitten der Längskraft an den Stützenenden mit $|e_{01}| \le |e_{02}|$, s. auch Abb. 96.

Kommt Gl. (9.9) zur Anwendung, sind die Stützenenden aber mindestens für eine Belastung nach Gl. (9.10) zu bemessen.

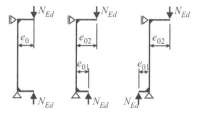

Abb. 96. Definition von e_{01} und e_{02}

$$M_{Rd} \geq |N_{Ed}| \cdot \frac{h}{20} \text{ und } N_{Rd} \geq |N_{Ed}| \qquad (9.10)$$

mit: h Abmessung der Stütze in der betrachteten Richtung

Kriechen darf i. d. R. vernachlässigt werden, wenn die Stützen an beiden Enden monolithisch mit den Last abtragenden Bauteilen verbunden sind oder bei verschieblichen Tragwerken für das Einzeldruckglied $\lambda < 50$ und $e_0/h > 2$ gilt.

9.3.2 Überblick über die Nachweisverfahren

Die Schlankheit des Druckgliedes und der Art der Belastung bestimmen die Form des Nachweises und damit den Rechenweg und die Bemessungshilfsmittel. Folgende Fälle sollen näher vorgestellt werden:

- zentrisch belastete gedrungene Druckglieder. Es wird der Tragwiderstand des Querschnitts bestimmt.
- gedrungene Stützen mit kleiner einachsiger Lastausmitte. Die Bemessung erfolgt mit Interaktionsdiagrammen für symmetrische Bewehrung.
- schlanke Druckglieder. Sie werden nach dem Modellstützenverfahren mit Hilfe von Nomogrammen bemessen.
- unbewehrte Druckglieder. Auch hier wird in schlanke und nicht schlanke Bauteile unterschieden. Bei zentrischer Belastung wird der Bauteilwiderstand aus den Materialkenngrößen ermittelt. Bei schlanken Bauteilen werden die Auswirkungen von Verformungen über die Traglastfunktion Φ berücksichtigt.

9.3.3 Druckglieder ohne Knickgefahr bei zentrischem Druck

Bei zentrischem Druck muss nach DIN 1045-1 die zulässige Betonstauchung auf ε_{c2} begrenzt werden. Das entspricht bei Normalbeton bis C 50/60 −2 ‰. Bei geringer Lastausmitte $e_d/h \leq 0,1$, was ja bei zentrischem Druck zutrifft, darf der Grenzwert auf −2,2 ‰ erhöht werden. Die zugehörige Betonspannung lautet:

$$\sigma_{cd} = f_{cd} \tag{9.11}$$

Setzt man vollen Verbund voraus, erfährt der Stahl die gleiche Verformung wie der Beton. Berücksichtigt man die Verfestigung des Stahles nach Ereichen der Streckgrenze nicht, beträgt die Stahlspannung:

$$\sigma_{sd} = f_{yd} = 434,8 \text{ N/mm}^2 \text{ für BSt 500} \tag{9.12}$$

Beim Tragfähigkeitsnachweis wird der Bauteilwiderstand mit der einwirkenden Last verglichen. Der Tragwiderstand N_{Rd} setzt sich dabei aus zwei Teilen zusammen – dem Betontraganteil und dem Traganteil der Bewehrung.

$$N_{Rd} = -\left[\left(A_c - A_s \right) \cdot f_{cd} + A_s \cdot f_{yd} \right] \geq N_{Ed} \tag{9.13}$$

Vereinfachend darf beim Ansatz der Betonfläche der Bewehrungsquerschnitt vernachlässigt werden.

$$N_{Rd} = -\left(A_c \cdot f_{cd} + A_s \cdot f_{yd} \right) \geq N_{Ed} \tag{9.14}$$

Ist bei vorgegebener Stützengeometrie die erforderliche Bewehrung gesucht, werden nacheinander der Betontraganteil F_{cd}, die vom Stahl aufzunehmende Kraft F_{sd} und daraus die erforderliche Bewehrung berechnet, die symmetrisch über den Querschnitt verteilt angeordnet werden muss.

$$\text{erf } A_s = \frac{F_{sd}}{\sigma_{sd} = f_{yd}} = \frac{\left| N_{Ed} \right| - \left| F_{cd} \right|}{f_{yd}} = \frac{\left| N_{Ed} \right| - \left| A_c \cdot f_{cd} \right|}{f_{yd}} \tag{9.15}$$

9.3.4 Druckglieder ohne Knickgefahr bei Längsdruck mit kleiner Ausmitte

Für im Wesentlichen durch Druck beanspruchte Bauteile ist eine symmetrische Bewehrung $A_{s1} = A_{s2}$ sinnvoll. Die in diesem Fall entstehende Dehnungsverteilung im Querschnitt entspricht den Bereichen 4 und 5 in Abb. 94, reicht also von nahezu zentrischem Druck bis zum Verhältnis $\varepsilon_c : \varepsilon_{s1} = -3,5 ‰ : \approx \varepsilon_{sy} = 2,175 ‰$. Eine weitere Anwendung für symmetrische Bewehrung sind Bauteile mit wechselnder Momentenbeanspruchung.

Am einfachsten kann eine solche Bemessungsaufgabe mit Tafeln gelöst werden. Wie schon bei der Biegebemessung wird in diesen Diagrammen mit einheitsfreien Werten gerechnet, wodurch für Normalbetone bis C 50/60 und sonst gleichen Randbedingungen nur eine Tafel benötigt wird.

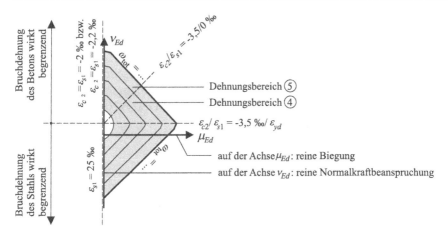

Abb. 97. Aufbau der Interaktionsdiagramme für symmetrische, zweiseitige Bewehrung

In den Interaktionsdiagrammen kann der erforderliche Bewehrungsgrad in Abhängigkeit von der bezogenen Längskraft v_{Ed} und vom bezogenen Moment μ_{Ed} abgelesen werden.

Wie Interaktionsdiagramme für Rechteckquerschnitte und einachsige Biegung grundsätzlich aufgebaut sind, ist in Abb. 97 zu sehen.

Bei der Bemessung werden nacheinander folgende Schritte ausgeführt:

- Wahl der Tafel in Abhängigkeit von der Betonfestigkeit und vom Verhältnis des Randabstandes d_1 zur Bauteildicke h. Es wird von gleichen Randabständen $d_1 = d_2$ beider Bewehrungslagen ausgegangen. Diagramme findet man i. d. R. für folgende Verhältnisse: $d_1/h = 0{,}05$, $0{,}1$, $0{,}15$, $0{,}2$, $0{,}25$. Eine Interpolation zwischen den Tafeln ist möglich. Meist ist es aber ausreichend, die realen Werte d_1/h auf- oder abzurunden.
- Berechnung der bezogenen Schnittgrößen

$$v_{Ed} = \frac{N_{Ed}}{b \cdot h \cdot f_{cd}} \tag{9.16}$$

$$\mu_{Ed} = \frac{M_{Ed}}{b \cdot h^2 \cdot f_{cd}} \tag{9.17}$$

- ablesen des erforderlichen Bewehrungsquerschnittes ω_{tot}
- berechnen und wählen der symmetrischen Bewehrung

$$A_{s1} = A_{s2} = \frac{A_{s,tot}}{2} = \frac{1}{2} \cdot \omega_{tot} \cdot \frac{b \cdot h \cdot f_{cd}}{f_{yd}} \tag{9.18}$$

In Deutschland ist derzeit nur Betonstahl BSt 500 zugelassen. Soll Stahl mit anderen Festigkeitskennwerten zum Einsatz kommen, müssen auch andere Interaktionsdiagramme verwendet werden.

Für allseitig symmetrisch bewehrte rechteckige Querschnitte oder Kreisquerschnitte wurden ebenfalls spezielle Interaktionsdiagramme entwickelt. Als weiterführende Literatur wird z. B. Schmitz u. Goris (2001) empfohlen.

9.3.5   Modellstützenverfahren

Wie schon beschrieben, können bei schlanken Druckgliedern Verformungen infolge Längsdruck zu einer Erhöhung der Schnittkräfte führen. Beträgt die Tragfähigkeitsminderung infolgedessen 10 % muss bei der Bemessung das Kräftegleichgewicht im verformten Zustand nachgewiesen werden.

Die exakte Ermittlung von Schnittgrößen nach der Theorie II. Ordnung ist zumeist schwierig und aufwändig und ohne Rechentechnik nicht zu bewerkstelligen. Deshalb dürfen laut DIN 1045-1 für schlanke Einzeldruckglieder die Auswirkungen nach Theorie II. Ordnung vereinfachend nach dem Modellstützenverfahren ermittelt werden. Der Einfluss der Bauteilverformung wird hier durch eine zusätzliche Lastausmitte berücksichtigt.

Das Verfahren wird bei rundem oder rechteckigem Stützenquerschnitt empfohlen, wenn die Lastausmitte nach Theorie I. Ordnung $e_0 \geq 0{,}1 \cdot h$ ist. Das Verfahren ist grundsätzlich auch für kleinere Ausmitten anwendbar. Die auf der sicheren Seite liegenden Abweichungen wachsen dann aber stark an.

Eine Modellstütze nach DIN 1045-1 ist eine Kragstütze mit einer Länge von $l = \frac{1}{2} \cdot l_0$. Sie ist am Stützenfuß voll eingespannt, der Stützenkopf ist frei verschieblich. Das System ist in Abb. 98 dargestellt. Der Tragfähigkeitsnachweis ist am Stützenfuß zu führen, da sich dort die maßgebende Kombination von Längskraft und maximalem Moment nach Theorie II. Ordnung ergibt.

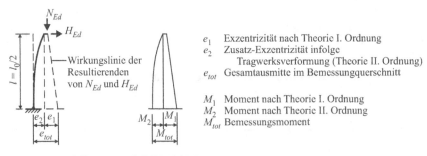

e_1 Exzentrizität nach Theorie I. Ordnung
e_2 Zusatz-Exzentrizität infolge
        Tragwerksverformung (Theorie II. Ordnung)
e_{tot} Gesamtausmitte im Bemessungquerschnitt

M_1 Moment nach Theorie I. Ordnung
M_2 Moment nach Theorie II. Ordnung
M_{tot} Bemessungsmoment

Abb. 98. Modellstütze nach DIN 1045-1

Die Gesamtausmitte e_{tot} setzt sich aus drei Anteilen zusammen. Die Lastausmitte nach Theorie I. Ordnung e_1 ist die Summe aus der planmäßigen Ausmitte e_0 und der ungewollten zusätzlichen Ausmitte e_a. Durch e_a werden z. B. nicht erfasste Einspannungen an den Stützenenden oder geometrische Ungenauigkeiten bzgl. der Stabachse oder der Bewehrungsverteilung berücksichtigt, die bei der Herstellung nicht vermieden werden können. Der dritte Anteil e_2 ist die Ausmitte nach Theorie II. Ordnung. Die Gesamtausmitte kann bei konstant durchgehenden Stützenquerschnitten wie folgt berechnet werden.

$$e_{tot} = e_1 + e_2 = e_0 + e_a + e_2 \tag{9.19}$$

mit: e_a ungewollte zusätzliche Ausmitte nach Gl. (9.2), Kap. 9.3.1

  e_0 planmäßige Lastausmitte nach Theorie I. Ordnung

$$e_0 = \frac{M_{Ed0}}{N_{Ed}} \tag{9.20}$$

Bei linear veränderlichem Momentenverlauf über die Stützenlänge in unverschieblichen Rahmentragwerken gilt:

$$e_0 = \max \begin{cases} 0,6 \cdot e_{02} + 0,4 \cdot e_{01} \\ 0,4 \cdot e_{02} \end{cases} \tag{9.21}$$

M_{Ed0} Bemessungsbiegemoment nach Theorie I. Ordnung

e_{01}, e_{02} s. Abb. 96

e_2 zusätzliche Lastausmitte nach Theorie II. Ordnung, vereinfacht:

$$e_2 = K_1 \cdot \frac{l_0^2}{10 \cdot r} = K_1 \cdot K_2 \cdot \frac{l_0^2}{2070 \cdot d} \tag{9.22}$$

$$K_1 = \begin{cases} \dfrac{\lambda}{10} - 2,5 & \text{für} \quad 25 \le \lambda \le 35 \\ 1 & \text{für} \quad \lambda > 35 \end{cases} \tag{9.23}$$

$1/r$ Stabkrümmung im maßgebenden Schnitt für BSt 500, vereinfacht:

$$\frac{1}{r} = 2 \cdot K_2 \cdot \frac{\varepsilon_{yd}}{0,9 \cdot d} = K_2 \cdot \frac{2 \cdot 0,00217}{0,9 \cdot d} = 0,00483 \cdot \frac{K_2}{d}$$

K_2 Beiwert zur Berücksichtigung der Krümmungsabnahme beim Anstieg der Längsdruckkräfte

$$K_2 = \frac{N_{ud} - N_{Ed}}{N_{ud} - N_{bal}} \le 1 \tag{9.24}$$

Anmerkung:

$K_2 = 1$ liegt immer auf der sicheren Seite!

N_{ud} Bemessungswert der Grenztragfähigkeit des Querschnitts unter zentrischem Druck

$$N_{ud} = -\left(f_{cd} \cdot A_c + f_{yd} \cdot A_s\right) \tag{9.25}$$

N_{Ed} Bemessungswert der aufzunehmenden Längskraft (Druck negativ)

N_{bal} aufnehmbare Längsdruckkraft bei maximaler Momententragfähigkeit des Querschnitts; vereinfacht für symmetrisch bewehrte Rechteckquerschnitte:

$$N_{bal} = -\left(0,4 \cdot f_{cd} \cdot A_c\right) \tag{9.26}$$

$$\varepsilon_{yd} = \frac{f_{yd}}{E_s} \tag{9.27}$$

Zu bemessen ist die Stütze für die einwirkende Normalkraft N_{Ed} und das Gesamtmoment M_{tot} nach Theorie II. Ordnung.

$$M_{Ed} = M_{tot} = N_{Ed} \cdot e_{tot} = N_{Ed} \cdot \left(e_0 + e_a + e_2\right) \tag{9.28}$$

Auch für diese Nachweisform wurden Tafeln entwickelt, die die Berechnung erleichtern und vor allem den Rechenaufwand wesentlich verringern sollen. Wie bei allen bisher vorgestellten Bemessungstafeln kann bis zur Festigkeitsklasse C 50/60 ein und dasselbe Diagramm verwendet werden. Bei höheren Betonfestigkeiten gibt es für jede Betonklasse spezielle Tafeln. Als Sicherheitsbeiwerte liegen wieder $\gamma_c = 1,5$ und $\gamma_s = 1,15$ zu Grunde. Bei den speziell für das Modellstützenverfahren erzeugten Nomogrammen entfällt die explizite Berechnung von e_2, da die Beiwerte K_1 und K_2 schon in die Diagramme eingearbeitet worden sind. (Wommelsdorff 2002/03 oder Schneider 2004)

Bei der Auswahl der Bemessungshilfe müssen die Querschnittsform, die Bewehrungsanordnung und der Randabstand der Bewehrung im Vergleich zur Bauteildicke berücksichtigt werden. Es gibt drei verschiedene Arten von Nomogrammen. Für vorwiegende Biegebeanspruchung wurden die μ-Diagramme aufgestellt. Bei Druckbeanspruchung mit kleiner Lastausmitte – das entspricht den Dehnungsbereichen 4 und 5 nach Bild 94 – erstellte man die e/h-Diagramme. Gerade in etwas älteren Veröffentlichungen kann es vorkommen, dass in den Nomogrammen der Bemessungswert der Betondruckkraft f_{cd} ohne den Dauerstandsfaktor α eingeht. Wenn diesbezüglich Unsicherheiten bestehen, sollte genau nachgelesen werden.

Die dritte – und wohl praktischste Variante – sind die Interaktionsdiagramme für das Modellstützenverfahren, von denen eine umfangreiche Sammlung in Schneider (2004) zu finden ist. Diese Diagramme wurden außer für verschiedne Betonfestigkeiten auch für verschiedene Schlankheitsgrade λ entwickelt.

Alle drei Varianten sollen kurz vorgestellt werden.

μ-Nomogramme. Die Tafeleingangswerte für μ-Diagramme (Abb. 99) sind die bezogene Normalkraft nach Gl. (9.17), das bezogene Moment nach Gl. (9.29) und das Verhältnis der Länge des Ersatzstabes zur Bauteildicke l_0/h:

$$\nu_{Ed} = \frac{N_{Ed}}{b \cdot h \cdot f_{cd}}$$

$$\mu_{Ed} = \frac{M_{Ed,I}}{b \cdot h^2 \cdot f_{cd}} = \frac{N_{Ed} \cdot \left(e_0 + e_a + e_c\right)}{b \cdot h^2 \cdot f_{cd}} \tag{9.29}$$

mit: $M_{Ed,I}$ Moment nach Theorie I. Ordnung

$\qquad e_c$ Ausmitte infolge Kriechen, wenn erforderlich

Abbildung 99 zeigt die Ermittlung des Bewehrungsgehalts.

Abschließend wird die Bewehrung für den Gesamtquerschnitt berechnet und gewählt.

$$A_{s,tot} = \omega \cdot \frac{b \cdot h \cdot f_{cd}}{f_{yd}} \qquad \rightarrow \qquad A_{s1} = A_{s2} = \frac{A_{s,tot}}{2} \tag{9.30}$$

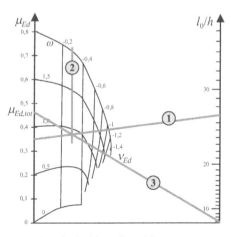

Arbeitschritte:

(1) Linie ① von l_0/h nach μ_{Ed}

(2) Linie ② von ν_{Ed} senkrecht zur Linie ①

(3) Ablesen von ω

zusätzlich für die angrenzenden Bauteile:

(4) Linie ③ vom 0-Punkt zur μ-Achse

(5) Ablesen von $\mu_{Ed,tot}$ für die Bemessung der angrenzenden Bauteile

Abb. 99. Prinzipskizze der μ-Nomogramme

***e/d*-Nomogramme.** Die Tafeleingangswerte für *e/d*-Diagramme (Abb. 100) sind die gleichen wie bei den μ-Diagrammen. Zusätzlich braucht man noch das Verhältnis d_1/h. Die Vorgehensweise veranschaulicht die folgende Skizze. Nach dem Ablesen des Bewehrungsgrades erfolgt die Berechnung der Bewehrung wiederum nach Gl. (9.30).

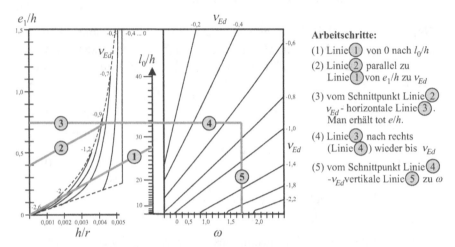

Arbeitschritte:

(1) Linie ① von 0 nach l_0/h

(2) Linie ② parallel zu Linie ① von e_1/h zu v_{Ed}

(3) vom Schnittpunkt Linie ② v_{Ed} - horizontale Linie ③. Man erhält tot *e/h*.

(4) Linie ③ nach rechts (Linie ④) wieder bis v_{Ed}

(5) vom Schnittpunkt Linie ④ -v_{Ed}vertikale Linie ⑤ zu ω

Abb. 100. Prinzipskizze *e/h*-Nomogramme

Interaktionsdiagramme. Die Tafeleingangswerte bei Interaktionsdiagrammen sind wieder die bezogene Normalkraft und das bezogene Moment (Abb. 101). Außerdem müssen das Verhältnis d_1/h, die Betonfestigkeit, die Schlankheit und die gewünschte Anordnung der Bewehrung bekannt sein.

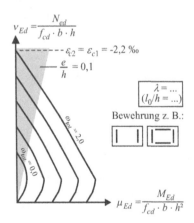

Abb. 101. Prinzipskizze Interaktionsdiagramm

Es wird wieder die gesamt Bewehrungsmenge berechnet, die dann entsprechend verteilt werden muss.

9.3.6 Unbewehrte Druckglieder

Wände oder gedrungene Stützen mit geringer Momentenbeanspruchung können als unbewehrte Druckglieder ausgeführt werden. Der Einsatz unbewehrter Stützen sollte sich auf unverschiebliche Systeme beschränken. Die Schlankheit am Einbauort soll 85 nicht überschreiten.

$$\lambda_{max} = \frac{l_{col}}{i} = 85 \tag{9.31}$$

Wegen der geringeren Verformungsfähigkeit von unbewehrten Bauteilen gegenüber bewehrten muss der Sicherheitsfaktor für Beton γ_c vergrößert werden:

$$\gamma_c = 1,8 \text{ ständige und vorübergehende Bemessungssituationen} \tag{9.32a}$$

($\gamma_c = 1,5$ wie vor, aber bewehrt)

$$\gamma_c = 1,55 \text{ für eine außergewöhnliche Bemessungssituation} \tag{9.32b}$$

($\gamma_c = 1,3$ wie vor, aber bewehrt)

Wie bei bewehrten Bauteilen auch muss das Duktilitätskriterium erfüllt sein, d. h. dass ein Bauteil nicht ohne Vorankündigung bei der Erstrissbildung versagen darf. Für stabförmige unbewehrte Druckglieder mit Rechteckquerschnitt ist diese Bedingung erfüllt, wenn die Ausmitte der Längskraft in der maßgebenden Einwirkungskombination im GZT wie folgt begrenzt wird:

$$\frac{e_d}{h} < 0,4 \tag{9.33}$$

mit: e_d Ausmitte der Längskraft

Nach DIN 1045-1 sind unbewehrte Druckglieder unabhängig vom eigentlichen Schlankheitsgrad grundsätzlich als schlanke Bauteile anzusehen. Ist die Bedingung nach Gl. (9.34) erfüllt, brauchen allerdings keine Schnittgrößen nach Theorie II. Ordnung berechnet werden.

$$\frac{l_{col}}{h} < 2,5 \tag{9.34}$$

Für die Bemessung gelten folgende Grundsätze:

- Ebenbleiben der Querschnitte
- Die Betonzugfestigkeit wird i. d. R. nicht angesetzt.
- Beim Nachweis darf maximal die Betonfestigkeitsklasse C 35/45 angesetzt werden.

Der Nachweis wird durch den Vergleich des Bauteilwiderstandes mit der einwirkenden Druckkraft erbracht. Es werden drei Fälle unterschieden. *Lastfall* (1): Zentrischer Druck, gedrungenes Bauteil. Für ein zentrisch beanspruchtes Druckglied erhält man den Bemessungswert der aufnehmbaren Längskraft aus dem Produkt der zulässigen Betonspannung und der wirksamen Betonfläche, hier also des gesamten Querschnittes.

$$N_{Rd} = -b \cdot h \cdot f_{cd} \tag{9.35}$$

Lastfall (2): Exzentrische Druckbelastung, gedrungenes Bauteil. Bei einem exzentrisch belasteten Druckglied existiert ein Dehnungsgefälle zwischen dem am meisten und dem weniger gedrückten Querschnittsrand. Die daraus resultierende Spannungsverteilung kann stark variieren, Abb. 102. Bei geringer Querschnittsauslastung werden weder die Grenzverformungen ε_{c2} oder ε_{c2u} noch die Betonfestigkeit f_{cd} erreicht.

Ist der Dehnungszustand bekannt, kann der Bauteilwiderstand berechnet werden. In Schneider (2004) ist für Rechteckquerschnitte aus Normalbe-

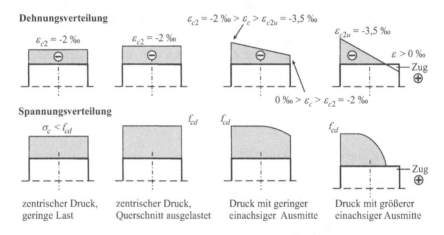

Abb. 102. Beispiele für Spannungsverteilungen bei zentrisch oder einachsig exzentrisch gedrückten Bauteilen

Tabelle 31. Faktor k für die direkte Bemessung unbewehrter gedrungener Druckglieder aus Normalbeton nach Schneider (2004)

e_d/h	0	0,1	0,2	0,3	0,4
k	1	0,778	0,584	0,389	0,195

ton, die durch eine Druckkraft mit einachsiger Lastausmitte beansprucht werden, Tabelle 31 für die direkte Bemessung enthalten. Mit dem Faktor k werden sowohl die parabelförmige Betonspannungsverteilung als auch die Verminderung der mitwirkenden Betonfläche durch eventuell unter Zug stehende Querschnittsbereiche berücksichtigt.

Die vom Querschnitt aufnehmbare Normalkraft kann nun mit Gl. (9.36) ermittelt werden.

$$N_{Rd} = -k \cdot b \cdot h \cdot f_{cd} \tag{9.36}$$

Lastfall (3): Schlankes Bauteil: Bei schlanken unbewehrten Bauteilen werden die Auswirkungen von Zusatzlasten infolge Tragwerksverformung durch den Ansatz eines Abminderungsfaktors φ berücksichtigt. Die aufnehmbare Längsdruckkraft kann dann wie folgt berechnet werden.

$$N_{Rd} = -b \cdot h \cdot f_{cd} \cdot \varphi \tag{9.37}$$

mit: φ Beiwert zur Berücksichtigung der Auswirkungen nach Theorie II. Ordnung auf die Tragfähigkeit von unbewehrten Druckglieder in unverschieblich ausgesteiften Tragwerken

$$\varphi = 1{,}14 \cdot \left(1 - 2 \cdot \frac{e_{tot}}{h}\right) - 0{,}02 \cdot \frac{l_0}{h} \text{ und } 0 \leq \varphi \leq 1 - 2 \cdot \frac{e_{tot}}{h} \tag{9.38}$$

$$e_{tot} = e_0 + e_a + e_\varphi$$

e_0 Lastausmitte nach Theorie I. Ordnung

e_a ungewollte Zusatzausmitte infolge geometrischer Imperfektionen.

Bei fehlenden genaueren Angaben gilt:

$$e_a = 0{,}5 \cdot \frac{l_0}{200}$$

e_φ Ausmitte infolge Kriechen, i. A. vernachlässigbar

In den entsprechenden Tabellenwerken kann der Abminderungsfaktor φ auch aus Diagrammen abgelesen werden.

9.4   Konstruktive Regeln für druckbeanspruchte Bauteile

Folgende konstruktiven Regeln sind bei druckbeanspruchten Bauteilen zu beachten:

Stützengeometrie:

- allgemein: Verhältnis der größeren zur kleineren Querschnittsabmessung $b/h < 4$
- Mindestmaße: (stehend) vor Ort betoniert: 20 cm
                    waagerecht betonierte Fertigteile: 12 cm

Längsbewehrung:

- Mindestdurchmesser: 12 mm
- je Ecke mindestens 1 Stab bei Rechteckquerschnitten oder mindestens 6 Stäbe bei Kreisquerschnitten
- maximaler Stababstand: 300 mm; bei $h \leq b \leq 400$ mm genügt 1 Stab je Ecke

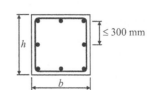

Längsbewehrungsgrad:

- Mindestens 15 % der Längsdruckkraft soll vom Bewehrungsstahl aufgenommen werden können.

Mindestbewehrung: $A_{s,\min} = 0{,}15 \cdot \dfrac{|N_{Ed}|}{f_{yd}}$ \hfill (9.39)

- Die Längsbewehrung darf auch im Bereich von Stößen maximal 9 % des Betonquerschnitts betragen.

Höchstbewehrung: $A_{s,\max} = 0{,}09 \cdot A_c$ \hfill (9.40)

Bügelbewehrung:

- Durch Bügel können maximal 5 Längsstäbe je Bügelecke am Ausknicken gehindert werden. Für weitere Stäbe sind Zusatzbügel erforderlich, Abb. 103.

- Mindestdurchmesser: $d_{s,bü} \geq \begin{cases} 6 \text{ mm bei Stabstahl} \\ 5 \text{ mm bei Matten} \\ d_{s,l}/4 \end{cases}$

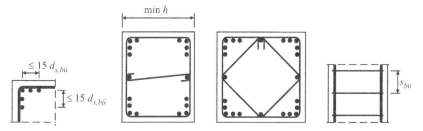

Abb. 103. Konstruktionsregeln für Stützen und Zwischenbügel

- Bügelabstand: $s_{b\ddot{u}} \leq \begin{cases} 12 \cdot d_{s,l} \\ \min h \\ 30\text{mm} \end{cases}$

- Bügelabstand bei Zusatzbügeln: maximal $2 \cdot s_{b\ddot{u}}$

Wände:

- Verhältnis der größeren zur kleineren Querschnittsabmessung $b/h \geq 4$
- Bei überwiegender Biegebeanspruchung sind die Bestimmungen für Platten einzuhalten.
- minimaler lotrechter Bewehrungsgehalt:
  allgemein: $\qquad\qquad\qquad\qquad A_s \geq 0{,}0015 \cdot A_c$
  bei schlanken Wänden: $\qquad\qquad A_s \geq 0{,}003 \cdot A_c$
- maximaler lotrechter Bewehrungsgehalt: $A_s \leq 0{,}04 \cdot A_c$
- minimale Querbewehrung:
  allgemein: $\qquad\qquad\quad \geq 20\ \%$ der lotrechten Bewehrung
  bei schlanken Wänden: $\geq 50\ \%$ der lotrechten Bewehrung
  bei $|N_{Ed}| \geq 0{,}3 \cdot f_{cd} \cdot A_c$: $\geq 50\ \%$ der lotrechten Bewehrung
- $d_{s,Querbewehrung} \geq \frac{1}{4}\, d_{s,lotrecht}$
- max $s = 350$ mm bei benachbarten waagerechten Stäben
- Umschließung der lastabtragenden lotrechten Bewehrung durch Bügel, wenn diese $\geq 0{,}02\, A_c$ ist
- Umschließung der freien Ränder von Wänden durch Steckbügel, wenn $A_s \geq 0{,}003\, A_c$ ist
- Sicherung der vertikalen Stäbe durch S-Haken
- Mindestwanddicken in [cm] nach Tabelle 32

Tabelle 32. Mindestwanddicken

Beton-festigkeits-klasse	Herstellung	unbewehrt, Decken über Wände		bewehrt, Decken über Wände	
		nicht durch-laufend	durchlaufend	nicht durch-laufend	durchlaufend
< C 12/15	Ortbeton	20	14	–	–
≥ C 16/20	Ortbeton	14	12	12	10
≥ C 16/20	Fertigteil	12	10	10	8

9.5   Beispiele Bemessung von Druckgliedern

9.5.1   Zentrisch belastetes Druckglied ohne Knickgefahr

Eine gedrungene Stütze wird durch eine zentrisch wirkende Druckkraft belastet. Schnittkräfte nach Theorie II. Ordnung oder Kriecheinflüsse müssen nicht berücksichtigt werden. Gesucht sind die erforderliche Bewehrung und der Bauteilwiderstand N_{Rd}.

Baustoffe:

Beton:

$$C\ 30/35\ \text{mit}\ f_{cd} = \alpha \cdot \frac{f_{ck}}{\gamma_c} = 0,85 \cdot \frac{30}{1,5} = 17\ \text{N/mm}^2$$

Stahl:

$$BSt\ 500\ S\ \text{mit}\ f_{yd} = \frac{f_{yk}}{\gamma_s} = \frac{500}{1,15} = 434,8\ \text{N/mm}^2$$

Geometrie: $\quad b = h = 45$ cm

Belastung: $\quad N_{Ed} = -4400$ kN

Bemessung:

Betontraganteil: $\quad F_{cd} = A_c \cdot f_{cd} = -0,45^2 \cdot 17 = -3,443$ MN

vom Stahl aufzunehmen: $F_{sd} = \left| N_{Ed} \right| - \left| F_{cd} \right|$

$$= \left| 4,400 \right| - \left| 3,443 \right| = 0,958\ \text{MN}$$

erforderliche Bewehrung:

$$\text{erf}\ A_s = \frac{F_{sd}}{\sigma_{sd} = f_{yd}}$$

$$= \frac{0,958\ \text{MN}}{434,8\ \text{MN/m}^2} \cdot 10^4 = 22,0\ \text{cm}^2$$

Der quadratische Stützenquerschnitt und die zentrische Belastung bedingen eine symmetrische Bewehrung der Stütze. An allen Seitenflächen des Bauteils muss also der gleiche Bewehrungsquerschnitt eingelegt werden. Gewählt werden 8 Stäbe ∅ 20 mit vorh $A_s = 25,13$ cm².

Tragwiderstand (Näherung):

$$N_{Rd} = -\left(A_c \cdot f_{cd} + A_s \cdot f_{yd}\right) = \left(0,45^2 \cdot 17 + 25,13 \cdot 10^{-4} \cdot 434,8\right)$$
$$= -4,535 \text{ MN}$$

Tragwiderstand (genaue Rechnung mit dem tatsächlich vorhandenen Beton-querschnitt):

$$N_{Rd} = -\left[\left(A_c - A_s\right) \cdot f_{cd} + A_s \cdot f_{yd}\right]$$
$$= -\left[\left(0,45^2 - 25,13 \cdot 10^{-4}\right) \cdot 17 + 25,13 \cdot 10^{-4} \cdot 434,8\right]$$
$$= -4,492 \text{ MN}$$

Der Tragwiderstand der Stütze ist größer als die Belastung.

9.5.2 Stütze mit Momentenbeanspruchung ohne Knickgefahr

Die abgebildete Stütze wird vertikal durch Eigenlasten beansprucht. Zusätzlich wirkt horizontal am Stützenkopf eine veränderliche Last. Ein Ausweichen aus der Ebene wird durch eine horizontale Aussteifung verhindert. Gesucht ist die erforderliche Bewehrung unter der maßgebenden Einwirkungskombination.

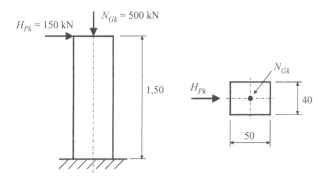

Baustoffe:

Beton: C 25/30 mit $\;f_{cd} = \alpha \cdot \dfrac{f_{ck}}{\gamma_c} = 0,85 \cdot \dfrac{25}{1,5} = 14,17 \text{ N/mm}^2$

Betonstahl: BSt 500 S mit $\;f_{yd} = \dfrac{f_{yk}}{\gamma_s} = \dfrac{500}{1,15} = 434,8 \text{ N/mm}^2$

Belastung:

Für die Berechnung ist nur die Lastkombination aus Druck und Horizontalkraft interessant, da die Stütze in die andere Richtung nicht ausweichen kann. Die Bemessung wird am Stützenfuß durchgeführt, da die Normalkraft über die Stablänge konstant, aber das Moment infolge der Horizontalkraft am unteren Ende am größten ist.

Die Eigenlast kann grundsätzlich günstig oder ungünstig wirkend angesetzt werden. Es sollen beide Varianten überprüft werden.

Eigenlast, günstige Wirkung:

$$G_k = -500 \text{ kN} \Rightarrow G_{d(1)} = \gamma_{G,\inf} \cdot G_k = 1,0 \cdot (-500) = -500 \text{ kN}$$

Eigenlast, ungünstige Wirkung:

$$G_k = -500 \text{ kN} \Rightarrow G_{d(1)} = \gamma_{G,\sup} \cdot G_k = 1,35 \cdot (-500) = -675 \text{ kN}$$

Horizontallast und Moment:

$$H_{Pk} = 150 \text{ kN} \Rightarrow H_{Ed} = \gamma_Q \cdot H_{Pk} = 1,5 \cdot 150 = 225 \text{ kN}$$

$$M_{Ed} = H_{Ed} \cdot l = 225 \cdot 1,5 = 337,5 \text{ kNm}$$

Überprüfung der Schlankheit:

$$\lambda = \frac{l_0}{i} = \frac{3}{0,1445} = 20,8 < 25$$

mit: $l_0 = l_{col} \cdot \beta = 1,5 \cdot 2 = 3$ m   für die Kragstütze

$i = 0,289 \cdot h = 0,289 \cdot 0,5 = 0,1445$ m   (gilt für Rechteckquerschnitte)

Auf eine Untersuchung am verformten System (Theorie II. Ordnung) darf verzichtet werden.

Bemessung mit Tafeln:

Für die Bemessung wird eine Tafel für symmetrische Bewehrung ausgewählt. Der Schwerpunkt der Längsbewehrung wird mit 5 cm von der Bauteilkante geschätzt. Mit dem Verhältnis von Randabstand zu Bauteildicke d_1: h wird die entsprechende Tafel A.5 (s. Anhang Abb. 117) für Normalbeton ausgewählt.

$$\frac{d_1}{h} = \frac{d_2}{h} = \frac{5}{50} = 0,1$$

Kann nicht von vornherein gesagt werden, welches die maßgebende Lastkombination ist, muss die Bemessung für beide Lastkombinationen durchgeführt werden.

Lastkombination (1): Das Eigengewicht wirkt günstig.

$$\left.\begin{aligned} v_{Ed} &= \frac{N_{Ed}}{b \cdot h \cdot f_{cd}} = \frac{-0,5}{0,4 \cdot 0,5 \cdot 14,17} = -0,176 \\ \mu_{Ed} &= \frac{M_{Ed}}{b \cdot h^2 \cdot f_{cd}} = \frac{0,225}{0,4 \cdot 0,5^2 \cdot 14,17} = 0,159 \end{aligned}\right\} \Rightarrow \omega_{tot} = 0,22$$

Lastkombination (2): Das Eigengewicht wirkt ungünstig.

$$\left.\begin{aligned} v_{Ed} &= \frac{N_{Ed}}{b \cdot h \cdot f_{cd}} = \frac{-0,675}{0,4 \cdot 0,5 \cdot 14,17} = -0,238 \\ \mu_{Ed} &= \frac{M_{Ed}}{b \cdot h^2 \cdot f_{cd}} = 0,159 \end{aligned}\right\} \Rightarrow \omega_{tot} = 0,19$$

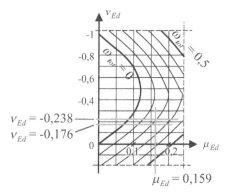

Aus der Lastkombination (1) resultiert die höhere Bewehrungsmenge. Das Eigengewicht wirkt also in diesem Fall günstig. Die Lastkombination mit $\gamma_G = 1,0$ wird für die Ermittlung der Bewehrung maßgebend. Ein extra Nachweis mit $\gamma_G = 1,35$ für den Betonwiderstand muss nicht geführt werden, da beide Lastkombinationen durch die Tafel abgedeckt sind und somit der Nachweis der Betondruckkraft mit enthalten ist.

Wahl der Bewehrung:

$$A_{s,tot} = \omega_{tot} \cdot \frac{b \cdot h \cdot f_{cd}}{f_{yd}} = 0,22 \cdot \frac{40 \cdot 50 \cdot 14,17}{434,8}$$

$$= 14,3 \text{ cm}^2$$

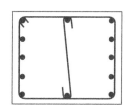

Es werden 10 Stäbe $\varnothing$ 14 mit vorh $A_s = 15{,}4\,\text{cm}^2$ gewählt. Je Seite werden 5 Stäbe $\varnothing$ 14 eingelegt. Ein Zwischenbügel und jeweils noch ein Stab $\varnothing$ 14 in der Mitte der Längsseiten sind zusätzlich einzulegen, da der Bügelschenkelabstand sonst größer als 30 cm wäre.

9.5.3   Bemessung einer Innenstütze

Die unten dargestellte Innenstütze eines durch Wände ausreichend ausgesteiften Gebäudes mit einem regelmäßigen Rahmensystem wird durch eine Bemessungsnormalkraft $N_{Ed} = 2450\,\text{kN}$ belastet. Das Eigengewicht der Stütze darf vernachlässigt werden. Die Stütze besitzt eine Breite von 50 cm, eine Dicke von 40 cm und eine statische Höhe von 6,00 m. Die Betondeckung beträgt 2,5 cm. Es sollen ein Beton C 35/45 und ein Baustahl BSt 500 S(A) verwendet werden. Welches Bemessungsmoment ergibt sich für die Stütze bei Verwendung des Modellstützen-Verfahrens? Wie hoch ist die erforderliche Bewehrung für dieses Bemessungsmoment.

Baustoffe:

Beton: C 35/45 mit $f_{cd} = \alpha \cdot \dfrac{f_{ck}}{\gamma_c} = 0{,}85 \cdot \dfrac{45}{1{,}5} = 19{,}83\,\text{N/mm}^2$

Baustahl: BSt 500 S mit $f_{yd} = \dfrac{f_{yk}}{\gamma_s} = \dfrac{500}{1{,}15} = 434{,}8\,\text{N/mm}^2$

$$E_s = 200.000\,\text{N/mm}^2$$

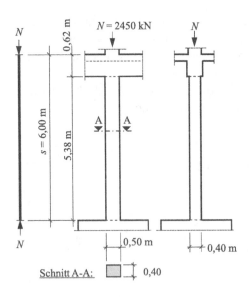

Schnitt A-A:

Schlankheit:
Da es sich um eine Innenstütze in einem ausgesteiften Gebäude mit regelmäßigem Rahmensystem handelt, darf die Stütze als oben und unten gelenkig gelagert angenommen werden. Damit ergibt sich die Knick- oder Ersatzlänge zu

$$l_0 = \beta \cdot l_{col} = 1 \cdot 6,00 \text{ m} = 6,00 \text{ m}$$

Eine rechteckige Stütze kann in zwei verschiedene Richtungen ausweichen. Da die Bauteildicke bei der Berechnung der Schlankheit unter dem Bruchstrich steht, ergibt sich bei der kleineren Abmessung die größere Schlankheit. Das Versagen um die starke Achse (geringere Schlankheit) wird hier im Beispiel nicht untersucht, eine Bewehrung müsste für diesen Lastfall aber trotzdem ermittelt werden! Maßgebend für das Beispiel ist das Ausknicken in Richtung der schmaleren Abmessung von 40 cm.

Die maßgebende Schlankheit ergibt sich also für den Rechteckquerschnitt der Stütze zu:

$$\lambda = \frac{l_0}{i} = \frac{l_0}{0,289 \cdot d} = \frac{6,0}{0,289 \cdot 0,4^2} = 51,9$$

Eine Untersuchung nach Theorie II. Ordnung kann entfallen, wenn in Abhängigkeit von der bezogenen Normalkraft

$$\lambda_{max} \leq 25 \qquad \text{und} \qquad |v_{Ed}| \geq 0,41 \qquad \text{oder}$$

$$\lambda_{max} \leq \frac{16}{\sqrt{|v_{Ed}|}} \qquad \text{und} \qquad |v_{Ed}| < 0,41 \qquad \text{gilt.}$$

Im vorliegenden Fall sind beide Bedingungen nicht erfüllt. Allerdings dürfen Einzelstützen in ausgesteiften Systemen auch dann ohne Berücksichtigung der Theorie II. Ordnung bemessen werden, wenn gilt:

$$\lambda \leq 25 \cdot \left(2 - \frac{e_{01}}{e_{02}} \right) \qquad \text{bzw. bei gelenkigem Anschluss:} \qquad \lambda \leq 25 \cdot 2 = 50$$

Auch dieses Kriterium wird wegen $\lambda = 51,9 > 50$ nicht erfüllt. Damit müssen Momente aus Theorie II. Ordnung berücksichtigt werden!

Belastung und Schnittgrößen:
Für die Bemessung soll ein Interaktionsdiagramm für Rechteckquerschnitte mit symmetrischer zweiseitiger Bewehrung verwendet werden. Eingangswerte sind dort bezogene Schnittgrößen. Die Zusatzausmitte nach Theorie II. Ordnung e_2 muss extra berechnet werden. Kriechen ist für die Beispielstütze nicht relevant, da die Stütze Bestandteil eines unverschieblichen

Systems und an beiden Enden monolithisch mit Unterzug oder Fundament
verbunden ist.

Bemessungswert der Normalkraft: $N_{Ed} = -4000$ kN

Bemessungsmoment nach Theorie II. Ordnung: $M_{Ed} = N_{Ed} \cdot e_{tot}$

mit: $e_{tot} = e_0 + e_a + e_2$ Summe aller Außermittigkeiten

$$e_0 = \frac{M_{Ed} = 0}{N_{Ed}} = 0 \quad \text{planmäßige Ausmitte, } M_{Ed} = 0 \text{ bei Pendelstützen}$$

$$e_a = \alpha_{a1} \cdot \frac{l_0}{2} \quad \text{zusätzliche ungewollte Ausmitte}$$

$$\alpha_{a1} = \frac{1}{100 \cdot \sqrt{l_{col}}} = \frac{1}{100 \cdot \sqrt{6}} = \frac{1}{245} \leq 1/200$$

$$e_a = \frac{600 \text{ cm}}{245 \cdot 2} = 1,22 \text{ cm}$$

$$e_2 = K_1 \cdot 0,1 \cdot l_0^2 \cdot \frac{1}{r} = \frac{K_1 \cdot K_2 \cdot l_0^2}{2070 \cdot d} \quad \text{Ausmitte aus Theorie II. Ordnung}$$

$K_1 = 1$ für $\lambda > 35$

$$d = 40 - 2,5 - 0,8 - \frac{1,6}{2} = 35,9 \text{ cm}$$

$$K_2 = \frac{N_{ud} - N_{Ed}}{N_{ud} - N_{bal}}$$

$\quad N_{ud} = -(f_{cd} \cdot A_c + f_{yd} \cdot A_s)$ Längskrafttragfähigkeit bei $M_{Ed} = 0$

$\quad\quad A_c \approx b \cdot h = 0,4 \cdot 0,5 = 0,15 \text{ m}^2$

$\quad\quad\quad A_s = 10 \text{ Stck. } \varnothing 16 = 10 \cdot \frac{\pi}{4} \cdot 1,6^2 = 20,1 \text{ cm}^2$ (geschätzt)

$\quad N_{ud} = -(19,83 \cdot 0,2 + 434,8 \cdot 20,1 \cdot 0,0001) = -4,84 \text{ MN}$

$\quad N_{bal} \approx -0,4 \cdot A_c \cdot f_{cd}$ Längskrafttragfähigkeit für $M_{Ed} = M_{max}$

$\quad N_{bal} \approx -0,4 \cdot A_c \cdot f_{cd} = -0,4 \cdot 0,2 \cdot 19,83 = -1,59 \text{ MN}$

$$K_2 = \frac{-4,84 - (-4,0)}{-4,84 - (-1,59)} = 0,26 \leq 1,0$$

$$e_2 = \frac{1 \cdot 0,26 \cdot 600^2}{2070 \cdot 35,9} = 1,25 \text{ cm}$$

$$e_{tot} = 0 + 1,22 + 1,25 = 2,48 \text{ cm}$$

Das Bemessungsmoment nach Theorie II. Ordnung beträgt dann:

$$M_{Ed} = |N_{Ed}| \cdot e_{tot} = 4,0 \cdot 0,0248 = 0,099 \text{ MNm}$$

Wahl der Bemessungstafel und Tafeleingangswerte:
Bei der Verwendung der Interaktionsdiagramme werden als Eingangsgrößen die bezogenen Schnittkräfte benötigt:

bezogene Normalkraft: $v_{Ed} = \dfrac{N_{Ed}}{b \cdot h \cdot f_{cd}} = \dfrac{-4,0}{0,4 \cdot 0,5 \cdot 19,83} = -1,008$

bezogenes Moment: $\mu_{Ed} = \dfrac{M_{Ed}}{b \cdot h^2 \cdot f_{cd}} = \dfrac{0,099}{0,5 \cdot 0,4^2 \cdot 19,83} = 0,062$

Die Tafel selbst wird nach folgenden Gesichtspunkten ausgesucht:
- Betonfestigkeitsklasse: C 35/45
- Querschnittsform: rechteckig
- Bewehrungsanordnung: zweiseitig symmetrisch
- Verhältnis d_1/h:

$$d_1 = \text{nom}c + \varnothing_{s,Bü} + \frac{1}{2} \cdot \varnothing_{sl} = 2,5 + 0,8 + \frac{1,6}{2} = 4,1 \text{ cm}$$

$$\frac{d_1}{h} = \frac{4,1}{40} = 0,1.$$

Somit kann die Tafel für $d_1/h = 0,1$ (s. Anhang Abb. 117) genommen werden. Eine Interpolation zwischen zwei Tafeln ist nicht nötig.

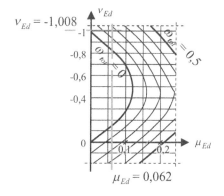

$v_{Ed} = -1,008$

$\mu_{Ed} = 0,062$

Berechnen und Wählen der Bewehrung:
Wie schon im vorangegangenen Beispiel gezeigt, geht man mit den bezogenen Größen in die Tafel und kann den erforderlichen Bewehrungsgehalt ablesen und die Bewehrungsmenge berechnen:

$$\omega_{tot} = 0,17$$

$$A_{s,tot} = \omega_{tot} \cdot \frac{b \cdot h \cdot f_{cd}}{f_{yd}} = 0,17 \cdot \frac{40 \cdot 50 \cdot 19,83}{434,8} = 15,51 \text{ cm}^2$$

Es werden je Seite 4 Ø 16 gewählt.

$$\text{vorh } A_{s,tot} = 2 \times 4 \text{ Stck. } \varnothing \ 16 = 8 \cdot \frac{\pi}{4} \cdot 1,6^2 = 16,1 \text{ cm}^2 > \text{erf } A_{s,tot}$$

$$= 15,51 \text{ cm}^2$$

Anmerkung: Der geschätzte Bewehrungsgehalt, der in den Faktor K_2 eingeht war etwas zu hoch. Trotzdem ist hier keine neue Berechnung erforderlich. Durch ein höheres A_s wurde auch der Faktor K_2 etwas zu hoch angesetzt. Damit vergrößern sich die Ausmitte nach Theorie II. Ordnung und das Moment M_{Ed}. Für $\nu_{Ed} = -1$ ergibt sich bei einem größeren Bemessungsmoment auch ein größerer Bewehrungsgehalt. Es wird nun also geringfügig zu viel Stahl eingelegt. Bei sehr kleinen bezogenen Druckkräften oder bei Zugkräften (unterhalb des „Knicks" im Bemessungsdiagramm) ist der Sachverhalt anders. Eine Neurechnung muss erwogen werden und ist oft nicht umgänglich.

9.5.4   Unbewehrte Wand in einem unverschieblichen System

Eine oben horizontal unverschieblich gehaltene und unten in einem Fundament eingespannte Wand wird durch

- (a) eine zentrische Drucknormalkraft bei einer Wandhöhe von 95 cm,
- (b) eine zentrische und eine exzentrische Drucknormalkraft bei einer Wandhöhe von 95 cm,
- (c) eine zentrische und eine exzentrische Drucknormalkraft bei einer Wandhöhe von 1,9 m

beansprucht. Das Bauteil aus C 20/25 soll unbewehrt ausgeführt werden. Ist dies zulässig?

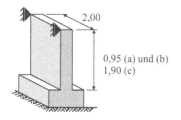

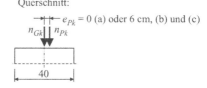

Baustoffe:

Beton: C 20/25 mit $f_{cd} = \alpha \cdot \dfrac{f_{ck}}{\gamma_c} = 0,85 \cdot \dfrac{20}{1,8} = 9,44$ N/mm²

Baustahl: BSt 500 S mit $f_{yd} = \dfrac{f_{yk}}{\gamma_s} = \dfrac{500}{1,15} = 434,8$ N/mm²

Belastung:

$$n_{Gk} = -150 \text{ kN/m} \Rightarrow N_{Gk} = -150 \cdot 2 = -300 \text{ kN}$$
$$n_{Pk} = -100 \text{ kN/m} \Rightarrow N_{Pk} = -100 \cdot 2 = -200 \text{ kN}$$

Überprüfung der Schlankheit für unbewehrte Bauteile:

$$\lambda = \frac{l_0}{i} = \frac{1,9 \; [3,8 \text{ für c}]}{0,1156} = 16,4 \; [32,9 \text{ für c}] < 80$$

mit: $l_0 = l_{col} \cdot \beta = 0,95 \cdot 2 = 1,90$ m   ($\beta = 2$ für die Kragstütze)

$i = 0,289 \cdot h = 0,289 \cdot 0,4 = 0,1156$ m

Müssen Einflüsse nach Theorie II. Ordnung berücksichtigt werden?

$$\frac{l_{col}}{h} = \frac{95 \text{ cm} \; [190 \text{ cm für c}]}{40 \text{ cm}} = \begin{cases} 2,375 < 2,5 \; [\text{für a) und b)}] \\ 7,25 > 2,5 \; [\text{für c)}] \end{cases}$$

Das Kriterium ist für a) und b) erfüllt. Es müssen keine Einflüsse nach Theorie II. Ordnung berücksichtigt werden. Für den Fall c) muss der Nachweis allerdings geführt werden.

(a) zentrische Drucknormalkraft bei einer Wandhöhe von 95 cm
Schnittgrößen:

$$N_{Ed} = \gamma_G \cdot N_{Gk} + \gamma_Q \cdot N_{Pk} = 1,35 \cdot (-300) + 1,5 \cdot (-200) = -705 \text{ kN}$$

$$M_{Ed} = 0 \text{ kNm}$$

Aufnehmbare Längsdruckkraft:

$$N_{Rd} = -f_{cd} \cdot b \cdot h = -9,44 \text{ MN/m}^2 \cdot 0,4 \cdot 2,0 \text{ m}^2 = -7,56 \text{ MN}$$

Nachweis:

$$N_{Ed} = |-0,705 \text{ MN}| < N_{Rd} = |-7,56 \text{ MN}|$$

Die Wand kann wie geplant unbewehrt ausgeführt werden.

(b) zentrische und exzentrische Drucknormalkraft bei einer Wandhöhe von 95 cm

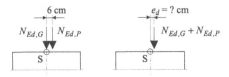

Schnittgrößen:

$$N_{Ed} = -705 \text{ kN}$$

$$M_{Ed} = \gamma_Q \cdot |N_{Pk}| \cdot e_0 = 1,5 \cdot 200 \cdot 0,06 = 18 \text{ kNm}$$

Nachweis des duktilen Bauteilverhaltens:

$$e_d = \frac{N_{Ed,P} \cdot 6 \text{ cm}}{N_{Ed,G} + N_{Ed,P}} = \frac{300 \cdot 6 \text{ cm}}{705} = 2,55 \text{ cm}$$

$$\frac{e_d}{h} = \frac{2,55 \text{ cm}}{40 \text{ cm}} = 0,064 < 0,4$$

Das Abgrenzungskriterium ist erfüllt. Das Bauteil wird nicht ohne Vorankündigung bei der Erstrissbildung versagen, wenn es unbewehrt ausgeführt wird.

Aufnehmbare Längsdruckkraft:

$$N_{Rd} = -f_{cd} \cdot b \cdot h \cdot k = -9,44 \cdot 0,4 \cdot 2,0 \cdot 0,856 = -6,47 \text{ MN}$$

mit: $k = \dfrac{1-0,778}{0,1} \cdot (0,1 - 0,064) + 0,778 = 0,856$

(für $\dfrac{e_d}{h} = 0,064$ nach Tabelle 31 zwischen $e_d = 0$ und $0,1$ interpoliert)

Durch den Faktor k wird das Moment M_{Ed} bei der Berechnung der aufnehmbaren Längsdruckkraft berücksichtigt. Ein aufnehmbares Moment muss also nicht ermittelt werden.

Nachweis:

$$N_{Ed} = |-0,705 \text{ MN}| < N_{Rd} = |-6,47 \text{ MN}|$$

Die Wand kann unbewehrt ausgeführt werden.

(c) zentrische und eine exzentrische Drucknormalkraft bei einer Wandhöhe von 1,90 m

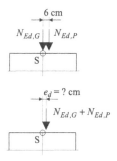

Schnittgrößen wie in Aufgabe b)
Aufnehmbare Längsdruckkraft:

$$N_{Rd} = -b \cdot h \cdot f_{cd} \cdot \varphi = -2,0 \cdot 0,4 \cdot 9,44 \cdot 0,849 = -6,41 \text{ MN}$$

mit: $\varphi = 1,14 \cdot \left(1 - 2 \cdot \dfrac{e_{tot}}{h}\right) - 0,02 \cdot \dfrac{l_0}{h} \begin{cases} \geq 0 \\ \leq 1 - 2 \cdot \dfrac{e_{tot}}{h} \end{cases}$

$$e_{tot} = e_0 + e_a + e_\varphi = 2,55 + 0,475 = 3,025 \text{ cm}$$

$$e_0 = 2,55 \text{ cm}$$

$$e_a = 0,5 \cdot \frac{l_0}{200} = 0,5 \cdot \frac{190 \text{ cm}}{200} = 0,475 \text{ cm}$$

$$e_\varphi = 0$$

$$\varphi = 1,14 \cdot \left(1 - 2 \cdot \frac{3,025}{40}\right) - 0,02 \cdot \frac{190}{40} = 0,873 \quad \begin{cases} \geq 0 \\ \leq 1 - 2 \cdot \dfrac{3,025}{40} = \underline{\underline{0,849}} \end{cases}$$

Durch den Faktor φ wird das Moment M_{Ed} bei der Berechnung der aufnehmbaren Längsdruckkraft berücksichtigt. Ein aufnehmbares Moment muss also nicht ermittelt werden.

Nachweis:

$$N_{Ed} = |{-0,705}\ \text{MN}| < N_{Rd} = |{-6,41}\ \text{MN}|$$

Die Wand kann unbewehrt ausgeführt werden.

10 Fundamente

10.1 Allgemeines

Fundamente müssen alle Lasten aus dem Bauwerk in den Boden abtragen. Dabei darf weder die Tragfähigkeit des Bauteils noch die des Bodens überschritten werden. Die Standsicherheit eines Bauwerks ist also nicht nur abhängig von der Tragfähigkeit des Fundamentes selbst, es muss auch gegen die verschiedenen Versagensmöglichkeiten des Baugrundes abgesichert werden, z. B. Grundbruch, Kippen, Gleiten und zu große oder ungleichmäßige Setzungen.

Gründungen werden grundsätzlich in Flach- und Tiefgründungen unterteilt:

- Flachgründungen sind Einzelfundamente und Streifenfundamente unter Stützen oder Wänden oder Fundamentplatten. Sie werden bei dicht gelagertem und tragfähigem Baugrund angewendet. Flachgründungen sind bei unseren klimatischen Verhältnissen mindestens 80 cm tief zu gründen, da die Gründungssohle forstfrei liegen muss. Sie sind i. d. R. preisgünstiger als Tiefgründungen.
- Tiefgründungen sind Pfahlgründungen wie zum Beispiel Bohr- oder Rammpfähle, Schlitzwände, Brunnengründungen oder Senkkästen. Tiefgründungen werden notwendig, wenn der Baugrund weniger gut bzw. schlecht tragfähig ist oder extrem hohe Lasten in den Boden eingeleitet werden müssen. Außerdem können mit Tiefgründungen gegebenenfalls abhebende Kräfte (Zugkräfte) in den Baugrund abgetragen werden.

In diesem Kapitel sollen Flachgründungen behandelt werden. Tiefgründungen sind ein Spezialgebiet des Stahlbetonbaus.

Soll ein Fundament entworfen werden, sind im Vorfeld viele Fragen zu beantworten, wie z. B.:

- Welche Bodenpressungen sind zulässig?
- Wie ist die Spannungsverteilung im Baugrund, da bei Flachgründungen grundsätzlich keine Zugspannungen in den Boden übertragen werden können?
- Soll das Fundament bewehrt oder unbewehrt ausgeführt werden?
- Mit welchem Verfahren sollen die Schnittgrößen ermittelt werden?

10.2   Bodenpressungen und Wahl der Fundamentgröße

Die Verteilung der Pressungen im Boden ist stark abhängig von dessen Steifigkeit und von der des Fundamentkörpers sowie von der Höhe der Auflast. In Abb. 104 sind verschiedene Beispiele für Sohlspannungsverteilungen unter starren Gründungskörpern zu sehen, s. u. a. Leonhardt et al. (1977–1986).

Abbildung 104 links zeigt grundsätzlich die Abhängigkeit der Sohlspannungsverteilung von der Höhe der Auflast. Bei geringer Belastung F_1 ist die Sicherheit gegen Grundbruch hoch. Die Sohlspannungen $\sigma_{0,1}$ sind relativ gleichmäßig verteilt, nur an den Fundamenträndern deuten sich Spannungsspitzen an. Wird die Last auf den deutlich höheren Wert F_2 gesteigert, konzentriert sich die maximale Spannung immer mehr in Richtung Fundamentmitte. Die Grundbruchgefahr steigt erheblich an. Ähnlich unterscheidet sich die Sohlspannungsverteilung in Abhängigkeit von der Steifigkeit des anstehenden Bodens. Im rechten Bild sind Spannungsverteilungen bei gleichen Lasten F und unterschiedlich steifen Böden dargestellt. Ist der Boden steif, treten Spannungsspitzen an den Fundamenträndern auf, ist

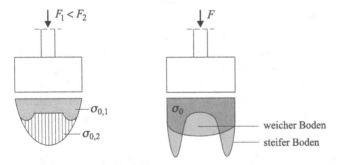

Abb. 104. Verteilung der Bodenpressung σ_0 unter starren Fundamenten

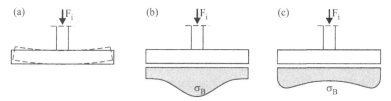

Abb. 105. Anrechenbare Fundamentfläche beim Nachweis der Sohlspannungen

der Boden weich, ist die Spannungsverteilung eher gleichmäßig und konzentriert sich in der Mitte.

Bei einem biegeweichen Fundament, Abb. 105 (a), verformt sich die Fundamentplatte unter Belastung. Der Boden wird homogener belastet, Spannungsspitzen sind weniger ausgeprägt. Bei einem steifen Boden, Abb. 105 (b), konzentriert sich die Last direkt unter der Stütze. Bei einem weichen Boden (rechtes Bild) verteilen sich die Sohlpressungen relativ konstant unter der Fundamentplatte.

Der Nachweis der Bodenpressungen wird mit charakteristischen Werten geführt. Es werden alle Lasten aus aufgehenden Bauteilen und auch das Eigengewicht des Fundamentes berücksichtigt. Der Spannungsverlauf unter dem Fundament darf näherungsweise als konstant angenommen werden. Bei einem mittig belasteten Fundament wird demzufolge die gesamte Fundamentfläche A_F beim Nachweis angesetzt, Abb. 106 oben. Bei einem exzentrisch beanspruchten Fundament verkleinert sich die Fundamentfläche A_F auf A_F' was in Abb. 106 unten für eine Exzentrizität in x-Richtung dargestellt ist.

Bei der Bemessung von Einzel- und Streifenfundamenten darf ein linearer Verlauf der Bodenpressungen angenommen werden, die zur Ermittlung der Schnittgrößen dann als Belastung auf das Fundament angesetzt wer-

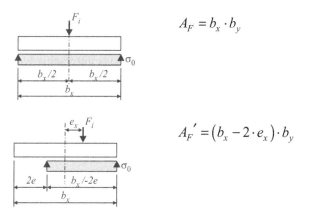

$$A_F = b_x \cdot b_y$$

$$A_F' = \left(b_x - 2 \cdot e_x\right) \cdot b_y$$

Abb. 106. Anrechenbare Fundamentfläche beim Nachweis der Sohlspannungen

den. Da das Eigengewicht des Fundamentes keine Biegebeanspruchung in diesem selbst erzeugt (es liegt flächig auf), wird es bei der Ermittlung der Schnittgrößen auch nicht mit angesetzt.

Die Spannungsverteilung in der Fundamentsohle bei einachsiger Ausmitte wird wie folgt bestimmt. Die Vertikalkomponente R der Resultierenden in der Sohlfuge ergibt sich aus dem Eigengewicht des Fundamentes G_F und allen Auflasten σ_N aus Stützen, Wänden, Boden (z. B. Auffüllungen) und anderen vertikal wirkenden Lasten, wie z. B. Auftrieb infolge Grundwassers, Gl. (10.1). Man beachte, dass der Auftrieb den vertikalen Lasten aus dem Bauwerk entgegen wirkt.

$$\sum V = 0 \rightarrow R = G_F + \sum N \tag{10.1}$$

Den Angriffspunkt dieser Resultierenden mit der Ausmitte e_x erhält man, indem man in der Sohlfuge das Momentengleichgewicht um den Punkt m $(\Sigma M)_m$ bildet.

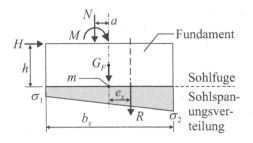

$$\left(\sum M\right)_m = R \cdot e_x = M + H \cdot d - N \cdot a \tag{10.2}$$

$$R \cdot e_x = M + H \cdot d - N \cdot a$$

$$e_x = \frac{M_m}{R} = \frac{M + H \cdot d - N \cdot a}{R}$$

Bei der Berechnung der Randspannungen σ_1 und σ_2 muss unterschieden werden, ob die Resultierende innerhalb oder außerhalb einer der beiden „Kernflächen" angreift. Die Definition der Kernflächen ist in Abb. 107 zu sehen.

Die Resultierende R greift *innerhalb der Kernfläche* an, wenn Gl. (10.3) erfüllt ist. Diese Bedingung muss immer für den Lastfall charakteristische ständige Lasten erfüllt sein!

$$e_x \leq \frac{b_x}{6} \tag{10.3}$$

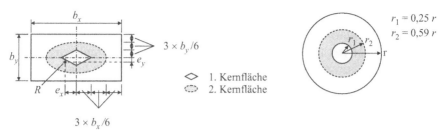

Abb. 107. Definition der Kernflächen

Die Randspannung am weniger gedrückten Rand kann in diesem Fall zwar Null werden, es treten aber an keiner Stelle der Sohle Zugspannungen auf. Die Sohlfuge wird also über die gesamte Fundamentfläche mit Druckspannungen belastet. Die Standsicherheit des Bauwerks wird nicht durch Kriechverformungen des Baugrundes beeinflusst, wenn unter quasiständiger Belastung die Resultierende innerhalb der ersten Kernfläche angreift. Die Spannungen an den Fundamenträndern können in diesem Fall mit Hilfe der Gl. (10.4) berechnet werden.

$$\sigma_{1/2} = \frac{R}{A_F} \pm \frac{M}{W_F} = \frac{R}{b_x \cdot b_y} \cdot \left(1 \pm \frac{6 \cdot e_x}{b_x}\right) \tag{10.4}$$

mit: A_F Fundamentfläche
W_F Widerstandsmoment; Rechteck

$$W_F = b_y \cdot \frac{b_x^2}{6} \text{ für ein Rechteck} \tag{10.5}$$

R Summe der Vertikallasten
M Summe der Momente in der Sohlfuge
$M = R \cdot e_x$

Bei dem Sonderfall Lastangriff auf der Grenze der Kernfläche vereinfachen sich die Formeln wie folgt:

$$\sigma_1 = 0 \quad \text{und} \quad \sigma_2 = 2 \cdot \frac{R}{b_x \cdot b_y} \tag{10.6}$$

Ein Lastangriff in der zweiten Kernfläche muss für alle Lastfälle (ständige und veränderliche Lasten) erfüllt sein. Gilt:

$$e_x > \frac{b_x}{6} \tag{10.7}$$

dann ist nur noch ein Teil der Fundamentsohle überdrückt. Über den anderen Teil des Fundamentes müssten abhebende Kräfte in den Boden über-

tragen werden, was bei Flachgründungen nicht möglich ist. Es entsteht die
so genannte „klaffende Sohlfuge". Ein Teil der Fundamentfläche wirkt
also nicht mehr mit und kann somit auch nicht in das Kräftegleichgewicht
eingehen. Die Formeln zur Berechnung der Randspannungen lauten dann:

$$\sigma_1 = 0 \quad \text{und} \quad \sigma_2 = 2 \cdot \frac{R}{3 \cdot c \cdot b_y}. \tag{10.8}$$

Greift die Resultierende innerhalb der zweiten Kernfläche an, klafft die
Sohlfuge maximal bis zur Mitte der Sohlfläche. Das entspricht einer Exzentrizität von

$$e_x = \frac{b_x}{3} \tag{10.9}$$

Auch unter dem Einfluss von Verkehrslasten darf die Exzentrizität keinen größeren Wert annehmen. Greift die Resultierende auf der Grenze der
zweiten Kernfläche an, ergeben sich die Randspannungen wie folgt:

$$\sigma_1 = 0 \quad \text{und} \quad \sigma_2 = 4 \cdot \frac{R}{b_x \cdot b_y} \tag{10.10}$$

In Abb. 108 sind alle besprochenen Fälle zusammengefasst.
    Die Spannungen bei zweiachsiger Ausmitte und Angriff innerhalb der
ersten Kernfläche – keine klaffende Sohlfuge – können nach Gl. (10.11)
ermittelt werden.

$$\sigma_{1/2} = \frac{R}{b_x \cdot b_y} \pm \frac{M_x}{W_y} \pm \frac{M_y}{W_x} \tag{10.11}$$

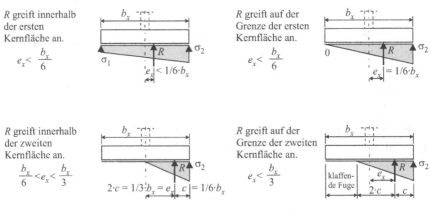

Abb. 108. Berechnung der Sohlspannungen bei einachsiger Ausmitte e_x

Für den Fall klaffende Sohlfuge wäre die Berechnung ungleich komplizierter, hier sollte auf Tabellenwerke zurückgegriffen werden.

Hat man die Sohlspannungsverteilung berechnet, ist es nun einfach, ein Fundament überschlägig zu dimensionieren. Über den Nachweis der zulässigen Sohlspannung kann zunächst die erforderliche Größe der Grundfläche des Fundamentes berechnet werden.

10.3 Schnittgrößenermittlung bei Flachgründungen

Im Allgemeinen wird bei der Schnittgrößenermittlung von Fundamenten die Bodenpressung, die durch die Auflast erzeugt wird, als Last auf das Bauteil angesetzt. Bei Streifenfundamenten können die Schnittgrößen wie bei einem Balken ermittelt werden. In Abb. 109 ist ein Beispiel dargestellt. Das zugehörige statische System ist ein Balken auf zwei Stützen mit Kragarmen.

Bei Einzelfundamenten ist ein Näherungsverfahren unter Berücksichtigung der veränderlichen Momentenverteilung in der Fundamentplatte üblich. Das statische System ist ein beidseitiger Kragarm. Als Belastung wird die durch die Auflast erzeugte geradlinige Bodenpressung angesetzt. Dabei ist zu beachten, dass die Eigenlast des Fundamentes und eine eventuell vorhandene gleichmäßig verteilte Auflast keine Biegung in der Fundamentplatte hervorrufen. Es müssen Momente um beide Achsen x und y in beide Richtungen betrachtet werden.

Die Berechnung der Momentenverteilung soll hier am Beispiel einer konstanten Bodenpressung σ_0 und des Momentes M_y vorgestellt werden, s. die Skizzen zur Ausrundung der Fundamente bei Gln. (10.13) und (10.14).

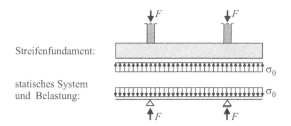

Streifenfundament:

statisches System und Belastung:

Abb. 109. Schnittgrößenermittlung bei Streifenfundamenten

Das maximale Stützenmoment ergibt sich entsprechend Gl. (10.12).

$$\sigma_0^{[kN/m^2]} = \frac{N}{b_x \cdot b_y} \quad \text{oder} \quad \sigma_{0y}'^{[kN/m]} = \sigma_0 \cdot b_x$$

$$\max M_y = \sigma_{0y}' \cdot \frac{b_y}{2} \cdot \frac{b_y}{4} = \frac{N}{b_y \cdot b_x} \cdot \frac{b_y^2}{8} \cdot b_x = N \cdot \frac{b_y}{8}$$

(10.12)

Wie schon im Kap. 1.7 erläutert, wird das Stützenmoment bei flächiger Lagerung abgemindert. Hierfür gibt es zwei Möglichkeiten. Mit Gl. (10.13) wird entsprechend der Ausführungen in Schneider (2004) das Moment an der Stütze ausgerundet, was einem nicht monolithischen Anschluss entspricht. Als Grund wird angeführt, dass der Boden nachgiebig ist und somit eine ausgerundete Momentenlinie den wirklichen Schnittgrößenverlauf besser wieder gibt. Andere Autoren, z. B. Dieterle u. Rostásy (1987) oder Wommelsdorff (2002/03), favorisieren die Abminderung wie bei einem biegesteifen Anschluss, wenn Stütze oder Wand monolithisch in das Fundament einbinden, Gl. (10.14). Diese Vorgehensweise wird mit wissenschaftlichen Untersuchungen begründet, bei denen herausgefunden wurde, dass eine Stütze ihre Lasten bevorzugt in den Stützenecken abträgt. Die Bemessung kann also mit den Randmomenten erfolgen. Nach Meinung der Autoren können grundsätzlich beide Methoden angewendet werden.

$$M_{Ed,y} = \frac{N_{Ed} \cdot b_y}{8} \cdot \left(1 - \frac{c_y}{b_y}\right)$$

(10.13)

$$M_{Ed,y} = \frac{N_{Ed} \cdot b_y}{8} \cdot \left(1 - \frac{c_y}{b_y}\right)^2$$

(10.14)

Für Momente M_x kann natürlich analog vorgegangen werden. Die nach Gln. (10.13) oder (10.14) ermittelten Bemessungsmomente müssen nun noch über die Querschnittsbreite verteilt werden. An der Einleitungsstelle – also dem Stützenfuß – wird das Moment konzentriert eingeleitet. Die Lastabtragung erfolgt aber über die ganze Fundamentfläche. Dabei ist die Beanspruchung des Fundamentes in unmittelbarer Nähe des Stützenfußes am größten, zu den Fundamenträndern hin klingt sie ab. Das wird bei den zwei im Folgenden vorgestellten Verfahren berücksichtigt. Die Funda-

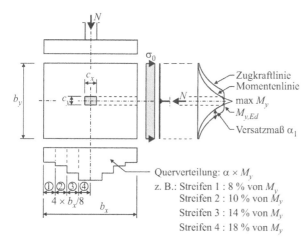

Abb. 110. Querverteilung des Biegemomentes M_y – Verfahren mit acht Streifen

mentfläche wird in Streifen aufgeteilt und jedem Streifen wird ein prozentualer Anteil des Gesamtmomentes M_x oder M_y zugeteilt. Die Summe der Momente der Einzelstreifen muss natürlich wieder 100 % ergeben. Üblich ist es, mit insgesamt vier oder acht Streifen zu arbeiten.

Das Verfahren mit acht Streifen ist in Abb. 110 dargestellt.

Die Momente in den Plattenstreifen werden nach Gl. (10.15) berechnet.

$$M_{y,i} = \frac{M_y}{b_x} \cdot \alpha \quad \text{bzw.} \quad M_{x,i} = \frac{M_x}{b_y} \cdot \alpha \tag{10.15}$$

mit: i Nummer des Streifens, $i = 1, 2, 3, 4$

α Beiwert nach Tabelle 33 in Abhängigkeit vom Verhältnis c_i/b_i

Beim Verfahren mit vier Streifen ist der Rechenaufwand geringer. Es wird lediglich in zwei $b/4$-breite Randstreifen und einen mittleren Streifen der Breite $b/2$ unterschieden. Dem mittleren Streifen werden 2/3 des Gesamtmomentes zugewiesen, den Randstreifen je 1/6.

Tabelle 33. Faktoren α für die Verteilung des Gesamtmomentes auf die einzelnen Streifen

Streifen-Nr. (siehe Abb. 110)	$c_i/b_i =$		
	0,1	0,2	0,3
1	7	8	9
2	10	10	11
3	14	14	14
4	19	18	16

Die Schnittgrößenermittlung bei Fundamentplatten ist komplizierter. Hier kommen z. B. das Bettungsmodulverfahren oder FE-Berechnungen zum Einsatz.

10.4   Unbewehrte Fundamente

Unbewehrte Fundamente werden in der Regel nur bei geringen Lasten ausgeführt, häufig als Streifenfundamente unter Wänden. Bei hohen Lasten und/oder geringer Tragfähigkeit des Bodens müssten die Fundamente sehr massiv ausgeführt werden und würden so unwirtschaftlich. Das Eigengewicht eines unbewehrten Fundamentes kann durch Abtreppen verringert werden, was aber einen erhöhten Arbeitsaufwand bedeutet.

In einem unbewehrten Fundament breiten sich die Druckspannungen allseitig aus, die dabei auftretenden Querzugspannungen müssen vom Beton aufgenommen werden. Deshalb ist der Lastausbreitungswinkel α, Abb. 111, in Abhängigkeit von der Betonklasse zu begrenzen. Allgemein gilt, dass mit steigender Betonfestigkeit auch die (Biege-)Zugfestigkeit des Betons größer wird, der Lastausbreitungswinkel α also flacher und die Fundamentdicke geringer werden kann. Werden die zulässigen Lastausbreitungswinkel in Form des Verhältnisses $1:n$ in Tabelle 34 eingehalten, ist gesichert, dass die vorhandene Zugspannung σ_{ct} nicht den für unbewehrte Fundamente zulässigen Wert nach Gl. (10.16) überschreitet.

$$\sigma_{ct} \leq \frac{f_{ctk;0,05}}{\gamma_c = 1,8} \tag{10.16}$$

Die erforderliche Fundamenthöhe ergibt sich dann entsprechend Gl. (10.17).

$$d \geq \ddot{u} \cdot zul\ n \tag{10.17}$$

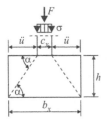

Abb. 111. Bezeichnungen am unbewehrten Fundament

Tabelle 34. Verhältnisse $1:n$ der zulässigen Lastausbreitungswinkel bei unbewehrten Fundamenten

Bodenpressung σ_0 [kN/m²] $\leq$		100	200	300	400	500
	C 8/10	1,1	1,6	2,0	2,0	2,0
Betonfestigkeitsklasse	C 12/15	1,0	1,3	1,6	1,8	2,0
	C 20/25	1,0	1,0	1,2	1,4	1,6
	C 30/37	1,0	1,0	1,0	1,2	1,3

Ein unbewehrtes quadratisches Fundament wird wie folgt dimensioniert. Bei rechteckigem Grundriss ist analog zu verfahren.

• Schätzen der Fundamentgeometrie
• Nachweis der zulässigen Sohlspannung (charakteristische Werte)
• Nachweis des Lastausbreitungswinkels im Fundament (Bemessungs-werte)

Kann ein Nachweis nicht erfüllt werden, sind die Fundamentabmessungen anzupassen.

10.5 Bewehrte Fundamente

10.5.1 Allgemeines

Bewehrte Fundamente sind überall dort anzuordnen, wo unbewehrte Fundamente unwirtschaftlich wären. Bewehrte Fundamente werden auf einer 5–10 cm dicken Sauberkeitsschicht aus Beton einer niedrigen Festigkeitsklasse, z. B. C 8/10, betoniert. Sie dient als saubere und ebene Unterlage zum Verlegen der Bewehrung und zum Aufstellen der seitlichen Schalung. Wenn bewehrte Fundamente im Grundwasserbereich angeordnet werden müssen, ist zu prüfen, ob das anstehende Wasser aggressiv ist. Eventuell ist dann eine schärfere Rissbreitenbeschränkung nötig oder die Wahl eines Spezialzementes.

Die Grundfläche ist wieder so groß zu wählen, dass die Bodenpressungen σ_0 die zulässigen Werte nicht überschreiten. Die Fundamentdicke kann allerdings geringer gewählt werden. Dafür sind Nachweise für Biegung und Durchstanzen zu führen.

10.5.2 Biegebemessung

Die Schnittgrößen werden wie in Kap. 10.3 erläutert, berechnet und in Querrichtung verteilt. Die Biegebemessung kann mit den bekannten Verfahren durchgeführt werden. Dabei sollte die größere statische Höhe für das höhere Bemessungsmoment vorgesehen werden. Der Vollständigkeit halber sollen hier die Formeln noch einmal für die Bemessung in y-Richtung angegeben werden, Für die x-Richtung ist analog zu verfahren. Die Berechnung erfolgt zweckmäßigerweise tabellarisch.

Zunächst wird für jeden Streifen i das bezogene Bemessungsmoment gebildet.

$$\mu_{Eds,y,i} = \frac{M_{Eds,y,i}}{b_{x,i} \cdot d_y^{\;2} \cdot f_{cd}} \tag{10.18}$$

Aus einer der Tafeln für die Biegebemessung werden die benötigten Beiwerte entnommen und die erforderliche Stahlmenge je Streifen ermittelt.

$$A_{s1,y,i} = \omega_{1,i} \cdot b_{x,i} \cdot d_y \cdot \frac{f_{cd}}{\sigma_{s1}} \tag{10.19}$$

Hier wird klar, dass das Verfahren mit acht Streifen eine aufwändig zu verlegende Bewehrung ergibt. Vor allem Wommelsdorff (2002/03) empfiehlt die Näherung mit vier Streifen. Es ist am einfachsten, wenn man zunächst auf die Aufteilung des Gesamtmomentes M verzichtet und für dieses die Gesamtbewehrung A_{s1} berechnet. Von dieser Bewehrungsmenge verteilt man 2/3 auf den mittleren Streifen, der $b_i/2$ breit ist. Je 1/6 der Gesamtbewehrung wird in den beiden Randstreifen (Breite $b_i/4$) eingelegt. Bei Verwendung eines einheitlichen Stabdurchmessers sind beim Einbau der Bewehrung nur noch die verschiedenen Stababstände zu beachten.

Nach DIN 1045-1 sind Platten im Bereich von Stützen für Mindestmomente m_{Ed} zu bemessen, da die Menge der Biegezugbewehrung die Querkrafttragfähigkeit beeinflusst. Diese Bestimmung kommt dann zum Tragen, wenn die bei der Schnittgrößenermittlung bestimmten Momente kleiner als die Werte nach Gl. (10.20) sind. Diese Bedingung sollte immer vor dem Durchstanznachweis überprüft werden, da bei diesem der Biegebewehrungsgehalt eingeht.

$$m_{Ed,x} = \eta_x \cdot V_{Ed} \quad \text{bzw.} \quad m_{Ed,y} = \eta_y \cdot V_{Ed} \tag{10.20}$$

mit: σ_x, σ_y Momentenbeiwerte nach Tabelle 35
       V_{Ed} aufzunehmende Querkraft

Die Mindestmomente sollen entsprechend Abb. 112 auf die in der folgenden Tabelle 35 festgelegten Breiten verteilt werden.

Tabelle 35. Momentenbeiwerte μ und Verteilungsbreiten der Mindestmomente nach DIN 1045-1

Lage der Stütze	η_x Zug an der		anzuset-zende Breite $b^{a)}$	η_y Zug an der		anzuset-zende Breite $b^{a)}$
	Platten-ober-seite[b]	Platten-unter-seite[b]		Platten-ober-seite[b]	Platten-unter-seite[b]	
Innenstütze	0,125	0	$0,3\,l_y$	0,125	0	$0,3\,l_x$
Randstütze, Rand „x"[a]	0,25	0	$0,15\,l_y$	0,125	0,125	je [m] Platten-breite
Randstütze, Rand „y"[a]	0,125	0,125	je [m] Platten-breite	0,25	0	$0,15\,l_x$
Eckstütze	0,5	0,5	je [m] Platten-breite	0,5	0,5	je [m] Platten-breite

[a] Definitionen siehe Abb. 112
[b] Plattenoberseite = die der Lasteinleitungsfläche gegenüberliegende Seite, Plattenunterseite = Seite, auf der die Lasteinleitungsfläche liegt

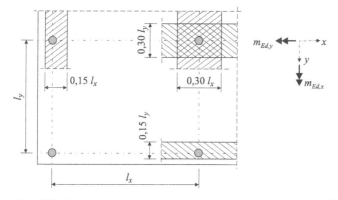

Abb. 112. Bereiche für den Ansatz der Mindestbiegemomente nach DIN 1045-1

10.5.3 Durchstanzen

10.5.3.1 Allgemeines

Bei Bruchversuchen an dünnen Platten oder Fundamenten kann folgendes Bruchbild beobachtet werden (Abb. 113).

Durch konzentriert eingeleitete Einzellasten, die auf einer relativ kleinen Fläche wirken, wird ein kegelförmiger Stumpf aus der Platte herausgebro-

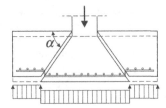

Abb. 113. Durchstanzkegel bei einem Fundament

chen. Diese Versagensart kann sowohl bei dünnen Deckenplatten als auch bei Fundamenten unter hohen Stützenlasten auftreten. Beim Durchstanzen handelt es sich grundsätzlich um ein Querkraftproblem. Die Nachweise sind entlang genau definierter Nachweisschnitte – den kritischen Rundschnitten zu führen.

Mit A_{load} wird die Lasteinleitungsfläche bezeichnet. Für diese gelten folgende Bestimmungen:

- kreisförmig: $\varnothing \leq 3{,}5\,d$
- rechteckig: Umfang $u \times 11\,d$ und $0{,}5 \leq c_x : c_y \leq 2$

Dabei ist d die mittlere statische Nutzhöhe. Bei Flächen mit beliebigem Grundriss ist sinngemäß zu verfahren.

Die kritischen Rundschnitte sind entsprechend Abb. 114 zu führen. Die Rundschnitte benachbarter Lasteinleitungsflächen dürfen sich nicht überschneiden. Die kritische Fläche A_{crit} ist parallel zur Lasteinleitungsfläche anzunehmen.

Es sind folgende Nachweise zu führen:

- Nachweis der Betondruckstrebe im kritischen Rundschnitt
- Bauteile ohne rechnerische Durchstanzbewehrung: Nachweis der Tragfähigkeit im kritischen Rundschnitt
- Bauteile mit rechnerischer Durchstanzbewehrung: Dimensionierung der Durchstanzbewehrung in einem oder mehreren inneren Rundschnitten und Nachweis im Übergangsbereich zwischen Durchstanz- und Querkrafttragfähigkeit in einem äußeren Rundschnitt im Abstand von $1{,}5 \times d$ von der letzten Bewehrungsreihe.

Die Bauteilwiderstände sind wie folgt definiert:

$$v_{Ed} \leq \begin{cases} v_{Rd,ct} & \text{- Tragfähigkeit eines Bauteils ohne Durchstanzbewehrung} \\ v_{Rd,\max} & \text{- Tragfähigkeit der Druckstrebe} \\ v_{Rd,sy,i} & \text{- Tragfähigkeit der Zugstrebe entlang des inneren Rundschnittes } i \\ v_{Rd,ct,a} & \text{- Tragfähigk. in einem Schnitt außerhalb der Durchstanzbewehrung} \end{cases}$$

$$(10.21)$$

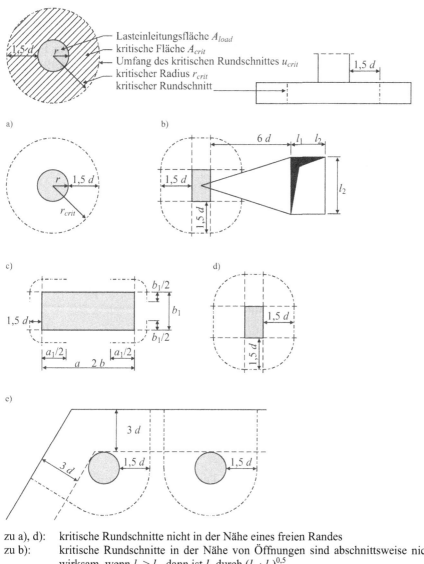

zu a), d):   kritische Rundschnitte nicht in der Nähe eines freien Randes

zu b):   kritische Rundschnitte in der Nähe von Öffnungen sind abschnittsweise nicht wirksam, wenn $l_1 > l_2$, dann ist l_2 durch $(l_1 \cdot l_2)^{0,5}$

zu c):   maßgebende Abschnitte für den kritischen Rundschnitt bei ausgedehnten Auflagerflächen mit

$$a_1 \leq \begin{cases} a \\ 2 \cdot b \\ 5,6 \cdot d - b_1 \end{cases} \quad \text{und } b_1 \leq \begin{cases} b \\ 2,8 \cdot d \end{cases}$$

zu e):   kritische Rundschnitte nahe freien Rändern

Abb. 114. Kritische Rundschnitte nach DIN 1045-1

Im Gegensatz zur alten Regelung in der DIN 1045 ist der kritische Rundschnitt weiter nach außen gerückt, wodurch der Durchstanzwinkel mit ca. 34° flacher ist als zuvor. Allerdings wird für gedrungene Fundamente weiterhin ein Durchstanzwinkel von 45° empfohlen. Außerdem wurde insgesamt die Zahl der Bemessungsschnitte erhöht.

Der Bemessungswert der Querkraft muss für den Nachweis auf die Länge des Umfangs des kritischen Rundschnittes bezogen werde. Da die Bodenpressung im Bereich des Stanzkegels die Durchstanzgefahr vermindert, kann V_{Ed} um 50 % der Resultierenden der Bodenpressung innerhalb des kritischen Rundschnittes abgemindert werden.

$$v_{Ed} = \frac{\beta \cdot V_{Ed}}{u} \qquad (10.22a)$$

mit: β Beiwert zur Berücksichtigung einer nicht rotationssymmetrischen Querkraftverteilung im Rundschnitt

- für unverschiebliche Systeme gilt:

$$\beta = \begin{cases} 1,00 \text{ wenn technisch keine Lastausmitte möglich ist} \\ 1,05 \text{ bei Innenstützen} \\ 1,40 \text{ bei Randstützen} \\ 1,50 \text{ bei Eckstützen} \end{cases} \qquad (10.22b)$$

- Bei verschieblichen Systemen sind genauere Untersuchungen nötig.

V_{Ed} gesamte aufzunehmende Querkraft; bei Fundamenten und Bodenplatten Abminderung s. o.

u Umfang des betrachteten Rundschnittes

10.5.3.2   Bauteile ohne erforderliche Durchstanzbewehrung

Der Nachweis ist entlang des kritischen Rundschnittes zu führen.

Nachweis: $v_{Ed} \leq v_{Rd,ct}$ \qquad (10.23)

Der Bauteilwiderstand $v_{Rd,ct}$ wird mit Gl. (10.24) ermittelt. Die Tragfähigkeit ist gegenüber dem Nachweis für Querkräfte erhöht. Hier kommt die Steigerung der Tragfähigkeit von Beton unter mehraxialer Druckbeanspruchung zum Tragen.

$$v_{Rd,ct} = \left[0,14 \cdot \eta_1 \cdot \kappa \cdot \left(100 \cdot \rho_l \cdot f_{ck} \right)^{1/3} - 0,12 \cdot \sigma_{cd} \right] \cdot d \qquad (10.24)$$

mit: η_1 $\eta_1 = 1,0$ für Normalbeton

κ $\kappa = 1 + \sqrt{\dfrac{200}{d^{[mm]}}} \leq 2$

ρ_l mittlerer Bewehrungsgrad der Biegezugbewehrung innerhalb des kritischen Rundschnittes, die innerhalb des kritischen Rundschnittes im Verbund liegt und außerhalb dessen verankert ist

$$\rho_l = \sqrt{\rho_{lx} \cdot \rho_{ly}} \leq \begin{cases} 0,40 \cdot \dfrac{f_{cd}}{f_{yd}} \\ 0,02 \end{cases}$$

d mittlere statische Nutzhöhe, $d^{[mm]} = 0,5 \cdot \left(d_x + d_y\right)$

σ_{cd} Bemessungswert der Betonnormalspannung innerhalb des betrachteten Rundschnittes infolge Vorspannung oder sonstigen Einwirkungen ($N > 0 \rightarrow$ Längsdruckkraft)

$$\sigma_{cd}^{[N/mm^2]} = \frac{1}{2} \cdot \left(\sigma_{cd,x} + \sigma_{cd,y}\right) = \frac{1}{2} \cdot \left(\frac{N_{Ed,x}}{A_{c,x}} + \frac{N_{Ed,y}}{A_{c,y}}\right)$$

10.5.3.3   Bauteile mit erforderlicher Durchstanzbewehrung

Platten mit Durchstanzbewehrung müssen laut DIN 1045-1 mindestens 20 cm dick sein. Es sind folgende Nachweise zu führen.

$$v_{Ed} \leq \begin{cases} v_{Rd,max} & \text{längs des kritischen Rundschnittes} \\ v_{Rd,sy} & \text{in jedem inneren Rundschnitt} \\ v_{Rd,ct,a} & \text{längs des äußeren Rundschnittes} \end{cases} \qquad (10.25)$$

Dem Bemessungsmodell liegt ein Fachwerk zugrunde. Die Zugstreben müssen durch die Durchstanzbewehrung abgedeckt werden. Die Nachweise hierzu sind in mehreren Schnitten – den kritischen Rundschnitten – zu führen.

Nachweis von $v_{Rd,max}$: Der Bauteilwiderstand entlang des kritischen Rundschnitts wird in Anlehnung an Versuchsergebnisse wie folgt ermittelt. Es handelt sich hierbei um die maximale Querkrafttragfähigkeit von Platten mit Durchstanzbewehrung.

$$v_{Rd,max} = 1,5 \cdot v_{Rd,ct} \qquad (10.26)$$

Nachweis von $v_{Rd,sy}$: Die folgenden Formulierungen gelten für Durchstanzbewehrung, die rechtwinklig zur Plattenebene (also z. B. senkrecht stehende Bügel) gleichmäßig über den jeweils betrachteten Umfang verteilt wird. Für die erste (innere) Bewehrungsreihe im Abstand von $0{,}5 \times d$ von der Stütze gilt:

$$v_{Rd,sy} = v_{Rd,c} + \frac{\kappa_s \cdot A_{sw} \cdot f_{yd}}{u} \tag{10.27}$$

mit: $v_{Rd,c}$ $= v_{Rd,ct}$, Betontraganteil nach Gl. (10.24)

κ_s Beiwert zur Berücksichtigung des Einflusses der Bauteilhöhe auf die Wirksamkeit der Bewehrung. Die Verankerung der Durchstanzbewehrung in dünnen Platten ist nicht so wirksam wie in dicken. Bei Platten mit $d \geq 80$ cm wird $\kappa_s = 1$, da angenommen werden kann, dass die Verankerung der Längsbewehrung voll wirksam ist.

$$\kappa_s = 0{,}7 + 0{,}3 \cdot \frac{d^{[mm]} - 400}{400} \quad \begin{cases} \geq 0{,}7 \\ \leq 1{,}0 \end{cases}$$

$\kappa_s \cdot A_{sw} \cdot f_{yd}$ Bemessungskraft der Durchstanzbewehrung in Richtung der aufzunehmenden Querkraft für jede Reihe der Bewehrung

u Umfang des Nachweisschnittes

Für alle weiteren Bewehrungsreihen im Abstand von $s_w \leq 0{,}75 \cdot d$ gilt:

$$v_{Rd,sy} = v_{Rd,c} + \frac{\kappa_s \cdot A_{sw} \cdot f_{yd} \cdot d}{u \cdot s_w} \tag{10.28}$$

mit: $s_w \leq 0{,}75 \cdot d$ wirksame Breite einer Bewehrungsreihe nach Abb. 115.

Der letzte nachzuweisende Schnitt ist derjenige, an dem rechnerisch keine Durchstanzbewehrung mehr erforderlich ist, d. h. es gilt dort $v_{Ed} \leq v_{Rd,ct}$.

Die bisher vorgestellten Formeln gelten für senkrechte Durchstanzbewehrung. Sollen Schrägstäbe eingesetzt werden, sind abweichende Bestimmungen z. B. in Schneider (2004) nachzulesen.

Nachweis von $v_{Rd,ct,a}$: Der äußere Rundschnitt liegt $1{,}5 \times d$ von der letzten Bewehrungsreihe entfernt. Dort ist nun folgender Nachweis der Querkrafttragfähigkeit zu führen.

$$v_{Rd,ct,a} = \kappa_a \cdot v_{Rd,ct} \tag{10.29}$$

mit: κ_a Beiwert zur Berücksichtigung des Übergangs zum Plattenbereich, der ohne Querkraftbewehrung tragfähig ist

$$\kappa_a = 1 - \frac{0{,}29 \cdot l_w}{3{,}5 \cdot d} \geq 0{,}71$$

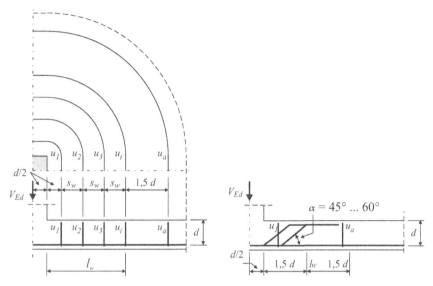

Abb. 115. Nachweisschnitte für den Nachweis der Durchstanzbewehrung

l_w Abstand der äußersten Bewehrungsreihe vom Stützenrand oder – nach DIN 1045-1 – Breite des Bereiches mit Durchstanzbewehrung außerhalb der Lasteinleitungsfläche, s. auch Abb. 115.

$v_{Rd,ct}$ nach Gl. (10.24); es ist der Bewehrungsgehalt ρ_l im äußeren Rundschnitt zu berücksichtigen!

Die erforderliche Durchstanzbewehrung der inneren Rundschnitte bei senkrechten Bügeln o. ä. darf folgenden Mindestwert nicht unterschreiten:

$$\rho_w = \frac{A_{sw}}{u \cdot s_w} \geq \min \rho_w \tag{10.30}$$

mit: $s_w \quad = d$

     $\min \rho_w$ nach Tabelle 20

Für Schrägstäbe sei wieder auf die Literatur verwiesen. Weitere Ausführungen zum Durchstanzen finden sich bei Hegger et al. (2006) und Timm (2001).

10.5.4   Bewehrungsführung

Bei bewehrten Fundamenten ist besonders auf die Einhaltung der geforderten Betondeckung zu achten, da im Boden und eventuell im Grundwasser erhöhtes Korrosionsrisiko besteht.

Für die Biegezugbewehrung wird die Wahl eines einheitlichen Stabdurchmessers empfohlen. Soll die Bewehrungsmenge in Querrichtung abgestuft werden, werden die Stababstände variiert. Dabei sind die maximal zulässigen Stababstände zu beachten. In Längsrichtung sollte die Biegezugbewehrung i. d. R. nicht abgestuft werden. Die Stabdurchmesser sollten aus Gründen der Gebrauchstauglichkeit, also z. B. wegen Rissbreite und -abständen, möglichst dünn gewählt werden. Die Verankerung erfolgt mit Haken an den Enden. Wird aus der Stütze ein Moment in das Fundament eingeleitet, muss die Biegezugbewehrung der Stütze wie bei einer Rahmenecke an die Fundamentbewehrung angeschlossen werden. In Wommelsdorf (2002/03) ist dies sehr anschaulich erläutert.

Bei der Durchstanzbewehrung unterscheidet man folgende Arten:

- ringförmig angeordnete Bügel
- spezielle Bewehrungselemente, z. B. Bügelleitern
- Schrägstäbe in mindestens zwei zueinander senkrechten Tragrichtungen.

In DIN 1045-1, 13.3.3 sind die Anforderungen für die Durchstanzbewehrung von Platten geregelt. Für den Stabdurchmesser gilt:

$$d_s \le 0,05 \cdot d \qquad\qquad (10.31)$$

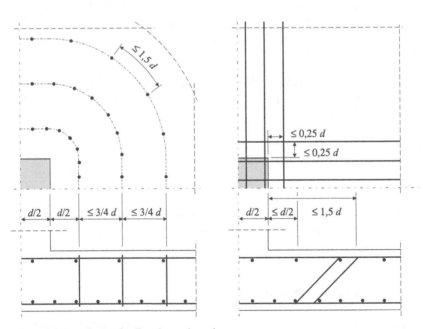

Abb. 116. Anordnung der Durchstanzbewehrung

Ist bei Bügeln rechnerisch nur eine Reihe Durchstanzbewehrung erforderlich, ist eine zweite Bewehrungsreihe mit Mindestbewehrung nach Gl. (10.30) mit $s_w = 0,75 \times d$ anzuordnen. Die Grundsätze der Anordnung der Durchstanzbewehrung sind in Abb. 116 dargestellt.

10.6 Beispiele Fundamente

10.6.1 Unbewehrtes Fundament

Über eine 40 cm dicke quadratische Stütze wird eine zentrisch wirkende Stützenlast von 1500 kN in ein unbewehrtes Fundament aus Beton C 12/15 eingeleitet. Die zulässige Bodenpressung beträgt 300 kN/m². Gesucht ist die Fundamentgeometrie.

Da beim Nachweis der Bodenpressung das Fundament-Eigengewicht mit eingeht, muss anfangs die Größe des Fundamentes geschätzt werden. Geschätzte Fundamentgeometrie: $2,4 \times 2,4 \times 1,5$ m
Belastung:

Lasten aus dem Bauwerk: $N_{k,St} = 1500$ kN

Geschätzte Fundament-Eigenlast:

$G_{Fk} = 2,4^2$ m² $\cdot 1,5$ m $\cdot 24$ kN/m³ $= 207,4$ kN

Gesamtlast: $N_k = G_{Fk} + N_{k,St} = 207,4 + 1500 = 1707,4$ kN

Anmerkung: Die Wichte von unbewehrtem Beton wird mit 24 kN/m³ angesetzt.

Nachweis der Bodenpressung:

$$\text{vorh } \sigma_0 = \frac{N_k}{A_F} = \frac{1707,4}{2,4^2} = 296,4 \text{ kN/m}^2 < \text{zul } \sigma_0 = 300 \text{ kN/m}^2$$

Überprüfung der Fundamentdicke:
Zunächst ist der Bemessungswert der einwirkenden Lasten gesucht, bei dem das Eigengewicht des Fundamentes nicht mit eingeht. Da der Anteil der ständigen Lasten bei $N_{k,St}$ deutlich überwiegt, wird näherungsweise mit einem Sicherheitsfaktor von 1,4 gerechnet.

Bemessungswert der Gesamtlast:

$$N_{Ed} = \gamma_{Mix} \cdot N_{k,St} = 1,4 \cdot 1500 = 2100 \text{ kN}$$

Sohlspannung: $\sigma_{Ed} = \dfrac{N_{Ed}}{A_F} = \dfrac{2100}{2,4^2} = 365 \text{ N/mm}^2$

Lastausbreitungswinkel im Fundament nach Tabelle 34: $1:n=1,73$

$$\text{erf } d \geq \ddot{u} \cdot \text{zul } n = \frac{1}{2}(b_x - c_x) \cdot \text{zul } n$$

$$= \frac{1}{2} \cdot (2,4-0,4) \cdot 1,73 = 1,73 \text{ m} > \text{vorh } d = 1,5 \text{ m}$$

Mit der gewählten Fundamentgeometrie können die Lasten also nicht in den anstehenden Baugrund eingeleitet werden. Folgende Alternativen stehen nun zur Wahl:

- Die Fundamentgeometrie kann geändert werden.
- Eine höhere Betonfestigkeitsklasse wird gewählt.

Es wird ein bewehrtes Fundament ausgeführt, was in diesem Fall die zweckmäßigste Variante ist.

10.6.2   Bewehrtes Einzelfundament

Für das dargestellte Fundament soll die Biegebemessung durchgeführt werden. Die Belastung wird exzentrisch in das Fundament eingeleitet. Der Bemessungswert der Normalkraft beträgt 2000 kN. Der Sohlspannungsnachweis sei erfüllt.

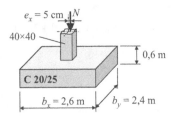

Baustoffe:

Beton   C 20/25, $f_{cd} = \alpha \cdot \dfrac{f_{ck}}{\gamma_c} = 0,85 \cdot \dfrac{20}{1,5} = 11,33$ N/mm²

Baustahl   BSt 500, $f_{yd} = \dfrac{f_{yk}}{\gamma_s} = \dfrac{500}{1,15} = 434,8$ N/mm²

Belastung: $N_{Ed} = 2000$ kN mit $e_x = 5$ cm und $e_y = 0$

Biegebemessung:
Schnittgrößen:
Für die Durchführung der Biegebemessung wird zuerst die Sohlspannungsverteilung benötigt. Hierbei ist zu beachten, dass das Eigengewicht des

Fundamentes im Gegensatz zum Sohlspannungsnachweis und zum Standsicherheitsnachweis nicht eingeht, da das Fundamenteigengewicht nicht über Biegung abgetragen werden muss. Außerdem würde die Ausmitte e_x im vorliegenden Fall sinken, so das die Annahme auf der sicheren Seite liegt.

$$e_x = 5 < \frac{b_x}{6} = \frac{260}{6} = 43,3$$

Die resultierende Kraft greift innerhalb der ersten Kernfläche an. Damit können die Randspannungen folgendermaßen gerechnet werden:

$$\sigma_{1/2,Ed} = \frac{N_{Ed}}{b_x \cdot b_y}\left(1 \pm \frac{6 \cdot e_x}{b_x}\right) = \frac{2000}{2,6 \cdot 2,4}\left(1 \pm \frac{6 \cdot 0,05}{2,6}\right) = \begin{cases} 357,5 \text{ kN/m}^2 \\ 283,5 \text{ kN/m}^2 \end{cases}$$

Aus dieser Spannungsverteilung wird das Bemessungsmoment ermittelt. Dazu wird das ganze System auf den Kopf gestellt und die Sohlspannung als Einwirkung auf einen Balken angesetzt. Zusätzlich wird die Spannung in einen rechteckigen und dreieckförmigen Anteil zerlegt. Maßgebend für die Bemessung ist das Moment am Stützenrand.

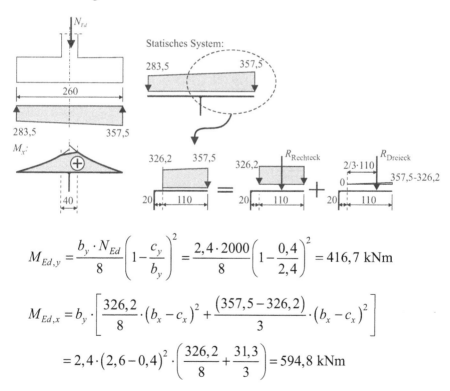

$$M_{Ed,y} = \frac{b_y \cdot N_{Ed}}{8}\left(1 - \frac{c_y}{b_y}\right)^2 = \frac{2,4 \cdot 2000}{8}\left(1 - \frac{0,4}{2,4}\right)^2 = 416,7 \text{ kNm}$$

$$M_{Ed,x} = b_y \cdot \left[\frac{326,2}{8} \cdot (b_x - c_x)^2 + \frac{(357,5 - 326,2)}{3} \cdot (b_x - c_x)^2\right]$$

$$= 2,4 \cdot (2,6 - 0,4)^2 \cdot \left(\frac{326,2}{8} + \frac{31,3}{3}\right) = 594,8 \text{ kNm}$$

Eingangsgrößen für die Biegebemessung:
Expositionsklasse XC 2, da Gründungsbauteil

Betondeckung: $c_{min} = 20$ mm

$\Delta c_{min} = 15 + 20 \dots 50$ mm da auf eine unebene Fläche betoniert wird

$c_{nom} = c_{min} + \Delta c_{min} = 20 + 15 + 20 = 55$ mm

Statische Höhe: geschätzter Stabdurchmesser: 14 mm

x-Richtung: $d_x = h - c_{nom} - \dfrac{1}{2} \cdot d_{s,l} = 60 - 5,5 - 0,7 = 53,8$ cm

y-Richtung: $d_y = d_x - d_{s,l} = 53,8 - 1,4 = 52,4$ cm

Bemessung x-Richtung:

$$\mu_{Eds,x} = \frac{M_{Ed,x}}{b_y \cdot d_x^2 \cdot f_{cd}} = \frac{0,5948 \text{ MNm}}{2,4 \cdot 0,538^2 \text{ m}^3 \cdot 11,33 \text{ MN/m}^2} = 0,0756$$

aus Tafel: $\omega_1 = 0,0788$

$$A_{s1,x} = \omega_1 \cdot b_y \cdot d_x \cdot \frac{f_{cd}}{f_{yd}} = 0,0788 \cdot 240 \cdot 53,8 \cdot \frac{11,33}{434,8} = 26,51 \text{ cm}^2$$

Bemessung y-Richtung:

$$\mu_{Eds,y} = \frac{M_{Ed,y}}{b_x \cdot d_y^2 \cdot f_{cd}} = \frac{0,4167 \text{ MNm}}{2,6 \cdot 0,524^2 \text{ m}^3 \cdot 11,33 \text{ MN/m}^2} = 0,0515$$

aus Tafel: $\omega_1 = 0,0531$

$$A_{s1,y} = \omega_1 \cdot b_x \cdot d_y \cdot \frac{f_{cd}}{f_{yd}} = 0,0531 \cdot 260 \cdot 52,4 \cdot \frac{11,33}{434,8} = 18,85 \text{ cm}^2$$

Wahl der Bewehrung:
x-Richtung, mittlerer Streifen mit einer Breite von $b_y/2$:

$$A_s = A_{s1,x} \cdot \frac{2}{3} = 17,67 \text{ cm}^2 \quad \text{oder} \quad a_{sx,Mitte} = \frac{A_s \cdot 2}{b_y} = 14,73 \text{ cm}^2/\text{m}$$

gewählt: $\varnothing$ 14/10, vorh $a_s = 15,39$ cm²/m

x-Richtung, Randstreifen von je $b_y/4$ Breite:

$$A_s = A_{s1,x} \cdot \frac{1}{6} = 4,42 \text{ cm}^2 \quad \text{oder} \quad a_{sx,Rand} = A_{s1,x} \cdot \frac{4}{b_y} = 7,37 \text{ cm}^2/\text{m}$$

gewählt: $\varnothing$ 14/20, vorh a_s = 7,70 cm²/m
y-Richtung, mittlerer Streifen mit einer Breite von $b_x/2$:

$$A_s = A_{s1,y} \cdot \frac{2}{3} = 12,57 \text{ cm}^2 \quad \text{oder} \quad a_{sy,Mitte} = \frac{A_s \cdot 2}{b_x} = 9,67 \text{ cm}^2/\text{m}$$

gewählt: $\varnothing$ 14/15, vorh a_s = 10,26 cm²/m
y-Richtung, Randstreifen von je $b_y/4$ Breite:

$$A_s = A_{s1,y} \cdot \frac{1}{6} = 3,14 \text{ cm}^2 \quad \text{oder} \quad a_{sy,Rand} = A_{s1,y} \cdot \frac{4}{b_x} = 4,83 \text{ cm}^2/\text{m}$$

gewählt: $\varnothing$ 14/20, vorh a_s = 7,70 cm²/m

Mindestbewehrung
Es gelten die Mindestbewehrungen für Innenstützen. Damit ergibt sich das Mindestmoment zu:

$$V_{Ed} = 2 \text{ MN} - 0,5 \cdot 0,972 \text{ MN} = -1,514 \text{ MN}$$

$$m_{Ed,x} = 0,125 \cdot V_{Ed} = 0,125 \cdot 1,514 \cdot 1000 = 189,25 \text{ kNm}$$

$$m_{Ed,y} = 0,125 \cdot V_{Ed} = 0,125 \cdot 1,514 \cdot 1000 = 189,25 \text{ kNm}$$

Da keine weiteren Informationen über den Stützenabstände l_x und l_y vorliegen und die Mindestwerte ca. 1/2 der erforderlichen Biegebewehrung betragen, kann die Mindestbewehrung als eingehalten gelten.

Durchstanznachweis
Mittlere statische Nutzhöhe: $(0,524 + 0,538)/2 = 0,531 \text{ m}$
Umfang kritischer Rundschnitt: $u = 4 \cdot 0,4 + 2 \cdot \pi \cdot 1,5 \cdot 0,531 = 6,6 \text{ m}$

$$A_{crit} = 0,4^2 + 1,5 \cdot 0,531 \cdot 0,4 \cdot 4 + \frac{\pi}{4} \cdot (2 \cdot 1,5 \cdot 0,531)^2 = 3,43 \text{ m}^2$$

$$N_{Boden} = 3,43 \text{ m}^2 \cdot 283,5 \text{ kN/m}^2 = 972,4 \text{ kN}$$

$$V_{Ed} = 2 \text{ MN} - 0,5 \cdot 0,972 \text{ MN} = 1,514 \text{ MN}$$

Die Bemessungsquerkraft bezogen auf die Rundschnittlänge ergibt sich zu:

$$v_{Ed} = \frac{\beta \cdot V_{Ed}}{u}$$

Im vorliegenden Fall sind keine Informationen über die Lage der Stütze vorhanden, aber die Ausmitte ist bekannt, damit kann β direkt berechnet werden:

$$\beta = 1 + \frac{e}{\sqrt{A_{col}}} = 1 + \frac{0,05}{\sqrt{0,4 \cdot 0,4}} = 1,125$$

$$v_{Ed} = \frac{1,125 \cdot 1,514 \text{ MN}}{6,60 \text{ m}} = 0,258 \text{ MN/m}$$

$$\kappa = 1 + \sqrt{\frac{200}{531}} = 1,613$$

$$\rho_l = \sqrt{0,00246 \cdot 0,00161} = 0,002 \leq \begin{cases} 0,40 \cdot f_{cd} / f_{yd} = 0,01 \\ 0,02 \end{cases}$$

$$v_{Rd,ct} = \left[0,14 \cdot 1 \cdot 1,631 \cdot (100 \cdot 0,002 \cdot 20)^{1/3} \right] \cdot 0,531 = 0,192 \text{ MN/m}$$

$$v_{Rd,ct} = 0,192 \text{ MN/m} < v_{Ed} = 0,258 \text{ MN/m}$$

Der Nachweis ist nicht erfüllt. Es bieten sich folgende Möglichkeiten, den Nachweis zu erbringen:

- Betonfestigkeit erhöhen
- Stützenabmessungen vergrößern
- Fundamentdicke erhöhen
- Mehr Biegebewehrung einlegen
- Durchstanzbewehrung einlegen.

Für die Durchstanzbewehrung ist zunächst die maximale Betondruckkraft zu ermitteln:

$$v_{Rd,max} = 1,5 \cdot v_{Rd,ct} = 1,5 \cdot 0,192 = 0,288 \text{ MN/m} > 0,258 \text{ MN/m}$$

Erforderliche Bewehrungsmenge der ersten (inneren) Bewehrungsreihe im Abstand von $0,5 \times d$ von der Stütze.

$$\kappa_s = 0,7 + 0,3 \cdot \frac{531-400}{400} = 0,798 \quad \begin{cases} \geq 0,7 \\ \leq 1,0 \end{cases}$$

$$u = 4 \cdot 0,4 + 2 \cdot \pi \cdot 0,531/2 = 3,267 \text{ m}$$

$$v_{Rd,sy} = v_{Rd,c} + \frac{\kappa_s \cdot A_{sw} \cdot f_{yd}}{u}$$

$$A_{sw} = \frac{(v_{Ed} - v_{Rd,c}) \cdot u}{\kappa_s \cdot f_{yd}} = \frac{(0,258 - 0,192 \text{ MN/m}) \cdot 3,267 \text{ m}}{0,798 \cdot 434,8 \text{ MN/m}^2} \cdot 10^4$$

$$= 6,21 \text{ cm}^2$$

Der zweite Rundschnitt liegt außerhalb des Fundamentes und wird nicht berücksichtigt.

Mindestquerkraftbewehrung:

$$s_w = 0,75 \cdot d = 0,75 \cdot 0,531 = 0,398 \text{ m}$$

$$\rho_w = \frac{A_{sw}}{u \cdot s_w} \geq \min \rho_w = 1,0 \cdot \rho = 0,70 \text{ \textperthousand}$$

$$A_{sw} = \rho_w \cdot u \cdot s_w = 0,70 \text{ \textperthousand} \cdot 3,267 \text{ m} \cdot 0,398 \text{ m} \cdot 10^4 = 9,1 \text{ cm}^2$$

Mindestbewehrung maßgebend: 3 Bügel liegend auf jeder Seite $\varnothing \, 14 = 18,5 \text{ cm}^2$.

Die Bügel können als Körbe vorgefertigt werden. Allerdings ist der Aufwand immer noch erheblich. Wenn man die Fundamentdicke nur um wenige Zentimeter vergrößert, gelingt der Nachweis ohne Einbau einer Durchstanzbewehrung. Auch könnten Schrägstäbe verwendet werden:

$$A_{sw} = (0,258 - 0,192) \cdot \frac{3,267 \cdot 10^4}{1,3 \cdot \sin 45° \cdot 434,8} = 5,39 \text{ cm}^2$$

Gewählt 3 $\varnothing$ 14 pro Seite $= 4 \times 4,61 \text{ cm}^2 = 18,5 \text{ cm}^2$.

Anhang

A.1 Kurze Geschichte des Stahlbetonbaus

Einige wichtige Namen, Ereignisse und Daten zur Geschichte des Stahlbetonbaues – früher Eisenbeton-Bau – allgemein und in Deutschland insbesondere sollen hier genannt werden:

- 1824: Der Bauunternehmer Josef Aspdin entwickelte in England den so genannten Portlandzement. 1855 entstand das erste deutsche Portlandzementwerk bei Stettin.
- 1855: Der Franzose Lambot erhielt ein Patent für die Herstellung von Booten aus Stahlbeton.
- 1861: stellte der Gärtner Monier Blumenkübel aus Zementmörtel her, in den er zur Verstärkung ein Gerippe aus Stahldrähten einbettet hatte.
- 1867: bekam Monier sein erstes Patent für Betonkübel mit Stahleinlagen. In den folgenden Jahren erwarb er weitere Patente für Röhren, Platten, Brücken und widmete sich mit Ausdauer und Erfolg ihrer Anwendung. Seine Konstruktionen, auf rein empirischer Grundlage entworfen, zeigen, dass ihr Erfinder noch keine klare Vorstellung von der statischen Wirkung der Stahleinlagen im Beton hatte.
- 1877: veröffentlichte Hyatt (USA) Versuche mit Eisenbetonkonstruktionen. Hyatt erkannte schon klar die Tragwirkung, denn er legte die Bewehrung nur auf der Zugseite ein. Er baute in London ein Haus aus Stahlbeton und machte darin einen Brandversuch. Das Haus steht heute noch.
- 1878: neue grundlegende Patente Monier's, die die Grundlage für die Einführung des Stahlbetons in anderen Ländern darstellten.
- 1884: kauften die Firmen Freytag & Heidschuch in Neustadt a. d. h. und Martenstein & Josséaux in Offenbach a. M. von Monier das deutsche

Patent für Süddeutschland und sicherten sich das Vorkaufsrecht für das übrige Deutschland.

- 1886: traten die beiden Firmen das Vorkaufsrecht an den Ingenieur G. A. Wayss ab. Dieser gründete in Berlin ein Unternehmen für Beton- und Monierbauten. Er führte in größerem Maßstab Versuche an Monier-Konstruktionen durch, indem er durch Probebelastungen zeigte, dass die Anordnung von Stahlstäben im Beton einen wirtschaftlichen Wert hat.
- 1887: Reg.-Baumeister Koenen, der von der preußischen Regierung zu Versuchen veranlasst worden war, entwickelte aus diesen Versuchen in der Broschüre „Das System Monier, Eisengerippe mit Zementumhüllung" ein empirisches Berechnungsverfahren für einige Monier-Konstruktionen. Damit lag eine technisch richtige Grundlage für die Berechnung der Stahleinlagen vor. Die weitere wissenschaftliche Erforschung des Stahlbetons erfolgte hauptsächlich in Deutschland.
- 1898: wurde durch Hüser und vor allem Eugen Dyckerhoff der „Deutsche Beton-Verein" gegründet. Er war eine Vereinigung der allmählich entstehenden Eisenbetonindustrie zur Förderung des Betonbaus.
- 1900: Beginnend mit der Jahrhundertwende und in den darauffolgenden Jahren setzte sich immer mehr der wissenschaftliche Grundsatz durch, den Baustoff im Ganzen gemäß seinen Eigenschaften und der Kräfteverteilung einzusetzen. Mörsch baute die von Koenen begonnene Theorie weiter aus und untermauerte sie durch zahlreiche Versuche, die anfangs im Auftrag der Fa. Wayss & Freytag, der er angehörte, und später für den Deutschen Ausschuss für Eisenbeton an der Materialprüfanstalt der TH Stuttgart unter der Leitung von Bach und Graf durchgeführt wurden. Die von Mörsch entwickelte Theorie war die Grundlage unserer heutigen Stahlbetontheorie.
- 1907: entwickelte sich aus einem Ausschuss des Deutschen Beton-Vereins der „Deutsche Ausschuss für Eisenbeton" (später Deutscher Ausschuss für Stahlbeton), der die weitere Erforschung der Stahlbetonbauweisen mit Geldern des Staates, der Vereine und der Industrie durchführte. Arbeiten und Versuchsergebnisse werden bis heute in besonderen Heften veröffentlicht, von denen bisher fast 600 erschienen sind.
- 1916: gibt dieser Ausschuss die „Bestimmungen für Ausführung von Bauwerken aus Eisenbeton" heraus – den Vorgänger der heutigen Norm DIN 1045-1.

Außer den bereits erwähnten Forschern und Institutionen haben in Deutschland die Baufirmen Beton- und Monierbau, Dyckerhoff & Widmann, Wayss & Freytag sowie Züblin durch Forschung und Entwicklung neuer Konstruktionen wesentlich zum Ausbau der Stahl- und Spannbetonbauweise beigetragen. (Straub 1975, Lamprecht 1996, Wayss-Festschrift 1964/1965)

A.2 Schnittgrößenermittlung – Tafeln für Durchlaufträger

Die Definition der Belastungen für die Tafeln für Durchlaufträger ist in Tabelle 36 dargestellt. Tabelle 37 gibt Hilfsgrößen für die Ermittlung der Schnittgrößen für Durchlaufträger mit zwei bis fünf Feldern und Tabelle 38 gibt Hilfswerte für Durchlaufträger mit unendlichen vielen Feldern. Die Tabellen wurden Schneider (2004) entnommen.

Tabelle 36. Belastungsdefinitionen

Tabelle 37. Tafel für Durchlaufträger mit zwei bis fünf Feldern – Teil 1

Kraft-größe	Belastung 1	Belastung 2	Belastung 3	Belastung 4	Belastung 5	Belastung 6
Zweifeldträger						
Lastfall:						
M_1	0,070	0,048	0,056	0,062	0,156	0,222
M_b	−0,125	−0,078	−0,093	−0,106	−0,188	−0,333
A	0,375	0,172	0,207	0,244	0,313	0,667
B	1,250	0,656	0,786	0,911	1,375	2,667
V_{bl}	−0,625	−0,328	−0,393	−0,456	−0,688	−1,333
Lastfall:						
M_1	0,096	0,065	0,076	0,085	0,203	0,278
M_b	−0,063	−0,039	−0,047	−0,053	−0,094	−0,167
A	0,438	0,211	0,253	0,297	0,406	0,833
C	−0,063	−0,039	−0,047	−0,053	−0,094	−0,167

Kraft-	Belastung 1	Belastung 2	Belastung 3	Belastung 4	Belastung 5	Belastung 6
größe						

Dreifeldträger

Lastfall:

M_1	0,080	0,054	0,064	0,071	0,175	0,244
M_2	0,025	0,021	0,024	0,025	0,100	0,067
M_b	−0,100	−0,063	−0,074	−0,085	−0,150	−0,267
A	0,400	0,188	0,226	0,265	0,350	0,733
B	1,100	0,563	0,674	0,785	1,150	2,267
V_{bl}	−0,600	−0,313	−0,374	−0,435	−0,650	−1,267
V_{br}	0,500	0,250	0,300	0,350	0,500	1,000

Lastfall:

M_1	0,101	0,068	0,080	0,090	0,213	0,289
M_2	−0,050	−0,032	−0,037	−0,043	−0,075	−0,133
M_b	−0,050	−0,032	−0,037	−0,043	−0,075	−0,133
A	0,450	0,219	0,263	0,307	0,425	0,867

Lastfall:

M_2	0,075	0,052	0,061	0,067	0,175	0,200
M_b	−0,050	−0,032	−0,037	−0,043	−0,075	−0,133
A	−0,050	−0,032	−0,037	−0,043	−0,075	−0,133

Lastfall:

M_b	−0,117	−0,073	−0,087	−0,099	−0,175	−0,311
M_c	−0,033	−0,021	−0,025	−0,029	−0,050	−0,089
B	1,200	0,626	0,749	0,871	1,300	2,533
V_{bl}	−0,617	−0,323	−0,387	−0,449	−0,675	−1,311
V_{br}	0,583	0,303	0,362	0,421	0,625	1,222

Lastfall:

M_b	0,017	0,011	0,013	0,015	0,025	0,044
M_c	−0,067	−0,042	−0,050	−0,057	−0,100	−0,178
V_{bl}	0,017	0,011	0,013	0,015	0,025	0,044
V_{br}	−0,083	−0,053	−0,062	−0,071	−0,125	−0,222

Kraft-größe	Belastung 1	Belastung 2	Belastung 3	Belastung 4	Belastung 5	Belastung 6

Vierfeldträger

Lastfall:

	Belastung 1	Belastung 2	Belastung 3	Belastung 4	Belastung 5	Belastung 6
M_1	0,077	0,052	0,062	0,069	0,170	0,238
M_2	0,036	0,028	0,032	0,034	0,116	0,111
M_b	−0,107	−0,067	−0,080	−0,091	−0,161	−0,286
M_c	−0,071	−0,045	−0,053	−0,060	−0,107	−0,190
A	0,393	0,183	0,220	0,259	0,339	0,714
B	1,143	0,590	0,707	0,822	1,214	2,381
C	0,929	0,455	0,546	0,638	0,892	1,810
V_{bl}	−0,607	−0,317	−0,380	−0,441	−0,661	−1,286
V_{br}	0,536	0,273	0,327	0,381	0,554	1,095
V_{cl}	−0,464	−0,228	−0,273	−0,319	−0,446	−0,905

Lastfall:

	Belastung 1	Belastung 2	Belastung 3	Belastung 4	Belastung 5	Belastung 6
M_1	0,100	0,067	0,079	0,088	0,210	0,286
M_b	−0,054	−0,034	−0,040	−0,046	−0,080	−0,143
M_c	−0,036	−0,023	−0,027	−0,031	−0,054	−0,095
A	0,446	0,217	0,260	0,298	0,420	0,857

Lastfall:

	Belastung 1	Belastung 2	Belastung 3	Belastung 4	Belastung 5	Belastung 6
M_2	0,080	0,056	0,065	0,071	0,183	0,222
M_b	−0,054	−0,034	−0,040	−0,046	−0,080	−0,143
M_c	−0,036	−0,023	−0,027	−0,031	−0,054	−0,095
A	−0,054	−0,034	−0,040	−0,046	−0,080	−0,143

Lastfall:

	Belastung 1	Belastung 2	Belastung 3	Belastung 4	Belastung 5	Belastung 6
M_b	−0,121	−0,076	−0,090	−0,102	−0,181	−0,321
M_c	−0,018	−0,012	−0,013	−0,015	−0,027	−0,048
M_d	−0,058	−0,036	−0,043	−0,049	−0,087	−0,155
B	1,223	0,640	0,767	0,889	1,335	2,595
V_{bl}	−0,621	−0,326	−0,390	−0,452	−0,681	−1,321
V_{br}	0,603	0,314	0,377	0,437	0,654	1,274

Lastfall:

	Belastung 1	Belastung 2	Belastung 3	Belastung 4	Belastung 5	Belastung 6
M_b	0,013	0,009	0,010	0,011	0,020	0,036
M_c	−0,054	−0,033	−0,040	−0,045	−0,080	−0,143
M_d	−0,049	−0,031	−0,037	−0,042	−0,074	−0,131
B	−0,080	−0,050	−0,060	−0,067	−0,121	−0,214
V_{bl}	0,013	0,009	0,010	0,011	0,020	0,036
V_{br}	−0,067	−0,042	−0,050	−0,056	−0,100	−0,178

Kraft-						
größe	Belastung 1	Belastung 2	Belastung 3	Belastung 4	Belastung 5	Belastung 6

Lastfall: A 1 B 2 C 3 D 4 E

M_b	−0,036	−0,023	−0,027	−0,031	−0,054	−0,095
M_c	−0,107	−0,067	−0,080	−0,091	−0,161	−0,286
C	1,143	0,589	0,706	0,820	1,214	2,381
V_{cl}	−0,571	−0,295	−0,353	−0,410	−0,607	−1,191

Lastfall: A 1 B 2 C 3 D 4 E

M_b	−0,071	−0,045	−0,053	−0,060	−0,107	−0,190
M_c	0,036	0,023	0,027	0,031	0,054	0,095
C	−0,214	−0,134	−0,160	−0,182	−0,321	−0,571
V_{cl}	0,107	0,067	0,080	0,091	0,161	0,286

Fünffeldträger

Lastfall: A 1 B 2 C 3 D 4 E 5 F

M_1	0,078	0,053	0,062	0,069	0,171	0,240
M_2	0,033	0,026	0,030	0,032	0,112	0,099
M_3	0,046	0,034	0,040	0,043	0,132	0,123
M_b	−0,105	−0,066	−0,078	−0,089	−0,158	−0,281
M_c	−0,079	−0,050	−0,059	−0,067	−0,118	−0,211
A	0,395	0,185	0,222	0,261	0,342	0,719
B	1,132	0,582	0,697	0,811	1,197	2,351
C	0,974	0,484	0,581	0,678	0,960	1,930
V_{bl}	−0,605	−0,316	−0,378	−0,439	−0,658	−1,281
V_{br}	0,526	0,266	0,319	0,372	0,540	1,070
V_{cl}	−0,474	−0,234	−0,281	−0,328	−0,460	−0,930
V_{cr}	0,500	0,250	0,300	0,350	0,500	1,000

Lastfall: A 1 B 2 C 3 D 4 E 5 F

M_1	0,100	0,068	0,079	0,088	0,211	0,287
M_3	0,086	0,059	0,070	0,076	0,191	0,228
M_b	−0,053	−0,033	−0,040	−0,045	−0,079	−0,140
M_c	−0,039	−0,025	−0,030	−0,034	−0,059	−0,105
A	0,447	0,217	0,260	0,305	0,421	0,860

Lastfall: A 1 B 2 C 3 D 4 E 5 F

M_2	0,079	0,055	0,064	0,071	0,181	0,205
M_3	–	−0,025	−0,030	−0,034	−0,059	−0,105
M_b	−0,053	−0,033	−0,040	−0,045	−0,079	−0,140
M_c	−0,039	−0,025	−0,030	−0,034	−0,059	−0,105
A	−0,053	−0,033	−0,040	−0,045	−0,079	−0,140

Kraft-größe	Belastung 1	Belastung 2	Belastung 3	Belastung 4	Belastung 5	Belastung 6

Lastfall: A ^{1} B ^{2} C ^{3} D ^{4} E ^{5} F

Kraftgröße	Belastung 1	Belastung 2	Belastung 3	Belastung 4	Belastung 5	Belastung 6
M_b	−0,120	−0,075	−0,089	−0,101	−0,179	−0,319
M_c	−0,022	−0,014	−0,016	−0,019	−0,032	−0,057
M_d	−0,044	−0,028	−0,033	−0,037	−0,066	−0,118
M_e	−0,051	−0,032	−0,038	−0,043	−0,077	−0,137
B	1,218	0,636	0,761	0,883	1,327	2,581
V_{bl}	−0,620	−0,325	−0,389	−0,451	−0,679	−1,319
V_{br}	0,598	0,311	0,373	0,432	0,647	1,262

Lastfall: A ^{1} B ^{2} C ^{3} D ^{4} E ^{5} F

Kraftgröße	Belastung 1	Belastung 2	Belastung 3	Belastung 4	Belastung 5	Belastung 6
M_b	0,014	0,009	0,011	0,012	0,022	0,038
M_c	−0,057	−0,036	−0,043	−0,048	−0,086	−0,153
M_d	−0035	−0,022	−0,026	−0,030	−0,052	−0,093
M_e	−0,054	−0,034	−0,040	−0,046	−0,081	−0,144
B	−0,086	−0,054	−0,065	−0,072	−0,129	−0,230
V_{bl}	0,014	0,009	0,011	0,012	0,022	0,038
V_{br}	−0,072	−0,045	−0,053	−0,060	−0,108	−0,191

Lastfall: A ^{1} B ^{2} C ^{3} D ^{4} E ^{5} F

Kraftgröße	Belastung 1	Belastung 2	Belastung 3	Belastung 4	Belastung 5	Belastung 6
M_b	−0,035	−0,022	−0,026	−0,029	−0,052	−0,093
M_c	−0,111	−0,070	−0,083	−0,094	−0,167	−0,297
M_d	−0,020	−0,013	−0,015	−0,017	−0,031	−0,054
M_e	−0,057	−0,036	−0,043	−0,048	−0,086	−0,153
C	1,167	0,605	0,725	0,841	1,251	2,447
V_{cl}	−0,576	−0,298	−0,357	−0,414	−0,615	−1,204
V_{cr}	0,591	0,307	0,368	0,427	0,636	1,242

Lastfall: A ^{1} B ^{2} C ^{3} D ^{4} E ^{5} F

Kraftgröße	Belastung 1	Belastung 2	Belastung 3	Belastung 4	Belastung 5	Belastung 6
M_b	−0,071	−0,044	−0,052	−0,060	−0,106	−0,188
M_c	0,032	0,020	0,024	0,027	0,048	0,086
M_d	−0,059	−0,037	−0,044	−0,050	−0,088	−0,156
M_e	−0,048	−0,030	−0,035	−0,041	−0,072	−0,128
C	−0,194	−0,121	−0,144	−0,163	−0,291	−0,517
V_{cl}	0,103	0,064	0,076	0,086	0,154	0,274
V_{cr}	−0,091	−0,057	−0,068	−0,077	−0,136	−0,242

Tabelle 38. Tafel für Durchlaufträger mit unendlich vielen Feldern

Kraft-größe	Belastung 1	Belastung 2	Belastung 3	Belastung 4	Belastung 5	Belastung 6
Lastfall:						
$M_{Stütze}$	−0,083	−0,052	−0,062	−0,071	−0,125	−0,222
M_{Feld}	0,042	0,031	0,036	0,040	0,125	0,111
V	0,500	0,250	0,300	0,350	0,500	1,000
Auflager	1,000	0,500	0,600	0,700	1,000	2,000
Lastfall:						
$M_{Stütze}$	−0,042	−0,026	−0,031	−0,036	−0,063	−0,111
$M_k = M_m$	0,083	0,058	0,067	0,075	0,188	0,222
Auflager	0,500	0,250	0,300	0,350	0,500	1,000
Lastfall:						
M_L	−0,114	−0,071	−0,085	−0,096	−0,171	−0,304
$M_K = M_M$	−0,022	−0,014	−0,017	−0,019	−0,034	−0,060
L	1,184	0,615	0,736	0,855	1,274	2,488
Lastfall:						
$M_K = M_L$	−0,054	−0,033	−0,040	−0,045	−0,079	−0,141
M_l	0,071	0,051	0,059	0,065	0,171	0,192
$M_J = M_M$	0,014	0,009	0,010	0,012	0,021	0,037

A.3   Auswahl Lastannahmen nach DIN 1055, Auszüge

A.3.1   DIN 1055-1: Wichten und Flächenlasten

Tabelle 39. Wichte für Mauerwerk

Zeile	Rohdichteklasse	Wichte[a] in [kN/m³]
1	0,35	5,5
11	1,0	12,0
12	1,2	14,0
14	1,4	16,0
18	2,4	24,0

[a] einschließlich Fugenmörtel und übliche Feuchte

Tabelle 40. Flächenlasten für Putze

Zeile	Gegenstand	Flächenlasten in [kN/m²]
2	Kalk-, Gipskalk-, Gipssand	0,60
3	Gipskalkputz auf Putzträger (30 mm)	0,50
8	Kalkmörtel, Kalkgips, Gipssandmörtel (20 mm)	0,35
9	Kalkzementmörtel (20 mm)	0,40
19	Wärmedämmverbundsystem	0,30
20	Zementmörtel (20 mm)	0,42

Tabelle 41. Fußboden- und Wandbeläge

Zeile	Gegenstand	Flächenlasten je cm Dicke in [kN/m²]
6	Gipsestrich	0,20
7	Gussasphaltestrich	0,23
9	Kunstharzestrich	0,22
12	Zementestrich	0,22
18	Linoleum	0,13
20	Teppichböden	0,03

Tabelle 42. Dach- und Bauwerksabdichtungen mit Bitumen- und Kunststoff- sowie Elastomerbahnen in verlegtem Zustand

Zeile	Gegenstand	Flächenlast in [kN/m²]
7	Bitumen- und Polymerbitumen-Schweißbahn, einschl. Klebemasse, je Lage	0,07
11	Dampfsperren einschl. Klebemasse bzw. Schweißbahn, je Lage	0,07
12	Ausgleichsschicht, lose verlegt	0,03
13	Dach- und Bauwerksabdichtungen aus Kunststoffbahnen, lose verlegt, je Lage	0,02
14	schwerer Oberflächenschutz – Kiesschüttung, $d = 5$ cm	1,0

A.3.2   DIN 1055-3: Eigen- und Nutzlasten für Hochbauten

Lotrechte Nutzlasten (einschließlich Trennwandzuschlag) dürfen für die Lastweiterleitung auf sekundäre Tragglieder, wie z. B. Unterzüge, Stützen, Wände, nach der folgenden Gleichung abgemindert werden:

$$q_k' = \alpha_A \cdot q_k \tag{A.1}$$

mit: q_k' abgeminderte Nutzlast

q_k Nutzlast

α_A Abminderungsbeiwert

$$\alpha_A = 0,5 + \frac{10}{A} \leq 1,0 \qquad \text{für Kategorie A, B, F}$$

$$\alpha_A = 0,7 + \frac{10}{A} \leq 1,0 \qquad \text{für Kategorie C - E}$$

A Einzugsfläche der Lasten

Tabelle 43. Lotrechte Nutzlasten für Decken, Treppen und Balkone, Auszug aus DIN 1055-3

Kategorie-Nutzung		Definition/Nutzung	q_k in [kN/m²]	Q_k in [kN]
A2	Wohn- und Aufenthaltsräume	Räume mit ausreichender Querverteilung der Lasten; Räume und Flure in Wohngebäuden; Betten- und Stationsräume in Krankenhäusern; Hotelzimmer, Küchen, Toiletten	1,5	–
B	Büro	Büroflächen ohne besondere Anforderungen, einschließlich der Flure	2,0	2,0
C1	Räume; Versammlungsräume, die der	Flächen mit Tischen, z. B. Cafés, Speisesäle, Lesesäle	3,0	4,0
C2	Ansammlung von Personen dienen	Kongresssäle, Hörsäle, Versammlungsräume, Wartesäle	4,0	4,0
C4	können (wenn nicht in anderer Kategorie festgelegt)	Sport- und Spielflächen, z. B. Tanzsäle, Bühnen, Gymnastikräume	5,0	7,0
E1	Fabriken und Werkstätten; Ställe; Flächen, auf denen	Flächen in Fabriken[a] und Werkstätten[a] mit leichtem Betrieb	5,0	4,0
E2	Anhäufungen von Gütern stattfinden	Lagerflächen, einschl. Bibliotheken	6,0[b]	7,0
E3	können; Zugänge	Flächen in Fabriken[a] und Werkstätten[a] mit mittlerem oder schwerem Betrieb	7,5[b]	10,0
F	Balkone	Dachterrassen, Laubengänge, Loggien usw.	4,0	2,0

[a] Nutzlasten in Fabriken und Werkstätten gelten als vorwiegend ruhend. Im Einzelfall sind sich häufig wiederholende Lasten je nach Gegebenheit als nicht vorwiegend ruhende Lasten nach DIN 1055-3, 6.4 einzuordnen.

[b] Bei diesen Werten handelt es sich um Mindestwerte, gegebenenfalls sind höhere Lasten anzusetzen.

Eine Überlagerung der Einwirkungen nach Tabelle 43 mit den Schneelasten ist nicht erforderlich.

Tabelle 44. Nutzlasten für Dächer

Kate-gorie	Nutzung	Dach-neigung	$q_k{}^a$ in [kN/m²]	Q_k in [kN]
H	nicht begehbare Dächer, außer für übliche Erhaltungsmaßnahmen und Reparaturen	$\leq 20°$	0,75	1,0
		$\geq 40°$	0	1,0

^{a} Zwischenwerte sind linear zu interpolieren.

A.3.3   DIN 1055-5: Schneelast und Eislast

Der charakteristische Wert der Schneelast S_0 ist als eine unabhängige veränderliche Einwirkung zu betrachten. Die charakteristischen Werte für die Schneelasten auf dem Boden sind in Abhängigkeit von der Schneezone Z und der Geländehöhe über NN für die mitteleuropäische Region nach Gl. (A.2) zu berechnen. Die Werte können aber auch in den entsprechenden Diagrammen in DIN 1055-5, 3.1 abgelesen werden.

$$s_k = \left(0,13 + 0,264 \cdot \left(Z - 0,5\right)\right) \cdot \left[1 + \left(\frac{H_S}{256}\right)^2\right] \quad \text{in } [\text{kN/m}^2] \qquad (A.2)$$

mit: s_k charakteristischer Wert für die Schneelast auf dem Boden
  Z Intensität der Schneelast, z. B. $Z = 2$ für Dresden
  H_S Geländehöhe über NN in [m]

Die Schneelast auf dem Dach ist nun in Abhängigkeit von der Dachform und s_k nach Gl. (A.3) zu ermitteln. Die Last wirkt lotrecht und ist auf die waagerechte Projektion der Dachfläche zu beziehen. Mögliche Lastbilder sind in DIN 1055-5, 3.3 dargestellt.

$$s = m\mu_i \cdot s_k \qquad (A.3)$$

mit: $m\mu_i$ Formbeiwert für die Schneelast, siehe DIN 1055-5, 3.3

Bsp.: Flachdach ohne Sprünge oder dergleichen, Formbeiwert: $\mu_1 = 0,8$ für $0° \leq \alpha \leq 15°$
Die maßgebende Schneelast muss nicht mit der Verkehrslast überlagert werden, da sie den zeitweiligen Aufenthalt von Personen berücksichtigt und nicht zeitgleich wirken kann.

A.4   Tafeln für die Biegebemessung

Tabelle 45. Biegung ohne Druckbewehrung, horizontaler Verlauf der Spannungs-Dehnungs-Linie des Betonstahls nach Schneider (2004)

C 12/15 … C 50/60						

$$M_{Eds} = M_{Ed} - N_{Ed} \cdot y_{s1}$$

$$\mu_{Eds} = \frac{M_{Eds}}{b \cdot d^2 \cdot f_{cd}}$$

$$A_{s1} = \omega_1 \cdot b \cdot d \cdot \frac{f_{cd}}{\sigma_{s1}} + \frac{N_{Ed}}{\sigma_{s1}}$$

μ_{Eds}	ω_1	$\xi = x/d$	$\zeta = z/d$	ε_{c2}	ε_{s1}	σ_{s1}
[–]	[–]	[–]	[–]	[‰]	[‰]	[N/mm²]
0,01	0,0101	0,030	0,990		−0,77	
0,02	0,0203	0,044	0,985		−1,15	
0,03	0,0206	0,055	0,980	25,00	−1,46	434,8
0,04	0,0410	0,066	0,976		−1,76	
0,05	0,0515	0,076	0,971		−2,06	
0,06	0,0621	0,086	0,967		−2,37	
0,07	0,0728	0,097	0,962		−2,68	
0,08	0,0836	0,107	0,956	25,00	−3,01	434,8
0,09	0,0946	0,118	0,951		−3,35	
0,10	0,1057	0,131	0,946	23,29	−3,50	
0,11	0,1170	0,145	0,940	20,71		
0,12	0,1285	0,159	0,934	18,55		
0,13	0,1401	0,173	0,928	16,73	−3,50	434,8
0,14	0,1518	0,188	0,922	15,16		
0,15	0,1638	0,202	0,916	13,80		
0,16	0,1759	0,217	0,910	12,61		
0,17	0,1882	0,232	0,903	11,55		
0,18	0,2007	0,248	0,897	10,62	−3,50	434,8
0,19	0,2134	0,264	0,890	9,78		
0,20	0,2263	0,280	0,884	9,02		
0,21	0,2395	0,296	0,877	8,33		
0,22	0,2529	0,312	0,870	7,71		
0,23	0,2665	0,329	0,863	7,13	−3,50	434,8
0,24	0,2804	0,346	0,856	6,60		
0,25	0,2946	0,364	0,849	6,12		

μ_{Eds}	ω_1	$\xi = x/d$	$\zeta = z/d$	ε_{c2}	ε_{s1}	σ_{s1}
[–]	[–]	[–]	[–]	[‰]	[‰]	[N/mm²]
0,26	0,3091	0,382	0,841	5,67		
0,27	0,3239	0,400	0,834	5,25		
0,28	0,3391	0,419	0,826	4,86	−3,50	434,8
0,29	0,3546	0,438	0,818	4,49		
0,296	**0,3643**	**0,450**	**0,813**	**4,28**		
0,30	0,3706	0,458	0,810	4,15		
0,31	0,3869	0,478	0,801	3,82		
0,32	0,4038	0,499	0,793	3,52		
0,33	0,4211	0,520	0,784	3,23	−3,50	434,8
0,34	0,4391	0,542	0,774	2,95		
0,35	0,4576	0,565	0,765	2,69		
0,36	0,4768	0,589	0,755	2,44		
0,37	0,4968	0,614	0,745	2,20		
0,371	**0,4994**	**0,617**	**0,743**	**2,175**	**−3,50**	**434,8**

Tabelle 46. Biegung mit Druckbewehrung für $\xi_{lim} = 0{,}617$, Betone bis C 50/60, Spannungs-Dehnungs-Linie des Betonstahls mit Verfestigung nach Schneider (2004)

C 12/15 ... C 50/60 und $\xi_{lim} = 0{,}617$

$$M_{Eds} = M_{Ed} - N_{Ed} \cdot y_{s1} \qquad \mu_{Eds} = \frac{M_{Eds}}{b \cdot d^2 \cdot f_{cd}}$$

$$A_{s1} = \omega_1 \cdot b \cdot d \cdot \frac{f_{cd}}{\sigma_{s1}} + \frac{N_{Ed}}{\sigma_{s1}} \qquad A_{s2} = \omega_2 \cdot b \cdot d \cdot \frac{f_{cd}}{\sigma_{s2}}$$

d_2/d	0,05		0,10		0,15		0,2	
σ_{2d}	−435,8 N/mm²		−435,5 N/mm²		−435,2 N/mm²		−435,0 N/mm²	
μ_{Eds}	ω_1	ω_2	ω_1	ω_2	ω_1	ω_2	ω_1	ω_2
0,371	0,499	0	0,499	0	0,499	0	0,499	0
0,38	0,509	0,009	0,509	0,010	0,510	0,010	0,510	0,011
0,39	0,519	0,020	0,520	0,021	0,522	0,022	0,523	0,023
0,40	0,530	0,030	0,531	0,032	0,533	0,034	0,535	0,036
0,41	0,540	0,041	0,542	0,043	0,545	0,046	0,548	0,048
0,42	0,551	0,051	0,554	0,054	0,557	0,057	0,561	0,061
0,43	0,561	0,062	0,565	0,065	0,568	0,069	0,573	0,074
0,44	0,572	0,072	0,576	0,076	0,580	0,081	0,585	0,086
0,45	0,582	0,083	0,587	0,088	0,592	0,093	0,598	0,099
0,46	0,593	0,093	0,598	0,099	0,604	0,104	0,610	0,111
0,47	0,603	0,104	0,609	0,110	0,616	0,116	0,623	0,124
0,48	0,614	0,115	0,620	0,121	0,627	0,128	0,635	0,136
0,49	0,624	0,125	0,631	0,132	0,639	0,140	0,648	0,149
0,50	0,635	0,136	0,642	0,143	0,651	0,152	0,660	0,161
0,51	0,645	0,146	0,654	0,154	0,663	0,163	0,673	0,174
0,52	0,656	0,157	0,665	0,165	0,674	0,175	0,685	0,186
0,53	0,666	0,167	0,676	0,176	0,686	0,187	0,698	0,199
0,54	0,677	0,178	0,687	0,188	0,698	0,199	0,710	0,211
0,55	0,688	0,188	0,698	0,199	0,710	0,210	0,723	0,224

mit: $\varepsilon_{s1} = 2{,}175\,\%_0$ und $\sigma_{s1} = f_{yd}$

Dehnungen in [‰], Spannungen in [N/mm²]

A.5   Tafeln für die Bemessung von Druckgliedern

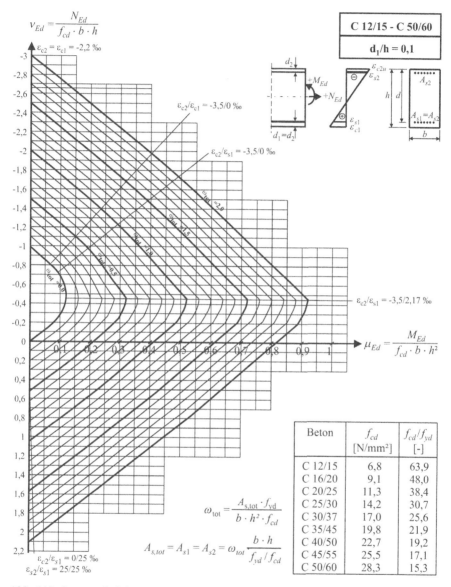

Abb. 117. Symmetrisch bewehrter Rechteckquerschnitt, $d_1/h = 0{,}10$, nach Wommelsdorff (2002/03)

A.6 Bewehrung

Tabelle 47. Querschnitte von Balkenbewehrungen A_S in cm²

d_s in [mm]	Anzahl der Stäbe							
	1	2	3	4	5	6	7	8
6	0,28	0,57	0,85	1,13	1,41	1,70	1,98	2,26
8	0,50	1,01	1,51	2,01	2,51	3,02	3,52	4,02
10	0,79	1,57	2,36	3,14	3,93	4,71	5,50	6,28
12	1,13	2,26	3,39	4,52	5,65	6,79	7,92	9,05
14	1,54	3,08	4,62	6,16	7,70	9,24	10,8	12,3
16	2,01	4,02	6,03	8,04	10,1	12,1	14,1	16,1
20	3,14	6,28	9,42	12,6	15,7	18,8	22,0	25,1
25	4,91	9,82	14,7	19,6	24,5	29,5	34,4	39,3
28	6,16	12,3	18,5	24,6	30,8	36,9	43,1	49,3
32	8,04	16,1	24,1	32,2	40,2	48,3	56,3	64,3
40	12,6	25,1	37,7	50,3	62,8	75,4	88,0	100,5

d_s in [mm]	Anzahl der Stäbe						
	9	10	11	12	13	14	15
6	2,54	2,83	3,11	3,39	3,68	3,96	4,24
8	4,52	5,03	5,53	6,03	6,53	7,04	7,54
10	7,07	7,85	8,64	9,42	10,2	11,0	11,8
12	10,2	11,3	12,4	13,6	14,7	15,8	17,0
14	13,9	15,4	16,9	18,5	20,0	21,6	23,1
16	18,1	20,1	22,1	24,1	26,1	28,1	30,2
20	28,3	31,4	34,6	37,7	40,8	44,0	47,1
25	44,2	49,1	54,0	58,9	63,8	68,7	73,6
28	55,4	61,6	67,7	73,9	80,0	86,2	92,4
32	72,4	80,4	88,5	96,5	104,6	112,6	120,6
40	113,1	125,7	138,2	150,8	163,4	175,9	188,5

Tabelle 48. Querschnitte von Flächenbewehrungen a_S in cm²/m

s in [cm]	\multicolumn{6}{c}{Stabdurchmesser d_s in mm}						Stäbe pro m
	6	8	10	12	14	16	
5	5,65	10,05	15,71	22,62	30,79	40,21	20
6	4,71	8,38	13,09	18,85	25,66	33,52	16,67
7	4,04	7,18	11,22	16,16	22,00	28,73	14,29
7,5	3,77	6,70	10,47	15,08	20,52	26,80	13,33
8	3,53	6,28	9,82	14,14	19,24	25,13	12,50
9	3,14	5,58	8,73	12,57	17,10	22,34	11,11
10	2,83	5,03	7,85	11,31	15,39	20,11	10
12,5	2,26	4,02	6,28	9,05	12,32	16,08	8
15	1,89	3,35	5,24	7,54	10,27	13,41	6,67
20	1,41	2,51	3,93	5,65	7,70	10,05	5
25	1,13	2,01	3,14	4,52	6,16	8,04	4

s in [cm]	\multicolumn{5}{c}{Stabdurchmesser d_s in mm}					Stäbe pro m
	20	25	28	32	40	
5	62,83	98,17	–	–	–	20
6	52,37	81,83	102,65	–	–	16,67
7	44,89	70,15	87,99	114,93	–	14,29
7,5	41,88	65,43	82,08	107,21	–	13,33
8	39,27	61,36	76,97	100,53	157,08	12,50
9	34,90	54,54	68,41	89,35	139,61	11,11
10	31,42	49,09	61,58	80,42	125,66	10
12,5	25,13	39,27	49,26	64,34	100,53	8
15	20,95	32,74	41,07	53,64	83,82	6,67
20	15,71	24,54	30,79	40,21	62,83	5
25	12,57	19,63	24,63	32,17	50,27	4

Tabelle 49. Betonstahlmatten BSt 500 M (A), Liste der Lagermatten nach Schneider (2004)

Länge Breite [m]	Rand-einspannung^c längs	Matten-bezeichnung	Mattenaufbau: Stabab-stände [mm]	Stab-∅ innen [mm]	Rand^c [mm]	Anz. Längsrandstäbe links	rechts	Längsrichtung Querrichtung a_s längs/quer [cm²/m]	Gewicht^a je Matte [kg]	je [m²] [kg]
5,00 2,15	ohne	Q188 A	150 150	6,0 6,0				1,88 1,88	32,4	3,01
5,00 2,15	ohne	Q257 A	150 150	7,0 7,0				2,57 2,57	44,1	4,10
5,00 2,15	ohne	Q335 A	150 150	8,0 8,0				3,35 3,35	57,7	5,37
6,00 2,15	mit	Q337 A	150 150	6,0 d^b / 6,0 – 7,0		4 /	4	3,77 3,85	67,6	5,24
6,00 2,15	mit	Q513 A	150 150	7,0 d^b / 7,0 – 8,0		4 /	4	5,13 5,03	90,0	6,98
5,00 2,15	ohne	R188 A	150 250	6,0 6,0				1,88 1,13	26,2	2,44
5,00 2,15	ohne	R257 A	150 250	7,0 6,0				2,57 1,13	32,2	3,00
5,00 2,15	ohne	R335 A	150 250	8,0 6,0				3,35 1,13	39,2	3,65
6,00 2,15	mit	R337 A	150 250	6,0 d^b / 6,0 – 6,0		2 /	2	3,77 1,13	46,1	3,57
6,00 2,15	mit	R513 A	150 250	7,0 d^b / 7,0 – 6,0		2 /	2	5,13 1,13	58,6	4,54

[a] Der Gewichtsermittlung der Lagermatten liegen folgende Überstände zugrunde:
   Q188 A-Q335 A: Überstände längs: 100/100 mm, quer: 25/25 mm
   Q377 A-Q513 A: Überstände längs: 100/100 mm, quer: 25/25 mm
   R188 A-R335 A: Überstände längs: 125/125 mm, quer: 25/25 mm
   R377 A-R513 A: Überstände längs: 125/125 mm, quer: 25/25 mm
[b] d = Doppelstab in Längsrichtung
[c] Randausbildung der Lagermatten:

Doppelstäbe / Einzelstäbe

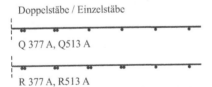

Q 377 A, Q513 A

R 377 A, R513 A

Literaturverzeichnis

Bauschadensbericht (1988) Zweiter Bauschadensbericht des Ministeriums für Raumordnung, Bauwesen und Städtebau. Bonn

Curbach M (1997) Verwendung von technischen Textilien im Betonbau – Bauen mit Textilien. Schriftenreihe des Instituts für Tragwerke und Baustoffe der TU Dresden, Heft 5, Jahresmitteilungen 1997, S 51–57

Curbach M, Schlüter FH (1998) Bemessung im Betonbau (Formeln, Tabellen, Diagramme). Reihe Bauingenieur-Praxis, Verlag Ernst & Sohn Berlin

DAfStb (2003) – Deutscher Ausschuss für Stahlbeton DAfStb (Hrsg) Erläuterungen zu DIN 1045-1. Schriftenreihe des DAfStb, Heft 525, Beuth Verlag Berlin, Wien, Zürich, 1. Auflage

Dieterle H & Rostásy FS (1987) Tragverhalten quadratischer Einzelfundamente aus Stahlbeton. Schriftenreihe des DAfStb, Heft 387, Verlag Ernst & Sohn Berlin

Eckfeldt L (2005) Möglichkeiten und Grenzen der Berechnung von Rissbreiten in veränderlichen Verbundsituationen. Dissertation, Fakultät Bauingenieurwesen, Technische Universität Dresden

Goldau R (1981) Bewehrungszeichnen, Band 1–3. Bauverlag GmbH Berlin Wiesbaden

Grasser E (1994) Bemessung für Biegung mit Längskraft, Schub und Torsion. in: Bemessung der Stahlbetonbauteile. Beton-Kalender 1994 Band I, Verlag Ernst & Sohn Berlin, S 377–492 (s. auch vorhergehende und nachfolgende Jahrgänge)

Hartz U (2002) Neues Normenwerk im Betonbau. DIBt-Mitteilungen 1/02, S 26

Hegger J, Ricker M, Ulke B & Ziegler M (2006) Untersuchungen zum Durchstanzverhalten von Stahlbetonfundamenten. Beton- und Stahlbetonbau 101, Heft 4, S 233–243

Kordina K & Quast U (2001) Bemessung von schlanken Bauteilen für den durch Tragwerksverformungen beeinflussten Grenzzustand der Tragfähigkeit – Stabilitätsnachweis. in: Bemessung der Stahlbeton- und Spannbetonbauteile nach DIN 1045-1. Teil II, Beton-Kalender 2001 Band I, Verlag Ernst & Sohn Berlin, S 349–416

Lamprecht HO (1996) Opus caementitium. Beton-Verlag Düsseldorf, 5. Aufl.

Leonhardt F et al. (1977–1986) Vorlesungen über Massivbau. Band 1 (1983) Grundlagen zur Bemessung im Stahlbetonbau. 3. Aufl; Band 2 (1986) Sonderfälle der Bemessung im Stahlbetonbau. 3. Aufl; Bd 3 (1977) Grundlagen zum Bewehren im Stahlbetonbau. 3. Aufl; Bd 4 (1978) Nachweis der Gebrauchsfähigkeit. 2. Aufl; Springer-Verlag Berlin Heidelberg New York

Löser B, Löser H, Wiese H & Stritzke J (1986) Bemessungsverfahren für Beton- und Stahlbetonbauteile. Verlag Ernst & Sohn Berlin, 19. Auflage

Proske, D (1997) Textilbewehrter Beton als Verstärkung von Platten, 34. Forschungskolloqium des Deutschen Ausschuss für Stahlbeton, Technische Universität Dresden, Institut für Tragwerke und Baustoffe, S 51–58

Proske, D (2004) Katalog der Risiken. Dirk Proske Verlag, Dresden

Proske, D (2006) Unbestimmte Welt. Dirk Proske Verlag, Dresden – Wien

Reinhardt HW & Hilsdorf HK (2001) Beton. in: Betonkalender 2001 Band 1, Verlag Ernst & Sohn Berlin, S 1–144

Richtlinie für hochfesten Beton (1995) Ergänzung zur DIN 1045/07.88 für die Festigkeitsklassen B 65 bis B 115. Deutscher Ausschuss für Stahlbeton DAfStb im DIN Deutschen Institut für Normung e. V., August 1995

Ritter W (1899) Die Bauweise Hennebique. 4. Aufl des Sonderdrucks aus der Schweizerischen Bauzeitung, Bd 33 Nr. 5, 6 und 7

Rüsch H (1955) Versuche zur Festigkeit der Biegedruckzone. Schriftenreihe des DAfStb, Heft 120, Verlag Ernst & Sohn Berlin

Rüsch H, Sell R, Rasch C, Grasser E, Hummel A, Wesche K & Flatten H (1968) Festigkeit und Verformung von Beton unter konstanter Dauerlast. Schriftenreihe des DAfStb, Heft 198, Verlag Ernst & Sohn Berlin

Rußwurm D & Fabritius E (2002) Bewehren von Stahlbeton-Tragwerken. Arbeitsblätter, Institut für Stahlbetonbewehrung e. V., Düsseldorf

Schießl P (1989) Grundlagen der Neuregelung zur Beschränkung der Rissbreite. Schriftenreihe des DAfStb, Heft 400, Beuth Verlag Berlin, S 157 175

Schmitz UP & Goris A (2001) Bemessungstafeln nach DIN 1045-1. Werner-Verlag Düsseldorf

Schneider KJ (2004, Hrsg.) Bautabellen für Ingenieure mit Berechnungshinweisen und Beispielen. 16. Auflage, Werner Verlag München/Unterschleißheim, 2004

Scholz G (1961) Theoretische Auswertung von Heft 120 Festigkeit der Biegedruckzone. Schriftenreihe des DAfStb, Heft 139, Verlag Ernst & Sohn Berlin

Spaethe G (1992) Die Sicherheit tragender Baukonstruktionen. Zweite, neubearbeitete Auflage. Wien, New York, Springer-Verlag

Straub H (1975) Die Geschichte der Bauingenieurkunst. 3. Aufl., Birkhäuser Verlag Basel und Stuttgart

Timm M (2004) Durchstanzen von Bodenplatten unter rotationssymmetrischer Belastung. Deutscher Ausschuss für Stahlbeton, Heft 547, Beuth Verlag Berlin

Wayss-Festschrift (1964/1965) Vom Caementum zum Spannbeton – Beiträge zur Geschichte des Betons. 1. Teil A: Haegermann G Vom Caementum zum Zement. 1. Teil B: Huberti G Die erneuerte Bauweise. 1. Teil C Möll H Der Spannbeton.; 2. Deinhard M Massivbrücken gestern und heute.; 3. Leonhard A Von der Cementware zum konstruktiven Stahlbetonfertigteil. Bauverlag, Wiesbaden und Berlin

Wiese H (2000/04) Skripte 1–5: Grundlagen des Stahlbetons. Technische Universität Dresden

Wommelsdorff O (2002/03) Stahlbetonbau, Bemessung und Konstruktion. Teil 1: Biegebeanspruchte Bauteile. 7. Aufl (2002); Teil 2: Stützen und Sondergebiete des Stahlbetonbaus. 6. Aufl (2003); Werner Verlag Düsseldorf

Zilch K, Rogge A (2001) Bemessung der Stahlbeton- und Spannbetonbauteile nach DIN 1045-1. In: Betonkalender 2001 Band I, Verlag Ernst & Sohn Berlin, S 205–416

Richtlinien und Normen

CEB-FIP Model Code 1990. Bulletin d´Information Nr. 203, EPF Lausanne, Juli 1991

DIN 488 Betonstahl (Auswahl)
Teil 1 (09/1984) Sorten, Eigenschaften, Kennzeichen
Teil 4 (06/1986) Betonstahlmatten und Bewehrungsdraht; Aufbau, Maße und Gewichte

DIN 1045 (07/1988) Beton und Stahlbeton, Bemessung und Ausführung.

DIN 1045 Tragwerke aus Beton, Stahlbeton und Spannbeton (Auswahl)
DIN 1045-1 (07/2001) Bemessung und Konstruktion
DIN 1045-2 (07/2001) Beton – Festlegung, Eigenschaften, Herstellung und Konformität. Anwendungsregeln zu DIN EN 206-1
DIN 1045-3 (07/2001) Bauausführung

DIN 1054: Baugrund. Januar 2003

DIN 1054: Baugrund und Gründungen. November 1976

DIN 1055 Einwirkungen auf Tragwerke (Auswahl)
Teil 1 (06/2002) Wichte und Flächenlasten von Baustoffen, Bauteilen und Lagerstoffen
Teil 3 (03/2003) Eigen- und Nutzlasten für Hochbauten
Teil 4 (03/2006) Windlasten
Teil 5 (07/2005) Schnee- und Eislasten
Teil 100 (03/2001) Grundlagen der Tragwerksplanung, Sicherheitskonzept und Bemessungsregeln

DIN EN 206 (1996) Beton
Teil 1 Festlegungen, Eigenschaften, Herstellung und Konformität.

DIN 4149 (04/2005) Bauten in deutschen Erdbebengebieten – Lastannahmen, Bemessung und Ausführung üblicher Hochbauten

DIN EN 1990 (10/2002) Eurocode: Grundlagen der Tragwerksplanung. Deutsche Fassung EN 1990:2002

ETV Beton (1980) Berechnung und bauliche Durchbildung. TGL 33401-33405

Internetquellen

Institut für Stahlbetonbewehrung e. V. (2008) http://www.isb-ev.de/
Deutscher Beton- und Bautechnik-Verein E. V. (2008) http://www.betonverein.de/

LKG – Ingenieurbüro für Bautechnik. Fachbegriffe (2008) http://www.elkage.de
Normenausschuss Bauwesen (2008) http://www.nabau.din.de/
Beton – deutschen Zement- und Betonindustrie (2008) http://www.beton.org/
Bundesverband der Deutschen Transportbetonindustrie (2008)
    http://www.transportbeton.org/
Heidelberger Zement (2008) http://www.betontechnischedaten.de/
Schwenk Zement (2008) http://www.schwenk-zement.de/download/Broschueren/

Zusätzlich bieten zahlreiche Universitäten und Fachhochschulen Studienmaterial im Internet an. Deutschsprachigen Lehreinrichtungen sind im Folgenden aufgelistet:

- Bauhaus Universität Weimar, FB Massivbau
- BOKU Wien, Institut für Konstruktiven Ingenieurbau
- Ecole Polytechnique Fed. Lausanne-DGC, Swiss Federal Institute of Technology und Lehrstuhl für Erhaltung und Sicherheit von Bauwerken
- ETH Hönggerberg, Institut für Baustatik und Konstruktion
- Fachhochschule Aachen, Fachbereich Bauingenieurwesen
- Fachhochschule Bielefeld, Fachbereich Bauingenieurwesen
- Fachhochschule Coburg, Fachbereich Bauingenieurwesen
- Fachhochschule Hildesheim/Holzminden/Göttingen, Fachbereich Bauingenieurwesen
- Fachhochschule München, Fachbereich Bauingenieurwesen
- Fachhochschule Potsdam, Fachbereich Bauingenieurwesen
- Fachhochschule Regensburg, Fachbereich Bauingenieurwesen
- Fachhochschule Lausitz, Studiengang Bauingenieurwesen
- Ruhr-Uni-Bochum, Ordinarius für Baustoffkunde und Werkstoffprüfung
- RWTH Aachen, Institut für Bauforschung
- RWTH Aachen, Lehrstuhl und Institut für Massivbau
- TU Cottbus, FB Bauingenieur- und Vermessungswesen
- TU Dresden, Lehrstuhl für Massivbau
- TU Braunschweig, Lehrstuhl für Massivbau
- TU Darmstadt, Institut für Massivbau
- TU Berlin, Fachbereich 7
- TU München, Institut für Baustoffkunde und Werkstoffprüfung
- TU München, Institut für Tragwerksplanung Lehrstuhl für Massivbau
- TU Wien, Institut für Tragkonstruktionen/Betonbau
- TU Graz, Institut für Betonbau
- TU Innsbruck, Institut für Betonbau, Baustoffe und Bauphysik
- Universität Stuttgart, Institut für Werkstoffe im Bauwesen
- Universität (GH) Kassel, FB Bauingenieurwesen
- Universität Hannover, Institut für Massivbau
- Universität der Bundeswehr München, Institut für Konstruktiven Ingenieurbau
- Universität Rostock, FB Bauingenieurwesen Außenstelle Wismar
- Universität Dortmund, Lehrstuhl für Beton- und Stahlbetonbau
- Universität Karlsruhe, Institut für Massivbau und Baustofftechnologie
- Universität Kaiserslautern, Fachgebiet Massivbau und Baukonstruktion

- Universität Essen, Institut für Massivbau
- Universität Stuttgart, Institut für Leichtbau, Entwerfen und Konstruieren
- Universität Karlsruhe, Lehrstuhl für Massivbau und Baustofftechnologie
- Universität Leipzig, Lehrstuhl für Massivbau und Baustofftechnologie

Stichwortverzeichnis

Printed in the United States
By Bookmasters